M. Gross · A. Lentin

Mathematische Linguistik

Eine Einführung

Mit einer Einleitung von Noam Chomsky

Übersetzt von Peter Schreiber

Springer-Verlag Berlin Heidelberg GmbH 1971

Maurice Gross · André Lentin
Institut Blaise Pascal, Paris

Peter Schreiber
Informatik-Forschungsgruppe, Technische Universität Berlin

Übersetzung der französischen Ausgabe *Notions sur les Grammaires formelles*

Mit 74 Abbildungen

AMS Subject Classifications (1970): 02-01, 02 F 10, 02 F 15, 02 F 50, 68-01, 68 A 25, 68 A 30

ISBN 978-3-642-65079-6 ISBN 978-3-642-65078-9 (eBook)
DOI 10.1007/978-3-642-65078-9

Offsetdruck: Julius Beltz, Hemsbach.

Vorwort und Anleitung zum Lesen

Das vorliegende Buch ist die Übersetzung der "Notions sur les Grammaires Formelles". Es ist eine Ausarbeitung verschiedener Vorlesungen, die die beiden Autoren an Universitäten und Instituten in Frankreich gehalten haben.

Das Buch wird für Sprachwissenschaftler, Mathematiker, Informatiker und Studenten dieser Gebiete als Einführung von Interesse sein. Mathematikern dürfte die Lektüre dieses Buches keine Schwierigkeiten bereiten. Für mathematisch nicht vorgebildete Leser, also z.B. Sprachwissenschaftler, wird das Kapitel I "Mathematische Grundbegriffe" besonders empfohlen. In ihm werden im Buch vorkommende Begriffe der modernen Mathematik definiert. Darüber hinaus sollten diese Leser kompliziertere Gedankengänge mittels Papier und Bleistift vertiefen. Wie die Autoren ausdrücklich bemerken, verfolgt das Buch in erster Linie didaktische Zwecke und erhebt nicht den Anspruch, eine wissenschaftliche Originalarbeit zu sein. Ein Teil des Buches findet eine ausführliche Darstellung in den Büchern von M. Davis "Computability and Unsolvability", S. Ginsburg "The Mathematical Theory of Context-free Languages", den Arbeiten von N. Chomsky sowie den neueren Büchern, die in den Literaturhinweisen zur deutschen Ausgabe aufgeführt wurden.

Da der zu erwartende Leserkreis über unterschiedliche mathematische Kenntnisse verfügt, mußten die Autoren zwischen einer eingängigen und konzisen Darstellung einerseits und einer exakten mathematischen Darstellung andererseits wählen; sie entschieden sich für ersteres. Mathematikern sei empfohlen, diese Lücken zu füllen und eventuell auch die Originalarbeiten zu konsultieren.

Zum Abschluß danke ich Herrn Professor Dr. Schnelle für wertvolle Ratschläge und Herrn stud. math. Egon Schüler für das Lesen der Korrektur.

Peter Schreiber

Einleitung

In der traditionellen Sprachwissenschaft machte man eine wichtige Unterscheidung zwischen "besonderer Grammatik" und "universaler Grammatik", wobei sich die erste mit den idiosynkratischen Eigenschaften spezifischer Sprachen, die zweite mit den allgemeinen Merkmalen jeder menschlichen Sprache beschäftigt. In den letzten Jahren ist diese Unterscheidung erneut in den Vordergrund der Forschung gerückt worden, und dieses erneute Interesse fiel mit dem Beginn ernsthafter Forschung auf einem Gebiet der mathematischen Linguistik zusammen, das man manchmal "algebraische Linguistik" nennt, um es von statistischen Sprachuntersuchungen und vom Studium probilistischer Performanzmodelle zu unterscheiden. Das Zusammenfallen dieser Entwicklungen ist in mancher Hinsicht ganz natürlich. Algebraische Linguistik studiert die formalen Eigenschaften natürlicher Sprache, indem sie von spezifischen Realisierungen in einzelnen Sprachen abstrahiert. So definiert ist sie von der universalen Grammatik gar nicht zu unterscheiden, obwohl es in der Praxis eine Arbeitsteilung zwischen den stärker empirisch orientierten Studien der universalen Grammatik und den streng mathematischen Studien der von der linguistischen Forschung vorgeschlagenen formalen Strukturen gegeben hat. Die Existenz dieser Teilung ist einerseits ein Zeichen für den unausgereiften Stand der Forschung auf diesem Gebiet, andererseits eine Widerspiegelung der differierenden Motivationen und Interessen der einzelnen Forscher. Wenn die Teilung inhaltlich eingeschränkt werden kann, dann könnte eine echte Theorie der mathematischen Linguistik entstehen, die rein abstrakt die Klasse der von den Prinzipien der universalen Grammatik definierten Systeme untersucht - die Klasse "möglicher menschlicher Sprachen".

Ein zweiter Grund für den Zusammenfall des Entstehens der algebraischen Linguistik mit dem erneuten Interesse an universaler Grammatik kann in der Entwicklung der Sprachwissenschaft in jüngster Zeit gesehen werden. Vor über einem Jahrhundert geriet das Studium der *grammaire générale et raisonnée* in Verfall und ihr Wert und ihre Bedeutung wurden ernstlich in Frage gestellt, als sich die Gelehrten historischen und komparativen Untersuchungen und später der Untersuchung von Sprache innerhalb der äußerst fruchtbaren "strukturalistischen" oder "deskriptivistischen" Traditionen zuwandten. Man hielt die älteren Untersuchungen zur *grammaire générale et raisonnée* für zu spekulativ, für nicht fest genug auf linguistische Fakten gegründet. Man meinte, daß sie die mögliche Vielfalt der Sprachstrukturen ernsthaft unterschätzten und willkürlich ein Sprachstrukturmodell aufstellten, das den wirklichen Phänomenen der Einzelsprachen Gewalt antäte. Einige Gelehrte gingen so weit zu behaupten, daß die Sprachen grenzenlos differieren könnten und daß es keine irgendwie signifikanten Bedingungen gäbe, die die Form einer möglichen menschlichen Sprache einschränkt. Zur selben Zeit wandte sich die allgemeine Aufmerksamkeit der Lautstruktur zu, die in der klassischen linguistischen Tradition zwar keineswegs vernachlässigt worden war, von der man aber gemeint hatte, daß sie der Untersuchung der tieferen syntaktischen Eigenschaften von Sprache untergeordnet sei. Ein Hauptinteresse der klassischen Tradition galt einer Eigenschaft von Sprache, die man ihren "kreativen Aspekt" nannte, das heißt dem Faktum, daß eine Sprache rekursive Mechanismen bereitstellt, die gestatten, unendlich viele Gedanken, Gefühle, Absichten usw. auszudrücken, unabhängig von jeglicher Kontrolle durch externe Stimuli oder identifizierbare interne Zustände. Tatsächlich leugneten viele moderne behavioristisch orientierte Forscher den "kreativen Aspekt" von Sprache. Sie gelangten zu der Ansicht, daß Sprache ein System von Gewohnheiten, ein Netzwerk von Reiz-Reaktions-Verbindungen oder irgend etwas Ähnliches sei, ja andere - zum Beispiel de Saussure - leugneten den "kreativen Aspekt" zwar nicht, ordneten ihn aber der *Parole* zu und betrachteten ihn als peripher oder meinten zumindest doch, er läge außerhalb der Sprachwissenschaft und sei nicht strenger linguistischer Regularität unterworfen.

Sicherlich lag mindestens ein Grund, vielleicht der Hauptgrund für diese Interessenverschiebung und diese Modifikation der Doktrin in dem Faktum, daß die verfügbare Technik und das Verständnis der formalen Prozesse es nicht ermöglichten, die rekursiven Mechanismen der Syntax in einer klaren und produktiven Art zu studieren. Tatsächlich ist es noch nicht einmal eine Generation her, daß die eigentlichen Begriffe im Verlauf von mathematischen Grundlagenforschungen entwickelt und präzisiert wurden. Mit dem neuen Verständnis der rekursiven Mechanismen und der Natur von Algorithmen, das sich in den letzten dreißig Jahren entwickelt hatte, wurde es möglich, sich erneut dem Studium des kreativen Aspekts des Sprachgebrauchs zuzuwenden und das präzise Formulieren der Mechanismen, die jede Sprache für den freien und uneingeschränkten Sprachgebrauch verfügbar macht, in Angriff zu nehmen. Das Studium dieser Mechanismen läuft heute allgemein unter der Bezeichnung "generative Grammatik"; die generative Grammatik einer Sprache wird als System von Regeln und Prozessen aufgefaßt, die die potentiell unendliche Klasse von Sätzen einer natürlichen Sprache charakterisieren und jedem dieser Objekte eine Strukturbeschreibung zuordnen, in der die signifikanten phonetischen, syntaktischen und semantischen Eigenschaften repräsentiert sind. Die Möglichkeit des Studiums der generativen Grammatik ist also ein Resultat von Entwicklungen in der Mathematik, und es ist deshalb nicht überraschend, daß das Interesse an den formalen Eigenschaften von Grammatiken in der algebraischen Linguistik eine natürliche Folge dieses neuen Ansatzes in der Sprachwissenschaft war.

Es läßt sich sehr viel über diese Dinge sagen, aber ich meine, daß es ziemlich klar ist, daß der Skeptizismus der strukturellen und deskriptiven Linguistik hinsichtlich der Möglichkeiten für eine *grammaire générale et raisonnée* unbegründet war und daß andererseits die klassische Tradition wahrscheinlich viel zu konservativ bezüglich des Ausmaßes der postulierten restriktiven Bedingungen und Einschränkungen war, die die Form jeglicher menschlichen Sprache bestimmen. Rein spekulativ meine ich, daß es nicht grundlos ist, anzunehmen, daß die Linguistik der nächsten Generation aufdecken wird, daß jede natürliche Sprache eine spezifische Realisation eines hoch restriktiven Schemas ist, das grammatische Prozesse und Strukturen einer nur sehr beschränkten Variabilität zuläßt, und daß man sich unzählige Sprachen "ausdenken" kann, die diese Restriktionen verletzen und die deshalb in einem psychologisch bedeutsamen Sinn keine möglichen menschlichen Sprachen sind, obwohl sie im Prinzip den gesamten Inhalt irgendeiner möglichen natürlichen Sprache ausdrücken können. Wenn das wahr ist, dann kann das mathematische Studium der universalen Grammatik in dem oben beschriebenen Sinne sehr wohl die zentrale Domäne der linguistischen Theorie werden. Es ist zu früh, zu beurteilen, ob diese Hoffnungen realisiert werden können, aber sie scheinen nicht unvernünftig, wenn man bedenkt, was wir heute wissen und zu erkennen anfangen.

Ich möchte noch einmal betonen, daß es noch eine bedeutende Kluft zwischen den mathematischen und den empirischen Untersuchungen gibt, die zur Domäne dessen gehören, was schließlich eine mathematische Theorie der universalen Grammatik werden könnte. Das Schema für grammatische Deskriptionen, die von den Fakten der Einzelsprachen empirisch motiviert zu sein scheinen, spezifiziert eine Klasse von Systemen, die im Moment noch zu komplex für eine fruchtbare und weitreichende mathematische Untersuchung sind; ferner darf man nicht vergessen, daß alle Vorschläge, die man heute in Hinsicht auf das universale Schema machen kann, zugleich höchst tentativ und auch in mancherlei Hinsicht etwas vage sind. Zur selben Zeit wurden interessante und anregende Untersuchungen weitaus stärker eingeschränkter Schemata für grammatische Deskriptionen durchgeführt - die Theorie der sogenannten "kontext-freien" Sprachen ist hierfür das beste Beispiel -, aber diese Systeme sind empirisch sicherlich inadäquat. Eine mathematische Theorie der universalen Grammatik ist daher eher eine Hoffnung für die Zukunft als eine Realität der Gegenwart. Alles, was man sagen kann, ist, daß die gegenwärtige Forschung offensichtlich in die Richtung einer solchen Theorie tendiert. Mir scheint, daß dies eines der erregendsten Forschunggebiete von heute ist und daß sie für den Fall des Erfolgs die Sprachwissenschaft in den kommenden Jahren auf eine völlig neue Grundlage stellen kann.

Noam Chomsky

Inhaltsverzeichnis

Erster Teil

Logisch-algebraische Vorbemerkungen

Zweiter Teil

Einige wichtige Klassen von Sprachen

Dritter Teil

Die algebraische Betrachtungsweise

Erster Teil. Logisch-algebraische Vorbemerkungen

I. Mathematische Grundbegriffe

1.1. MENGEN

Das Verfahren, verschiedene Einzelobjekte zu einem einheitlichen Ganzen, einer *Menge*, zusammenzufassen, ist bereits Kindern möglich. So bilden die Menschen, die in einer bestimmten Straße wohnen, eine Menge. Es bilden auch alle Katzen, die schwarz sind, eine Menge. Auf eine exakte logische Definition der Mengen wollen wir hier verzichten* und dafür Georg Cantor, den Begründer der Mengenlehre, zitieren:

"Unter einer 'Menge' verstehen wir jede Zusammenfassung M von bestimmten wohlunterschiedenen Objekten unserer Anschauung oder unseres Denkens (welche die 'Elemente' von M genannt werden) zu einem Ganzen." (1896).

Für die Aussage "x ist ein Element der Menge M" schreibt man symbolisch: $x \in M$. Für "x ist kein Element von M": $x \notin M$.

Es gibt zwei Möglichkeiten, eine Menge zu definieren:

Wir zählen alle Elemente, die sie besitzt, auf:

$$M = \{m_1,\dots,m_n\} = \{m_i \mid 1 \leq i \leq n\}$$

<u>Beispiele.</u>

W = {'Garten', 'Katze', 'läuft'}

d.h. die Menge W besteht aus den folgenden Wörtern der deutschen Sprache: 'Garten', 'Katze', 'läuft'.

---

* Wie später (Russell u.a.) gezeigt wurde, führt die Cantorsche Definition zu in sich widersprüchlichen Mengen; wir betrachten im folgenden jedoch nur Mengen, die der Cantorschen Definition genügen und zugleich konsistent sind.

$$N = \{2, 3, 8, 7\}$$

d.h. N besteht aus den Zahlen 2, 3, 8, 7.

$$B = \{r, s, q\}$$

d.h. B besteht aus r, s, q.

Wir können eine Menge auch durch die Angabe einer Eigenschaft E definieren:

$$M = \{x \in A \mid E(x)\},$$

d.h. M ist die Menge aller x, für die die Eigenschaft E erfüllt ist. (Mit A bezeichnen wir dabei die *Allmenge*.)

Die Menge, die kein Element enthält, heißt *leere Menge*, Bezeichnung: $\emptyset$.

Mit *Card* (M) bezeichnen wir die Anzahl der Elemente einer Menge M. Card (M) heißt auch *Kardinalzahl* von M. Sie kann unendlich sein. (Es gibt zum Beispiel unendlich viele natürliche Zahlen.) Card ($\emptyset$) = 0.

$N \subseteq M$: N heißt *Teilmenge* von M, wenn gilt: Jedes Element von N ist auch Element von M. (Nach dieser Definition ist M auch Teilmenge von sich selbst.)

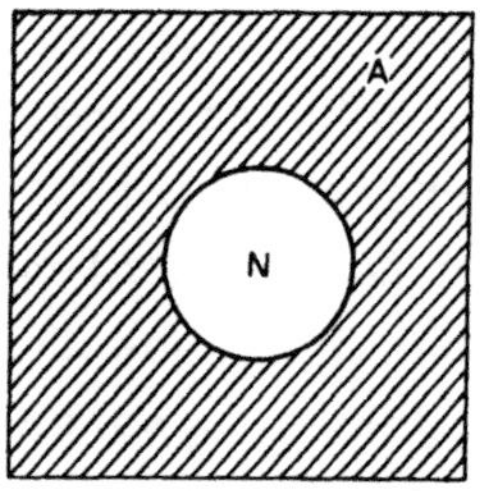

I $M \cap N$: *Durchschnitt von* M *und* N heißt die Menge aller Elemente x, die in M und N liegen. Die neu definierten Mengen sind in den folgenden Abbildungen jeweils schraffiert.

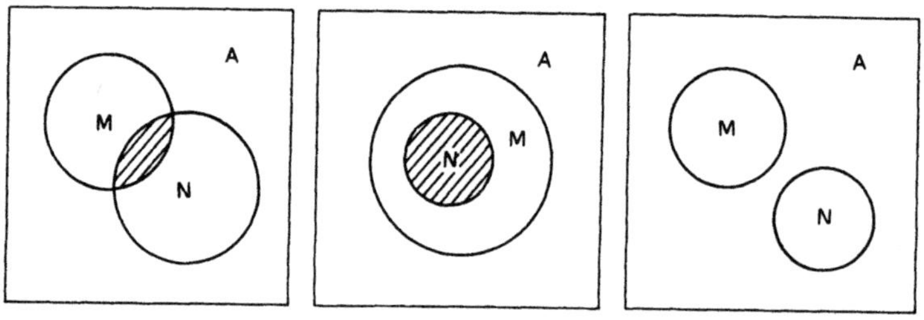

$$M \cap N := \{x \in A \mid x \in M \text{ und } x \in N\}$$

II $M \cup N$: *Vereinigung von* M *und* N heißt die Menge aller Elemente x, die in M oder N (oder in beiden) liegen.

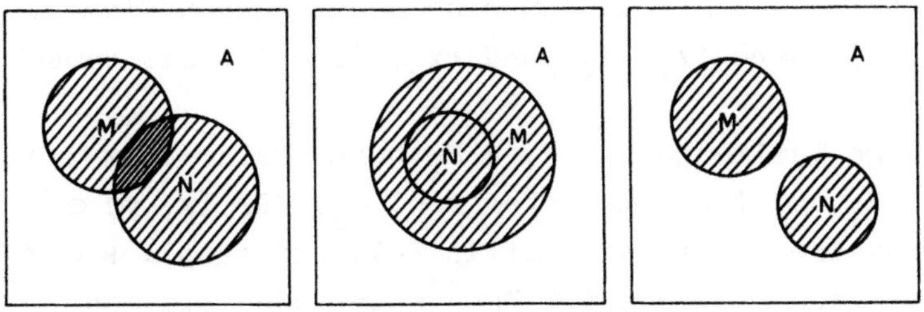

$M \cup N: = \{x \in A \mid x \in M \text{ oder } x \in N\}$

III $C_A N$: *Komplement von* N *bezüglich* A heißt die Menge aller Elemente x, die nicht in N liegen.

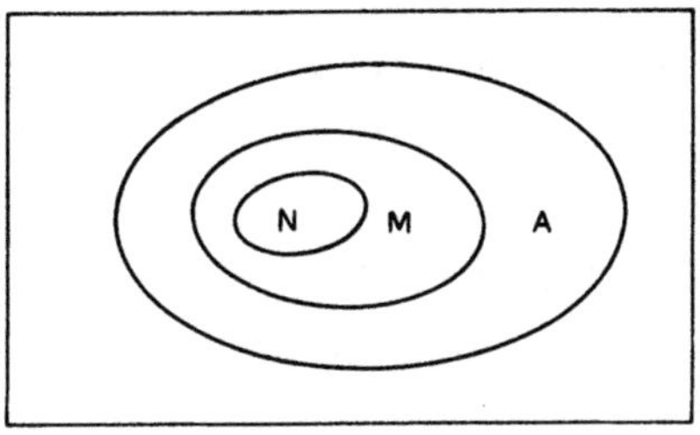

Ausgehend von diesen Mengen lassen sich nun weitere Mengen bilden.

1.2. POTENZMENGE

M sei eine Menge. Dann können wir die Menge aller Teilmengen von M bilden, sie heißt *Potenzmenge*, Bezeichnung: $\mathfrak{P}(M)$.

<u>Beispiel.</u> $M = \{a, b, c\}$

$$\mathfrak{P}(M) = \{\{a, b, c\}, \{a, b\}, \{a, c\} \ \{b, c\}, \{a\}, \{b\}, \{c\}, \emptyset\}$$

Da M Teilmenge von M und die leere Menge $\emptyset$ in jeder Menge enthalten ist, treten diese beiden Mengen als Elemente der Potenzmenge von M auf. $\mathfrak{P}(M)$ ist eine Menge, deren Elemente die Teilmengen von M sind.

1.3. KARTESISCHES PRODUKT

Seien M_1 und M_2 zwei Mengen, dann heißt die Menge der Paare (x_1, x_2) mit der Eigenschaft $x \in M_1$ und $x_2 \in M_2$ *kartesisches Produkt* $M_1 \times M_2$.

Präziser definiert:

$$M_1 \times M_2: = \{(x_1, x_2) \mid x_1 \in M, x_2 \in M\}.$$

Es handelt sich also hierbei um eine Menge, deren Elemente aus Paaren bestehen. Die Paare (x_1, x_2) und (x_2, x_1) sind als verschieden anzusehen.

Eine beliebige Teilmenge $R \subset M_1 \times M_2$ heißt *Relation* zwischen (den Elementen von) M_1 und (den Elementen von) M_2. Für $(x, y) \in R$ verabreden wir die Schreibweise $x\, R\, y$ (x steht in Relation zu y). $R \subseteq M_1 \times M_2$ sei eine Relation zwischen M_1 und M_2. Dann heißt die Relation $R^{-1} = \{(y, x) \mid (x, y) \in R\}$ die zu R inverse Relation. Sie ist eine Relation zwischen M_2 und M_1.

1.4. DEFINITIONS- UND WERTEBEREICHE VON RELATIONEN

$D(R) := \{x \in M_1 \mid$ es existiert ein $y \in M_2$, so daß $(x, y) \in R\}$

kürzer: (man schreibt für: "es gibt ein y": $\exists\, y$ und für "für alle y": $\forall\, y$)

$D(R) := \{x \in M_1 \mid (\exists\, y \in M_2)\ (x, y) \in R\}$

Diese Teilmenge D(R) von M_1 heißt *Definitionsbereich (oder Vorbereich) der Relation* R.

$W(R) := \{y \in M_2 \mid$ es existiert ein $x \in M_1$, so daß $(x, y) \in R\}$

$ = \{y \in M_2 \mid (\exists\, x \in M_1)\ (x, y) \in R\}$

Diese Teilmenge von M_2 heißt *Wertebereich (oder Nachbereich) der Relation* R.

Der Begriff der Abbildung (oder Funktion) läßt sich nun als Spezialfall einer Relation zwischen M_1 und M_2 entwickeln.

1.5. ABBILDUNG

F heiße *Abbildung (Funktion)* von M_1 in M_2

– in Zeichen: $F : M_1 \to M_2$

wenn gilt: 1) $F \subseteq M_1 \times M_2$, d.h. F ist eine Relation zwischen M_1 und M_2

2) Zu jedem $x \in D(F)$ gibt es genau ein $y \in W(F)$

Statt $(x,y) \in F$ schreibt man dann $y = F(x)$ und nennt y (beziehungsweise F(x)) *das Bild von* x *unter der Abbildung* F.

Sei $F: M_1 \to M_2$, dann bezeichnen wir mit $x \to F(x)$ die Abbildung eines einzelnen Elementes.

Im folgenden sei $D(F) = M_1$, d.h. die Funktion F sei auf ganz M_1 definiert.

$F(M_1)$: = $\{y \in M_2 \mid$ Es gibt ein x in M_1 derart, daß $F(x) = y\}$.

$F(M_1)$ heißt das *Bild* von M_1 unter der Abbildung F.

Relationstheoretisch ist $F(M_1)$ also der Wertebereich (oder Nachbereich) der Relation F.

Sei N eine Teilmenge von M_2. Die Menge $F^{-1}(N) = \{x \in M_1 \mid$ Es gibt ein $y \in N$ derart, daß $F(x) = y\}$
heißt *Urbild* von N bezüglich der Abbildung F.

Die Abbildung

$$F : M_1 \to M_2$$

heißt *surjektiv* genau dann, wenn $F(M_1) = M_2$ gilt. In anderen Worten, wenn jedes Element aus M_2 Bild eines Elementes aus M_1 ist.

F heißt *injektiv*, wenn für alle $x_1, x_2 \in M_1$ gilt: $f(x_1) = f(x_2) \Longrightarrow x_1 = x_2$ (oder äquivalent: $x_1 \neq x_2 \Longrightarrow f(x_1) \neq f(x_2)$).

F heißt *bijektiv*, wenn F injektiv und surjektiv ist.

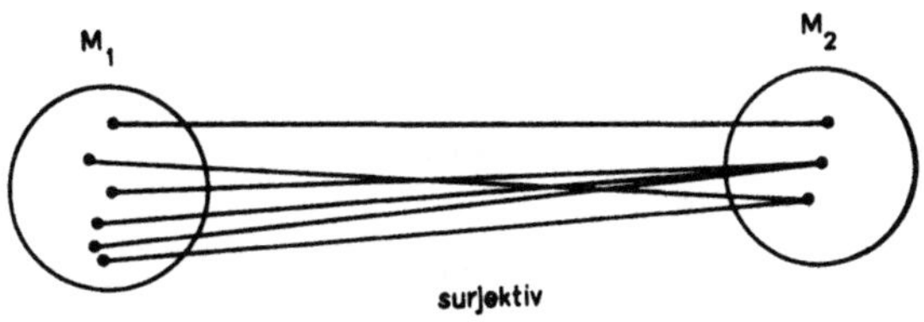

surjektiv

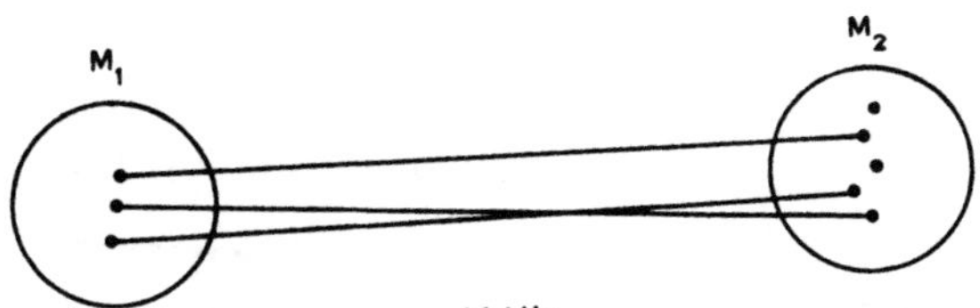

injektiv

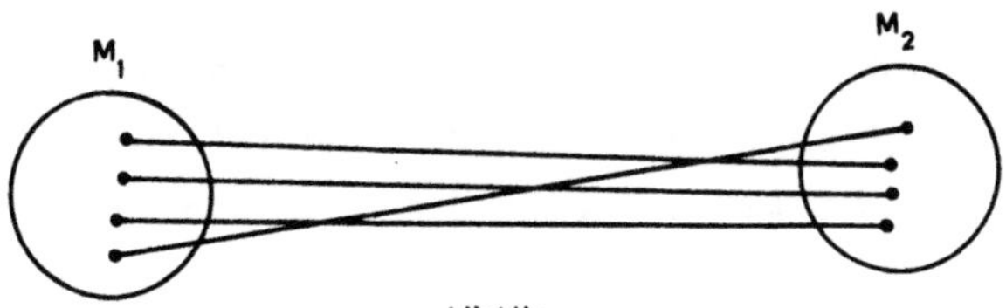

bijektiv

1.6. ÄQUIVALENZRELATIONEN

Eine Relation R auf einer Menge M heißt *Äquivalenzrelation* auf M, wenn für alle $x, y, z \in M$ gilt:

Ä1) $x\ R\ x$ (reflexiv)

Ä2) $x\ R\ y \Longrightarrow y\ R\ x$ (symmetrisch)

Ä3) $x\ R\ y$ und $y\ R\ z \Longrightarrow x\ R\ z$ (transitiv)

Eng verknüpft mit dem Begriff der Äquivalenzrelation ist der Begriff der Zerlegung. Unter einer Zerlegung einer Menge M versteht man eine vollständige Aufteilung von M in Teilmengen, die keine Elemente gemeinsam enthalten.

Definition. M sei eine Menge. Dann heißt eine *Teilmenge* $\mathfrak{Z}$ *von* $\mathfrak{P}(M)$ *Zerlegung von* M, wenn gilt:

Z1) $\forall X\ (X \in \mathfrak{Z} \Longrightarrow X \neq \emptyset)$
d.h. keine der Teilmengen von $\mathfrak{Z}$ ist leer.

Z2) $\forall X\ \forall Y\ (X, Y \in \mathfrak{Z}$ und $X \neq Y \Longrightarrow X \cap Y = \emptyset)$
d.h. der Durchschnitt von je zwei Teilmengen ist leer, sie sind *disjunkt*.

Z3) $M = \bigcup_{X \in \mathfrak{Z}} X$

d.h. M ist gleich der Vereinigung der in der Zerlegung vorkommenden Teilmengen von M.
Die Elemente von $\mathfrak{Z}$ heißen *Klassen von* M *bei der Zerlegung* $\mathfrak{Z}$.

Das folgende wichtige Theorem stellt den Zusammenhang zwischen Äquivalenzrelation und Zerlegung her.

Theorem. M *sei eine Menge. Zu jeder Äquivalenzrelation* R *auf* M *gibt es genau eine Zerlegung* $\mathfrak{Z}_R$ *von* M *und zu jeder Zerlegung* $\mathfrak{Z}$ *von* M *gibt es genau eine Äquivalenzrelation* R *auf* M *mit* $\mathfrak{Z}_R = \mathfrak{Z}$.
Einen Beweis dieses Theorems findet man in fast allen Einführungskursen in die moderne Mathematik.

R sei eine Äquivalenzrelation. Dann heißt die durch R definierte Zerlegung von M *Quotientenmenge* (Faktormenge) von M nach R - in Zeichen: $M/_R$. Die Klassen von M heißen auch *Äquivalenzklassen mod* R (sprich: modulo R).

Zu jeder Äquivalenzrelation R auf M ist in natürlicher Weise eine Abbildung

$$\omega : M \longrightarrow M/_R$$
$$x \longmapsto \omega(x)$$

gegeben, die jedem Element $x \in M$ seine Äquivalenzklasse zuordnet.

Die Abbildung ω, die surjektiv ist, heißt *natürliche (oder kanonische)* Abbildung.

Wir stellen nun einen weiteren wichtigen Zusammenhang zwischen Äquivalenzrelationen und Abbildungen her.

Sei $F: M_1 \to M_2$ eine Abbildung von M_1 in M_2 mit $D(F) = M_1$. Dann wird mit Hilfe von F eine Äquivalenzrelation auf M_1 wie folgt definiert:

$$x\ R_F y \ :\Longleftrightarrow F(x) = F(y)$$

Es ist leicht nachzuweisen, daß R_F eine Äquivalenzrelation ist. Ihre Äquivalenzklassen bestehen genau aus den Elementen, die unter der Abbildung F auf dasselbe Element in M_2 abgebildet werden.

R_F heißt die *durch* F *erzeugte Äquivalenzrelation.*

Der Abbildungssatz. $F : M_1 \to M_2$ mit $D(F) = M_1$ sei eine Abbildung. R_F sei die durch F erzeugte Äquivalenzrelation. Dann gibt es eine injektive Abbildung $i : M_1/R_F \to M_2$ derart, daß das Diagramm

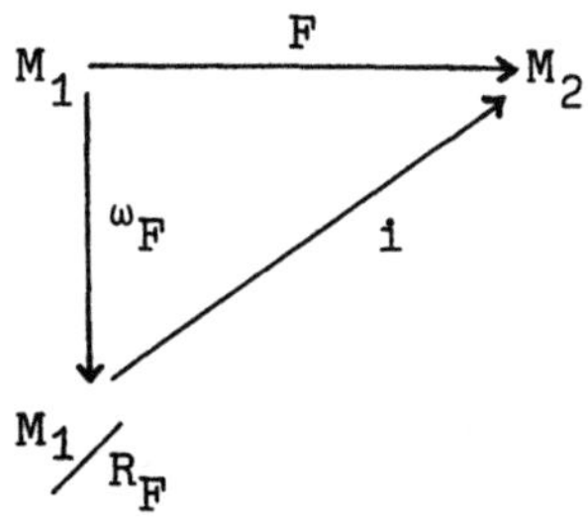

kommutativ ist, d.h. $F = i \circ \omega_F$, ω_F ist dabei die natürliche Abbildung.

Korollar. *Wenn* F *surjektiv ist, dann ist* i *bijektiv.*

1.7. BEZEICHNUNGEN

N bezeichne die Menge der natürlichen Zahlen

Z bezeichne die Menge der ganzen Zahlen

Q bezeichne die Menge der rationalen Zahlen

R bezeichne die Menge der reellen Zahlen

C bezeichne die Menge der komplexen Zahlen

1.8. ÜBUNGEN

1.8.1.

a) Bilde die Mengen $\mathcal{P}(\{a, b\})$ und $\mathcal{P}(\{a, b, c, d\})$.
Man berücksichtige dabei, daß die leere Menge $\emptyset$ in jeder Menge enthalten ist.

b) Verifiziere, daß $\mathrm{Card}(\mathcal{P}(\{a,b\}) = 4$ und $\mathrm{Card}(\mathcal{P}(\{a,b,c,d\})) = 16 = 2^4$ gilt.

1.8.2.

Man zeige, daß die Abbildung

$$F : M_1 \to M_2 \text{ mit } D(F) = M_1$$

genau dann $\left\{\begin{array}{l}\text{injektiv}\\ \text{surjektiv}\\ \text{bijektiv}\end{array}\right\}$ ist, wenn

für jedes $y \in M_2$ die Menge

$F^{-1}(\{y\})$ $\left\{\begin{array}{l}\text{höchstens}\\ \text{mindestens}\\ \text{genau}\end{array}\right\}$ ein Element enthält.

II. Wörter - Monoide - Sprachen

2.1. DAS FREIE MONOID

2.1.0. Mathematik und Metamathematik

Wenn wir einen mathematischen Text schreiben oder lesen, verwenden wir stillschweigend eine bestimmte Anzahl von Zeichen und Vereinbarungen, die mehr oder minder exakt definiert, mehr oder minder formalisiert sind, und die es daher den Mathematikern erlauben, sich untereinander zu verständigen.

Oft läßt dasselbe Zeichen unterschiedliche Verwendungsweisen zu. Haben zum Beispiel die Klammern in folgenden Ausdrücken dieselbe Bedeutung?

die Funktion $f(x)$..............
$y = (m + 1)x^2 - 2mx + 2m - 3$...
das Paar (x, y)................

Warum darf die Distributivität der Multiplikation bezüglich der Addition so geschrieben werden:

$$(a + b)(c + d) = ac + ad + bc + bd.$$

Da es sich um eine Verknüpfung $\circ$ handelt, die bezüglich einer Verknüpfung $*$ distributiv ist, läßt die Gleichung sich wie folgt präzisieren:

$$(a * b) \circ (c * d) = (a \circ c) * (a \circ d) * (b \circ c) * (b \circ d)$$

Derartige Fragen verlassen den üblichen Bereich der Mathematik, um in den Bereich der Metamathematik vorzustoßen.

Im allgemeinen unterscheidet ein Mathematikstudent oder jemand, der Mathematik anwendet, ungenügend zwischen dem mathematischen Begriff und dem metamathematischen Vorgehen des Definierens und der Bezeichnung, welche man mit diesem Begriff verbindet. Die Verwechselung von Funktion und Formel ist "klassisch". Oft sind übrigens die Verwechselungen von Form und Inhalt, von Syntax und Semantik, von Bezeichnendem und Bezeichnetem erst Anlaß, fehlerhaften oder zweideutigen Ausdrücken Sinn zu geben. Selbstverständlich besitzt eine Maschine nicht jenen Erfahrungsschatz an Kenntnissen und intuitiver Vertrautheit, welche den Menschen dazu befähigen, die brauchbare Interpretation auszuwählen; um einer Maschine etwas mitzuteilen, benötigen wir also eine Sprache, die bis ins kleinste Detail exakt definiert ist. Wir müssen folglich bei den Logikern in die Schule gehen, die glücklicherweise nicht das Zeitalter der elektronischen Maschinen abgewartet haben, um sich als Bereich ihres mathematischen Studiums das Gebiet der Metamathematik vorzunehmen. Dadurch vermeiden wir es in der Tat, längst bekannte Sachverhalte mühsam wiederzuentdecken. Um anzufangen, studieren wir das Phänomen "Schreibweise" unter seinem unmittelbarsten Aspekt: dem Gebrauch der Zeichen, der es gestattet, sie hintereinander zu setzen, um Wörter zu bilden und vielleicht etwas auszudrücken.

2.1.1. Basis-Elemente

Gegeben sei eine nicht-leere Menge $\mathfrak{A}$, die *Basismenge*; ihre Elemente nennen wir *Basiselemente*. Um diese Elemente darzustellen, ordnen wir jedem von ihnen ein graphisches Zeichen (oder irgendein materielles Symbol) zu, welches sein *geschriebener Name* heißt; um über diese Elemente zu sprechen, ordnen wir jedem von ihnen einen *gesprochenen Namen* zu. Selbstverständlich sorgen wir dafür, daß zwei verschiedene Elemente verschiedene Namen erhalten.

Beispiel 1. $\mathfrak{A}$ enthält nur ein Element, dargestellt durch das Zeichen | und bezeichnet durch das deutsche Wort "Strich".

Beispiel 2. $\mathfrak{A}$ enthält 2 Elemente, die durch die Zeichen ■ und □ dargestellt und durch die Wörter "schwarz" und "weiß" bezeichnet werden.

Das für die Bezeichnung der Basismenge gewählte Zeichen (im vorliegenden Fall das Zeichen $\mathfrak{A}$) darf nicht für die Bezeichnung eines Elementes dieser Menge verwendet werden.

2.1.2. Endliche Folgen

Wir betrachten nun etwas, was man gewöhnlich "Anordnungen mit Wiederholung von Elementen aus 𝔄" nennt. Es handelt sich um endliche (vollständig geordnete) *Folgen*, die aus *Vorkommen* von Elementen aus 𝔄 bestehen. Um eine solche Folge graphisch darzustellen, kann man das Vorkommen der Zeichen, die den Elementen von 𝔄 entsprechen, linear anordnen (mittels Heftzeilen, Papierstreifen, Magnetbändern). In einem Buch ist die graphische Folge, wenn nicht anders vereinbart, von links nach rechts ausgerichtet.

Beispiel. Wenn die Basismenge 𝔄 drei Elemente, dargestellt durch a, b, c enthält, stellt die Schreibweise:

bacaba

eine Folge dar, die aus sechs Elementen von 𝔄 gebildet wird; das erste Element der Folge ist ein Vorkommen des durch b bezeichneten Elements usw.

Es ist nützlich, eine Folge einzuführen, in der kein Element auftritt; sie heißt die *leere Folge*. Um eine Folge schriftlich zu bezeichnen, benutzt man Symbole und Anführungsstriche unter der Bedingung, daß weder die einen noch die anderen bereits zur Bezeichnung der Basiselemente verwendet wurden. Im Falle des obigen Beispiels darf man schreiben:

A = 'bacaba'
B = 'acccab'

Insbesondere wählen wir das Symbol E zur Darstellung der leeren Folge

E = ' '

Die Vorsicht und Sorgfalt, mit der wir soeben die Schreibweise eingeführt haben, gewähren einen ersten Einblick (wir werden später darauf zurückkommen) in den Gebrauch der Metasprache beim Beschreiben einer Sprache. Unter dem *Grad* einer Folge versteht man die Anzahl von Vorkommen von Elementen aus 𝔄 , die die Folge bilden. Der Grad der leeren Folge ist Null. Der Grad wird durch zwei senkrechte Striche angegeben:

$|\text{bacaba}| = 6 \qquad |A| = 6$

Desgleichen definieren wir den Grad bezüglich eines oder mehrerer Symbole: 'bacaba' hat den Grad 3 bezüglich a, den Grad 1 bezüglich c.

2.1.3. Verkettung von Folgen

Bei gegebener Menge $\mathfrak{A}$ betrachten wir die Menge $\mathfrak{A}^*$ der endlichen Folgen, die durch Vorkommen von Elementen aus $\mathfrak{A}$ gebildet werden. Wenn auf diese Weise eine Folge A und eine Folge B gegeben sind, so kann man dem geordneten Paar (A, B) die Folge C zuordnen, welche man erhält, indem man die Elemente, die A bilden, und die Elemente, die B bilden, in der Reihenfolge ihres Auftretens hintereinandersetzt. Wir sagen, daß man C durch *Verkettung* von A mit B erhält. Wir schreiben dafür:

$$C = AB$$

Beispiel. Für

A = 'baca'	und	B = 'ac'
AB = 'bacaac'	und	BA = 'acbacaac'

Die Folge, die man durch Verkettung erhält, hat als Grad die Summe der Grade ihrer Komponenten. Offenbar ist die Verkettung eine auf der Menge aller Folgen definierte Verknüpfung, die assoziativ, aber nicht kommutativ ist und als neutrales Element die leere Folge besitzt. Unter einem *Monoid* versteht man in der Algebra eine mit einer Verknüpfung (Komposition) versehene Menge, die auf allen Paaren von Elementen dieser Menge definiert ist, die assoziativ ist und ein neutrales Element besitzt.* Die Menge $\mathfrak{A}$ zusammen mit der Verkettungsoperation wird zum freien Monoid über $\mathfrak{A}$; die Elemente von $\mathfrak{A}$ heißen die Erzeugenden von $\mathfrak{A}^*$.

Beispiele. Das von $\mathfrak{A} = \{a\}$ erzeugte freie Monoid ist isomorph zur Menge der Potenzen eines Buchstaben a (mit assoziativer Multiplikation).
Für $\mathfrak{A} = \{0,1\}$ können die endlichen Folgen aus $\mathfrak{A}^*$ als ganze Zahlen in binärer Darstellung aufgefaßt werden; die Verkettung kann dann als komplexe arithmetische Operation erklärt werden.

2.1.4. Fragen der Terminologie

Die Terminologie, die sich noch stets verändert, hängt sowohl von den Autoren als von den Disziplinen ab, in denen die Theorie formaler Grammatiken angewendet wird: künstliche Sprachen, Logik, natürliche Sprachen.... Wenn wir Programmiersprachen betrachten, sagen wir, die

---

*Bei manchen Autoren heißt Monoid Halbgruppe mit neutralem Element.

Basismenge sei ein abstraktes *Alphabet*, bestehend aus abstrakten Buchstaben, und werde (unter gegebenen Umständen) durch ein konkretes Alphabet aus konkreten Buchstaben dargestellt; wir sagen ferner, die endlichen Folgen seien (abstrakte) *Wörter*, die durch konkrete Wörter dargestellt werden. Die Sprache ALGOL zum Beispiel benutzt ein Alphabet aus 116 Zeichen. Ein abstraktes Zeichen wird durch eine Menge von Eigenschaften charakterisiert: Ein abstraktes Zeichen, welches vor einer Anweisung steht, wird mittels des konkreten Zeichens "begin" geschrieben; ein anderes, welches der logischen Implikation entspricht, wird mittels des konkreten Zeichens " $\Longrightarrow$ " geschrieben. Die Verwechselung der Implikation mit dem Zeichen " $\Longrightarrow$ " wäre eine Verdinglichung. Bleibt zu bemerken, daß man auf dem Lochstreifen ein anderes konkretes Alphabet benutzt, und ein drittes bei der Informationsverarbeitung in der Maschine. Bei Anwendungen auf natürliche Sprachen ist es einerseits möglich, daß die Basismenge aus Buchstaben oder *Phonemen* besteht und daß die Folgen Wörter sind. Andererseits kann die Basismenge ein *Vokabular* sein, deren Elemente im linguistischen Sinn *Wörter* sind, die Wortfolgen kann man dann *Sätze (Syntagmen)*, *Phrasen* usw. nennen. Hier erweist es sich ebenfalls als sinnvoll, zwischen dem graphischen Wort und dem, worauf es sich bezieht, zu unterscheiden: Es ist wohlbekannt, daß das Wort "Hund" nicht beißt. Desgleichen ist es ratsam, zu unterscheiden zwischen dem Buchstaben "a", aufgefaßt als Basissymbol, und dem Wortmonogramm 'a', wie man am Beispiel des französischen Satzes: "Le mot vide a pour degré zéro" erkennt. Dagegen besteht in den Theorien, in denen man allein die formalen Eigenschaften der Wörter berücksichtigt, ohne sich auf irgendeinen Sinn zu beziehen, kein Grund, zwischen einem Buchstaben und dem Wortmonogramm, welches durch diesen Buchstaben gebildet wird, zu unterscheiden: Genau dies ist der Fall in der algebraischen Theorie des freien Monoids.

2.2. WORTKALKÜLE

2.2.1. Thue-Relationen

Im Folgenden sei das konkrete Alphabet durch das Alphabet kleiner, lateinischer Buchstaben (oder einem Teil desselben) gegeben. Die Wörter bezeichnen wir durch große lateinische Buchstaben und das leere Wort durch E. In dem Wort '*tuamotu*' kommt zweimal das Wort 'tu' vor, wobei es beim ersten Mal einen Anfangsabschnitt - einen linken Faktor des Wortes '*tuamotu*' einnimmt und beim zweiten Mal einen Endabschnitt - einen rechten Faktor. In dem Wort '*tananarive*' kommt das Wort 'na' zweimal unmittelbar hintereinander vor. Die allgemeinen Definitionen diesbezüglich lassen sich leicht formulieren: P und Q seien zwei verschiedene Wörter; dabei kann das eine oder das andere leer sein. Angenommen, in dem Wort A kommt P vor, so daß A von der Form

$$A = XPY$$

ist. Dann darf man diesem Wort A das Wort B zuordnen, das man erhält, indem man das Vorkommen von P durch das Vorkommen von Q ersetzt.

Beispiel. Wenn P dem Wort 'reu' entspricht und Q dem Wort 'ei', dann kann man dem Wort 'freund' das Wort 'feind' zuordnen.

Wenn jedes Vorkommen von P durch ein Vorkommen von Q ersetzt werden darf, dann betrachten wir in diesem Kapitel den Fall, in dem auch jedes Vorkommen von Q durch ein Vorkommen von P ersetzt werden darf. Man schreibt dann:

$$P \sim Q \qquad 1)$$

Im obigen Beispiel wäre dann

$$\text{'reu'} \sim \text{'ei'}.$$

Hat man gleichzeitig mehrere Relationen vom Typ 1), dann bilden diese ein System, zum Beispiel:

$$\text{'reu'} \sim \text{'ei'} \; ; \; \text{'d'} \sim \text{'din'}$$

Diese Relationen, welche durch den norwegischen Mathematiker Thue eingeführt und studiert wurden, begründen den sogenannten *assoziativen Kalkül*. Zunächst sagen wir, falls das Wort B von dem Wort A durch Anwendung einer einzigen Relation abgeleitet wird, daß A und B *benachbart* sind. Diese Ausdrucksweise ist dadurch gerechtfertigt, daß A seinerseits von B durch Anwendung einer einzigen Relation abzuleiten ist. An den eingeführten Beispielen sehen wir:

'freundin' ist benachbart zu 'freund'

'freund' ist benachbart zu 'feind'

Hingegen ist 'freundin' nicht zu 'feind' benachbart. Um eine transitive Relation zu erhalten, muß man mehrere Anwendungen der Relationen vom Typ $P \sim Q$ zulassen. Zur Präzisierung schlagen wir folgende Definitionen vor:

Definition. $\mathfrak{A}$ *sei ein Alphabet und* R: $P_1 \sim Q_1, \ldots, P_n \sim Q_n$ *sei ein System von Thue-Relationen. Man sagt, daß ein Wort* B_0 *in "Relation zu" dem Wort* B_p *steht, um auszudrücken, daß eine Folge von Wörtern* $B_0, \ldots, B_p$ *existiert derart, daß die* B_i *zu den* B_{i-1} *benachbart sind für* $i = 1, \ldots, p$.

Wir vereinbaren ferner, daß jedes Wort in Relation zu sich selbst steht. Unter diesen Bedingungen ist die Relation "in Relation stehen zu" eine Äquivalenzrelation. Aus diesem Grunde und um uns dem Sprachgebrauch anzupassen, sprechen wir von nun an von äquivalenten Wörtern. Für das folgende Beispiel gilt also:

'freundin' ist äquivalent zu 'feind' (bezüglich des angegebenen Systems von Thue-Relationen). *Um diese Äquivalenzrelation zu bezeichnen, benutzen wir das Zeichen "≈". Folglich gilt*

$$\text{'freundin'} \approx \text{'feind'}$$

Wir geben nun einen Satz, dessen Beweis unmittelbar klar ist.

Satz. *Für jedes Wort* X *und für jedes Wort* Y *folgt aus der Äquivalenz* $A \approx B$ *die Äquivalenz* $XAY \approx XBY$.

2.2.2. Das Wortproblem

Es sei ein assoziativer Kalkül durch ein Alphabet $\mathfrak{A}$ und Thue-Relationen gegeben:

$$P_1 \sim Q_1, \ldots, P_n \sim Q_n$$

Thue hat die folgende grundlegende Frage aufgeworfen, die unter dem Namen *"Wortproblem"* bekannt ist:

Gegeben sei ein Paar irgendwelcher Wörter. Läßt sich dann bestimmen, ob sie äquivalent sind oder nicht?

2.2.3. Besondere Beispiele

Anfangs geben wir zwei Definitionen, derer wir uns im folgenden hauptsächlich bedienen. Man sagt, die Folge $\tilde{A}$ sei *Spiegelbild* der Folge A, um auszudrücken, daß in $\tilde{A}$ dieselben Zeichen auftreten wie in A, nur in der umgekehrten Reihenfolge, wie zum Beispiel:

$$A = \text{'roma'}, \qquad \tilde{A} = \text{'amor'}.$$

Man sagt, daß die Folge A *symmetrisch* ist oder ein *Palindrom* darstellt, um auszudrücken, daß A gleich dem Spiegelbild von A ist, wie zum Beispiel:

$$B = \text{'deed'}, \qquad C = \text{'subitomotibus'}.$$

Wir betrachten jetzt das Beispiel:

$$\mathfrak{A} = \{a, b\}; \quad aa \sim E; \quad bb \sim E.$$

(Nebenbemerkung: Man nennt solche Relationen nilpotent.)

Ein Wort reduzieren heißt ein neues Wort bilden, welches zum ersten benachbart, aber kürzer als dieses ist. Indem wir von einem Wort ausgehen und eine Kette von Wörtern durch sukzessive Reduktionen (Kürzungen) bilden, gelangen wir zu einem irreduziblen Wort, welches das leere Wort sein kann.

Beispiel. Wir gehen aus von dem Wort:

A = abaaaabbababbbaab

Eine erste Kette von Reduktionen entspricht dem folgenden Schema:

```
A ≈ abaaaabbababbbaab
          11   66 44
       22        5  5
      3  3
```

A ≈ ababa

Man kann auch anders vorgehen, zum Beispiel:

```
A ≈ abaaaabbababbbaab
       11        4455
      2  233    6    6
```

A ≈ ababa

Es ist intuitiv klar, daß das irreduzible Ergebnis nicht davon abhängt, wie man die Reduktion durchgeführt hat. Wir haben dies für unser obiges Beispiel verifiziert und wir überlassen den Beweis dem Leser zur Übung. In anderen Worten: Es gibt zu jeder Äquivalenzklasse von Wörtern genau ein irreduzibles Wort, welches als der *kanonische Repräsentant* der Klasse betrachtet wird. In ähnlichen Fällen kann man das Wortproblem lösen: Wenn zwei Wörter gegeben sind, dann sind sie genau dann äquivalent, wenn sie dasselbe irreduzible äquivalente Wort besitzen. Dieses Wort läßt sich "ohne intuitive Tricks" durch ein mechanisches Verfahren bilden. Aber die Lage ist nicht immer so günstig. Betrachten wir zum Beispiel die Regeln:

aaa ∼ aa; aba ∼ aa; bab ∼ bb; bbb ∼ bb

über demselben Alphabet. Ausgehend von dem Wort 'ababa' kann man aaa, dann aa, schließlich abba bilden. Diese beiden Wörter sind äquivalent und irreduzibel, aber verschieden. Man kann das Wortproblem lösen, wenn Invarianten existieren, um eine Klasse zu kennzeichnen.* Die erste 'universelle' Methode, über die wir verfügen, besteht darin, methodisch alle zu S benachbarten Wörter zu bilden, dann alle zu jedem von diesen benachbarten Wörtern usw., kurz: die zu S äquivalenten Wörter aufzuzählen,

*Angenommen, es soll entschieden werden, ob ein Wort T zu einem Wort S äquivalent sei.

indem man eine, dann zwei, dann drei usw. Operationen anwendet. Wie groß auch immer die Anzahl der durchgeführten Operationen sein mag, so kann man, falls man auf T noch nicht gestoßen ist, hoffen, T nach neuen Operationen zu finden: die 'universelle und naive' Methode garantiert demnach im allgemeinen keine Entscheidung. Gibt es überhaupt eine geeignete universelle Methode, um das Wortproblem zu lösen? Nachdem wir den Begriff der Methode, oder besser, des Algorithmus präzisiert haben, werden wir zeigen, daß die Frage zu verneinen ist.

2.2.4. Monoide von Klassen

Nehmen wir an, daß bei gegebenem assoziativem Kalkül die folgenden Äquivalenzen vorhanden sind:

$$S \approx S' \quad \text{und} \quad T \approx T'$$

Dann gilt wegen des Satzes aus 1.2.1.

$$ST \approx S'T \approx S'T'$$

Daher gilt also das Lemma:

Lemma. $ST \approx S'T'$

Die Verkettung von Wörtern ist eine Verknüpfung, die verträglich ist mit der durch Thue-Relationen definierten Äquivalenz. Wenn eine Äquivalenzrelation links und rechts mit einer Verknüpfung verträglich ist, dann nennt man sie eine *Kongruenz*. Das obige Lemma läßt sich wie folgt formulieren:

Eine durch Thue-Relationen definierte Äquivalenz ist eine Kongruenz auf dem freien Monoid. Wir erinnern uns nun an einen in der Algebra sehr häufig benutzten Satz, um ihn im Spezialfall anwenden zu können.

Satz. *Eine Kongruenz* $\mathfrak{R}$, *die auf einer mit einer assoziativen Verknüpfung versehenen Menge* M *definiert ist, bestimmt eine Menge von Äquivalenzklassen oder die Quotientenmenge* $M/\mathfrak{R}$, *die eine induzierte ebenfalls assoziative Verknüpfung besitzt. Wenn die anfangs gegebene Verknüpfung ein neutrales Element besitzt, dann ist die Klasse dieses Elementes neutral für die induzierte Verknüpfung.*

Für den Beweis dieses grundlegenden Satzes verweisen wir auf die Übung 2.4.4. Da es sich um ein freies Monoid und um eine Thue-Äquivalenz handelt, leiten wir den folgenden Satz ab:

Satz. *Die auf einem freien Monoid durch eine Thue-Äquivalenz definierten Klassen bilden ein Monoid bezüglich der durch die Verkettung induzierten Verknüpfung.*

Beispiel.

$$\mathfrak{A} = \{a, b\}; \qquad a\,a \sim E; \qquad b\,b \sim E$$

Man erkennt das Beispiel wieder, das wir bereits im Paragraphen 1.2.3. für die Äquivalenz von Wörtern angeführt hatten. Die Klassen können in natürlicher Weise durch reduzierte Wörter dargestellt werden. Dabei sind Zeichen, die zweimal hintereinander auftreten, verschiedene Zeichen. Indem wir die reduzierten Wörter erstens der Länge nach anordnen und zweitens in lexikographischer Ordnung, erhält man die Klassen von:

E, a, b, a b, b a, a b a, b a b, a b a b,...

Wenn in einer bestimmten Ordnung zwei Klassen gegeben sind, dann geht man, um den Repräsentanten der zusammengesetzten Klasse zu erhalten, nach diesen Regeln vor:

1. Verkette in der Reihenfolge der Repräsentanten;
2. Überprüfe die Nahtstelle der Folgen;
3. Wenn die Zeichen verschieden sind: Operation beendet.
   Wenn nicht: Streiche das doppelte Auftreten desselben Zeichens;
4. Ist das Ergebnis E: Operation beendet.
   Wenn nicht: Gehe zu 2.

Es ist klar, daß man die neutrale Klasse dann und nur dann erhält, wenn der eine kanonische Repräsentant Spiegelbild des anderen ist. Jede Klasse läßt ein eindeutig bestimmtes Linksinverses und ein eindeutig bestimmtes Rechtsinverses zu. Daher sind die Paare von Inversen die folgenden:

E,E; a,a; b,b; ab,ba; aba,aba; bab,bab; abab,baba;...

Eine Klasse, deren Repräsentant ein reduziertes Palindrom ist, ist zu sich selbst invers. Der Leser wird bereits erkannt haben, daß im vorliegenden Fall das Monoid der Klassen eine Gruppe darstellt. Was den Kern der Abbildung (d.h. die Menge der Wörter der Klasse E) anbelangt, so umfaßt er Palindrome von gerader Länge, aber darüber hinaus enthält er auch Wörter, die man durch Verkettung dieser Palindrome erhält:

z.B. bab abba bb.

2.3. SPRACHE

2.3.1. Definition

Jede Untermenge des freien Monoids $\mathfrak{A}^*$ von endlichen Folgen von Elementen aus $\mathfrak{A}$ heißt auf der Basismenge $\mathfrak{A}$ definierte *formale Sprache*. Der Kürze halber sagen wir einfach "Sprache" statt "formaler Sprache".

Beispiele. Bei beliebig vorgegebener Menge $\mathfrak{A}$ bildet die Menge der Wörter geraden Grades eine Sprache, die Menge der Wörter ungeraden Grades eine andere. Erstere ist abgeschlossen bezüglich der Verkettung, letztere nicht. Bei beliebigem $\mathfrak{A}$ ist die Menge der Palindrome eine Sprache, welche bezüglich der Verkettung nicht abgeschlossen ist (vorausgesetzt, $\mathfrak{A}$ enthält mehr als ein Element).

2.3.2. Ein bemerkenswertes Beispiel: Die Sprachen von Dyck (Dycksprachen)

Stellen wir uns einen korrekten mathematischen Kalkül vor oder ein Programm, das in einer ALGOL-ähnlichen Sprache geschrieben ist. Es gibt dort Zeichen, die paarweise auftreten: öffnende runde Klammer, schließende runde Klammer; öffnende eckige Klammer, schließende eckige Klammer; öffnende geschweifte Klammer, schließende geschweifte Klammer; öffnende Skalarprodukt-Klammer, schließende Skalarprodukt-Klammer; begin, end; usw. Im Text des Kalküls oder Programms abstrahieren wir von allem, was kein Zeichen dieser Art ist. Wir erhalten einen neuen Text, der strengen Gesetzen gehorcht.

Beispiel. Aus der korrekt geschriebenen Formel:

$$\{[(a+b)(c+d) - (a'+b')(c'+d')]^6 - (abcd-a'b'c'd')^3\}^2$$
$$- \{[(aa'+bb'+cc'+dd')^6 + (abcda'b'c'd')^{3/2}] + A\}^2$$

erhält man

$$\{[()()()()]()\}\{[()()]\}$$

Texte dieser Art vermitteln eine Vorstellung von dem, was man eingeschränkte *Dycksprachen* nennt. Die Wichtigkeit dieser Sprachen bemißt sich danach, ob und in welchem Grade sie mit den Klammerstrukturen verbunden sind, welche man in den natürlichen und künstlichen Sprachen findet: Mathematik, Logik, Programmiersprachen usw. Wir geben nun genaue Definitionen.

Definitionen. *Gegeben ein Alphabet* $\mathfrak{A} = \{a, a', b, b' \ldots\}$*, bestehend aus* 2n *Zeichen, die paarweise auftreten:* a *und* a'*,* b *und* b' *usw.;* E *sei das leere Wort;* $aa' \sim E$, $bb' \sim E, \ldots$ *seien Thue-Relationen. Ein Wort gehört zur "eingeschränkten Dycksprache" auf* $\mathfrak{A}$ *dann und nur dann, wenn es zum leeren Wort äquivalent ist. Man definiert analog eine "(nicht eingeschränkte) Dycksprache", indem man die Relationen*

$$aa' \sim a'a \sim E, \qquad bb' \sim b'b \sim E, \ldots$$

gibt.

Beispiele.

abb'a'cc' gehört zur eingeschränkten Dyckschen Sprache.

a'ab'cc'b gehört zur Dyckschen Sprache.

2.3.3. Operationen und Sprachen

$\mathfrak{A}$ sei ein Alphabet, $\mathfrak{A}^*$ sei das freie Monoid auf $\mathfrak{A}$; die (formalen) Sprachen auf $\mathfrak{A}$ sind Teilmengen von $\mathfrak{A}^*$. Dann ist es erlaubt, auf der Menge der Teilmengen von $\mathfrak{A}^*$, d.h. $\mathfrak{P}(\mathfrak{A}^*)$, mengentheoretische Operationen zu definieren. Wir führen hier die grundlegenden Operationen an.

Vereinigung von Sprachen. Gegeben seien zwei Sprachen L_1 und L_2, dann nennt man die Vereinigung dieser Sprachen (Bezeichnung: $L_1 \cup L_2$) die Menge von Wörtern, die man in der einen oder in der anderen Sprache findet. Diese Operation ist die mengentheoretische Vereinigung, sie ist kommutativ und assoziativ:

$$L_1 \cup L_2 = L_2 \cup L_1 \qquad (L_1 \cup L_2) \cup L_3 = L_1 \cup (L_2 \cup L_3)$$

Durchschnitt von Sprachen. Den Durchschnitt der Sprachen L_1, L_2 (Bezeichnung $L_1 \cap L_2$) nennt man die Menge der Wörter, die in L_1 und L_2 auftreten. Diese Operation ist der mengentheoretische Durchschnitt, sie ist kommutativ und assoziativ.

Komplementbildung. Das Komplement der Sprache L bezüglich $\mathfrak{A}^*$ ist die Menge der Wörter aus $\mathfrak{A}^*$, die nicht in L auftreten; man bezeichnet sie durch $\mathfrak{A}^* \setminus L$. $\mathfrak{A}^*$ selbst ist eine Sprache, dessen Komplement die leere Menge ist. Man beachte, daß eine Sprache, die das leere Wort E enthält, nicht leer ist.

Beispiel.

$$\mathfrak{A} = \{a,b\} \quad \text{und} \quad L = \{a^m b^n | m \geq 1, n \geq 1\}$$

$\mathfrak{A}^* \setminus L = L_1 \cup L_2 \cup L_3$, wobei L_1 die Menge der Wörter bezeichnet, die mit b beginnen, L_2, die mit $a^m b^n a$ beginnen, und $L_3 = \{a\}^*$.

Produkt von Sprachen. Das Produkt zweier Sprachen, Bezeichnung L_1L_2, nennt man die Menge der Wörter, die man erhält, indem man ein Wort aus L_1 nimmt und es rechts mit einem Wort aus L_2 verkettet.

$$L_1L_2 = \{X_1X_2 | X_1 \in L_1 \quad \text{und} \quad X_2 \in L_2\}$$

Diese Operation ist nicht das kartesische Produkt, sie ist nicht kommutativ aber assoziativ.

Beispiel. Gegeben sei $\mathfrak{A} = \{a,b,c\}$. Betrachten wir die Sprache $\{a\}$, die als einziges Wort das Monogramm 'a' enthält. Dann ist das Produkt $\{a\}\,\mathfrak{A}^*$ die *Menge* der Wörter, die mit a beginnen.

Allgemein: $\mathfrak{A}\mathfrak{A}^*$ ist die *Menge* der Wörter, welche mit einem Zeichen aus $\mathfrak{A}$ beginnen, d.h. die nicht leeren Wörter

$$\mathfrak{A}\mathfrak{A}^* = \mathfrak{A}^* \setminus \{E\}.$$

Sternoperationen oder Kleene'sche Operationen. Da die Produktbildung eine assoziative Operation ist, darf man fortwährend Produkte einer Sprache mit ihr selbst bilden.

$$L^2 = LL; \quad L^3 = (LL)L; \quad \text{usw.}$$

Wir betrachten nun mit Stephen Cole Kleene die Vereinigung aller Sprachen, die sich durch fortgesetztes Potenzieren von L ergibt:

$$E \cup L \cup L^2 \cup L^3 \quad \ldots \cup L^n \cup \ldots$$

Das Ergebnis ist eine Sprache, die wir mit L^* bezeichnen.

Beispiel. Wir können das Alphabet $\mathfrak{A} = \{a,b,\ldots\}$ betrachten als die Sprache, die durch die Wortmonogramme gebildet wird. Dann ist $\mathfrak{A}^2$ die Menge der Digramme, $\mathfrak{A}^3$ die der Trigramme usw. Also

$$E \cup \mathfrak{A} \cup \mathfrak{A}^2 \cup \mathfrak{A}^3 \ldots$$

ist die Menge aller Wörter auf $\mathfrak{A}$, d.h. $\mathfrak{A}^*$, indem man den Stern als Kleene'sche Operation auffaßt.

Dies erklärt die für das freie Monoid eingeführte Bezeichnungsweise.

Spiegeloperation. Gegeben sei eine Sprache $L \subset \mathfrak{A}^*$. Man bezeichnet mit $\tilde{L}$ die Sprache, die man erhält, wenn man das Spiegelbild aller Wörter aus L bildet.

$$\tilde{L} = \{\tilde{X} | X \in L\}$$

Diese Operation ist involutiv. Zweimal hintereinander ausgeführt, ergibt sie dasselbe.

$$\tilde{\tilde{L}} = L$$

Außerdem ist sie zu dem Produkt durch die folgende Relation verknüpft:

$$\widetilde{LM} = \tilde{M}\tilde{L}$$

Beispiel. Die Sprache $\mathfrak{A}^* \tilde{\mathfrak{A}}^*$ ist gleich $\mathfrak{A}^*$, da $\tilde{\mathfrak{A}}^* = \mathfrak{A}^*$ und $E \in \mathfrak{A}^*$.

2.4. ÜBUNGEN

2.4.1.

Welche Vereinbarung haben wir stillschweigend getroffen, als wir das leere Wort so schrieben:

$$E = ' \ ' \ ?$$

Verschaffen Sie sich ein ALGOL 60 Manual, und untersuchen Sie die Bedeutung des Leerzeichens in der ALGOL-Sprache.

2.4.2.

Ist es sinnvoll zu sagen, daß ein Alphabet $\mathfrak{A}$ ein "leeres Zeichen" enthält?

2.4.3.

Das Alphabet $\mathfrak{A} = \{a, b, c, x, \equiv, \times\}$ sei gegeben, und man betrachte das Wort: $'a \times b \times c \times x'$.

Hat diese Schreibweise einen Sinn, wenn man a, b, c, x als Namen von Zahlen, $\times$ als Multiplikation und $\equiv$ als Gleichheit interpretiert?

Die gleiche Frage gilt für den Fall, daß a, b, c, x als freie Vektoren des euklidischen Raumes und $\times$ als Vektorprodukt aufgefaßt werden. Was kann man aus diesem Vergleich bezüglich der Verkettung schließen?

2.4.4.

Man betrachte eine mit einer inneren Komposition versehene Menge $S = \{A, B, C \ldots\}$, auf der außerdem eine mit dieser Komposition rechts- und linksverträgliche Äquivalenzrelation (d.h. eine Kongruenz) definiert ist.

1. Mit $\bar{A}$ sei die Klasse des Elementes A, mit $\bar{B}$ die Klasse von B bezeichnet usw. Man zeige, daß die Klasse des Kompositums $A \cdot B$ nur von $\bar{A}$ und $\bar{B}$ abhängt. Schließen Sie hieraus, daß man die Verknüpfung zweier Klassen wie folgt definieren kann: $\bar{A} \cdot \bar{B} = \overline{A \cdot B}$.

2. Beweisen Sie die Gültigkeit des Assoziativgesetzes: $(\bar{A} \cdot \bar{B}) \cdot \bar{C} = \bar{A} \cdot (\bar{B} \cdot \bar{C})$, indem Sie aus jeder Klasse einen Repräsentanten nehmen.

3. Unter der Annahme, daß E das neutrale Element in S bezüglich der Komposition und $\bar{E}$ seine Klasse sei, beweise man die Gültigkeit von: $\bar{A} \cdot \bar{E} = \bar{E} \cdot \bar{A} = \bar{A}$.

Beweis: Auswahl von Repräsentanten.

2.4.5.

Über dem Alphabet {a, b, c} betrachte man die folgenden Relationen:

$$aa \sim E; \qquad bb \sim E; \qquad ab \sim ba.$$

Kann man in diesem Fall das Wortproblem lösen? Zeigen Sie, daß das Faktormonoid zu einer Gruppe isomorph ist. Stellen Sie die Gruppe dar.

2.4.6.

Das Alphabet sei: {a, b, c}, und es seien die Relationen

$$aaa \sim E \quad (1); \qquad ba \sim ab \quad (2); \qquad ca \sim ac \quad (3)$$

gegeben. Untersuchen Sie die Wörter 'a a b a c a' und 'a b c'.

Allgemeiner: Kann man mit diesen speziellen Voraussetzungen das Wortproblem lösen?

2.4.7.

Man betrachte Wörter A, B, C, D mit der Eigenschaft $A\,B = C\,D$ und $|A| \leq |C|$.

Zeigen Sie, daß ein Wort X mit $C = A\,X$ und $B = X\,D$ existiert.

2.4.8.

Das Wort M heißt *periodisch*, wenn es durch mehrmaliges Verketten identischer Wörter entsteht. Motiv eines Wortes heißt dasjenige Wort kleinster Länge, das fähig ist, M zu erzeugen. Man betrachte also zwei Wörter U und V derart, daß U V = V U ist. Zeige, daß U und V periodisch sind und dasselbe Motiv besitzen. Eine mögliche Lösung erhält man, wenn man die folgenden Anweisungen beachtet. Zeige, daß für jede ganze Zahl gilt:

$$\underbrace{U \ldots U}_{k\text{-mal}} . \underbrace{V \ldots V}_{l\text{-mal}} = \underbrace{V \ldots V}_{k\text{-mal}} . \underbrace{U \ldots U}_{l\text{-mal}} .$$

Man führe das kleinste gemeinsame Vielfache für den Grad von U und V ein, man wähle V und zeige, daß U und V periodisch sind. Was läßt sich über das Motiv aussagen?

2.4.9.

1. Gegeben seien die Wörter A und B derart, daß A^m und B^n gemeinsam ein Anfangswort vom Grade $|A| + |B|$ besitzen. Zeige, daß A und B periodisch sind und dasselbe Motiv haben. (Benutze vorstehende Übung.)

2. Wenn A^m und B^n mit $m \geq 1$, dann leite man daraus ab, daß A und B periodisch sind und dasselbe Motiv besitzen.

3. Zeige, daß, wenn A nicht leer ist, eine ganze natürliche Zahl k und ein nicht-periodisches Wort (primitives Wort) B existiert, derart, daß $A = B^k$ ist.

2.4.10.

Gegeben seien zwei primitive (nicht periodische) Wörter A und B, die zwei Potenzen A^m und B^n zulassen und ein gemeinsames Anfangssegment vom Grad $|A| + |B|$ besitzen. Zeige unter Benutzung obiger Übungen, daß $A = B$.

2.4.11.

Diskutiere die Gleichung $A \tilde{X} = X B$.

2.4.12.

$\mathfrak{A}$ sei ein Alphabet, man betrachte eine Abbildung φ von der Menge der Wörter auf oder in die Menge der Wörter. Man will, daß diese Abbildung einen Endomorphismus auf der Monoidstruktur definiert, anders gesagt, daß gilt:

$$\varphi(P \cdot Q) = \varphi(P) \cdot \varphi(Q),$$

wobei "·" die Verkettung bezeichnet.

Zeige, daß φ durch die Bilder, die es auf der Menge der Wortmonogramme annimmt, bestimmt ist, und beschreibe einfache Fälle dieser Abbildungen.

2.4.13.

Gegeben sei das Alphabet $\mathfrak{A} = \{a, b\}$ und die Relationen $a\ a\ a \sim E$; $b\ b\ b\ b \sim E$; $a\ b\ b \sim b\ b\ a$; $a\ b\ a\ b\ a \sim E$; $b\ a\ b\ a\ b \sim E$.

Man kann die Wörter auffassen als Knoten eines Baumes mit der Wurzel E, welchen man erhält, wenn man folgende lexikographische Ordnung beachtet.

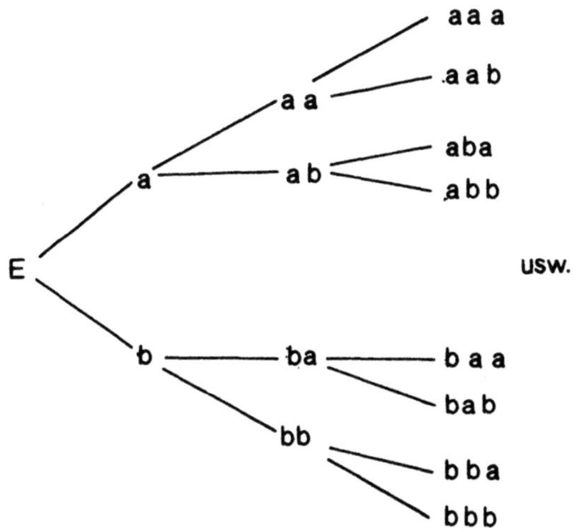

Dann streicht man jedes Wort, zu dem bereits ein Äquivalent niedergeschrieben wurde.

<u>Beispiel.</u> $a\ a\ a \approx E$; dann $b\ b\ a \not\approx a\ b\ b$ usw.

Stelle die Klassen auf natürliche Weise dar, studiere das Quotientenmonoid und den Kern.

2.4.14.

Die Abbildungen haben als Definitionsbereich ein freies Monoid und als Wertebereich das in 2.4.13. definierte Monoid. Man finde Funktionen α von der Eigenschaft:

$$\alpha(P \cdot Q) = \alpha[\alpha(P) \cdot \alpha(Q)].$$

Man bemerkt sofort, daß wir schon ein Beispiel im Paragraphen 2.2.3. gegeben haben.

2.4.15.

Folgende "réussite" oder "patience" kann man mit 32 Karten spielen: Lege die Karten in eine Reihe; wenn eine Karte zwischen zwei Karten desselben Wertes oder derselben Farbe zu liegen kommt, darf man sie wegnehmen.

Wenn zwei Karten desselben Wertes oder derselben Farbe zwischen zwei anderen Karten desselben Wertes oder derselben Farbe zu liegen kommen, darf man sie wegnehmen.

Man studiere die Theorie dieser Patience.

III. Kombinatorische Systeme

3.0.

Kombinatorische Systeme sind besondere *formale Systeme*. Wie bereits der Name besagt, sind sie von Interesse beim Studium derjenigen Mechanismen, in denen Probleme kombinatorischer Art eine Rolle spielen. Es sind im besonderen Probleme, die für Wörter eines freien Monoids definiert sind.

Im folgenden betrachten wir das freie Monoid $\mathfrak{A}^*$ auf dem Alphabet:

$$\mathfrak{A} = \{a_i \mid 1 \leqq i \leqq n\}$$

In den Beispielen verwenden wir kleine lateinische Buchstaben als Zeichen. Erinnern wir uns, daß wir mit E das leere Wort und durch $|A|$ den Grad des Wortes A bezeichnet haben.

3.1. DEFINITION KOMBINATORISCHER SYSTEME

3.1.1. Produktionen

Als wir über den Wortkalkül sprachen, haben wir Relationen wie 'reu' ~ 'ei' eingeführt, die sich in beiden Richtungen anwenden ließen. In diesem Kapitel ändert sich unsere Betrachtungsweise: Wir führen systematisch in unsere Regeln eine Orientierung ein.

Wir definieren *Produktionen* (oder Substitutionsregeln) als Paare $(G, \bar{G})$ und schreiben anstelle des Paares $(G, \bar{G})$:

$$G \to \bar{G}$$

oder auch:

(1) $$P\,G\,Q \to P\,\bar{G}\,Q$$

P, Q, G und $\bar{G}$ sind dabei Elemente aus $\mathfrak{A}^*$, P und Q sind hierbei Variablen, die Werte in dem Bereich, in dem sich die Produktion anwenden läßt, annehmen. (Diese Produktionen heißen auch Semi-Thue-Produktionen.)

Sei X ein Wort der Form

$$X = P\ G\ Q,$$

dann kann man auf X die Produktion $G \rightarrow \bar{G}$ anwenden und G *substituieren*. Man erhält $Y = P\ \bar{G}\ Q$.

Man sagt dann auch, Y sei unmittelbar *ableitbar* aus X.

Die Produktion $P\ \bar{G}\ Q \rightarrow P\ G\ Q$ heiße die zu (1) inverse Produktion.

3.1.2. Definitionen

Zur Definition eines kombinatorischen Systems benötigt man:

1) Ein endliches Alphabet $\mathfrak{A}$, das Alphabet des Systems, und eventuell ein Hilfsalphabet $\mathfrak{B}$, dessen man sich beim Beschreiben der Produktionen bedient.

2) Ein ausgezeichnetes, nicht-leeres Wort: das *Axiom* des Systems.

3) Eine endliche Anzahl von Produktionen.

3.1.3. Verschiedene Typen von Produktionen

Wir betrachten nun Produktionen des Typs

$$G\ P \rightarrow P\ \bar{G}.$$

Solche Produktionen heißen *normale Produktionen* und ihre Inversen:

$$P\ \bar{G} \rightarrow G\ P$$

heißen *antinormale Produktionen*, wobei man in jedem Fall voraussetzt:

$$|G| \cdot |\bar{G}| \neq 0.$$

<u>Beispiel.</u> Sei

$$G = \text{'to'}, \quad \bar{G} = \text{'lot'}.$$

Die normale Produktion

$$G\ P \rightarrow P\ \bar{G}$$

ergibt für

$$P = \text{'mate'}$$

$$\text{'tomate'} \rightarrow \text{'matelot'}$$

Die antinormale Produktion PG → $\bar{G}$P ergibt unter denselben Bedingungen:

'matelot' → 'tomate'

3.1.4. Spezielle Systeme

Ein Semi-Thue-System ist ein kombinatorisches System, das nur Semi-Thue-Produktionen enthält. Ein Thue-System ist ein Semi-Thue-System, das zu jeder Semi-Thue-Produktion die zu ihr inverse Produktion enthält. Ein normales System besteht allein aus normalen Produktionen. Ein *Post'sches System* ist ein System, das nur aus normalen Produktionen und ihren Inversen besteht.

3.1.5. Beispiele für Thue-Systeme

Beispiel 1. Das Alphabet des Systems sei $\mathfrak{A}$ ={a, b}. Das Hilfsalphabet sei $\mathfrak{B}$ = {s}. Das Axiom sei das Wort 's'.

$$s \rightarrow a\ b \quad (1)$$

$$s \rightarrow a\ s\ b \quad (2)$$

seien zwei Semi-Thue-Produktionen.

Das Wort 's' hat wegen (2) als Folgerung 'asb'.

Das Wort 'asb' hat wegen (2) als Folgerung 'aasbb'.

Das Wort 'aasbb' hat wegen (1) als Folgerung 'aaaabbbb'.

Man bemerkt sofort, daß dieses letzte Wort ganz im Alphabet des Systems geschrieben ist und keine Folgerung zuläßt. Man kann das Verfahren, womit wir das Wort 'aaaabbbb' erhalten haben, durch den folgenden Baum darstellen:

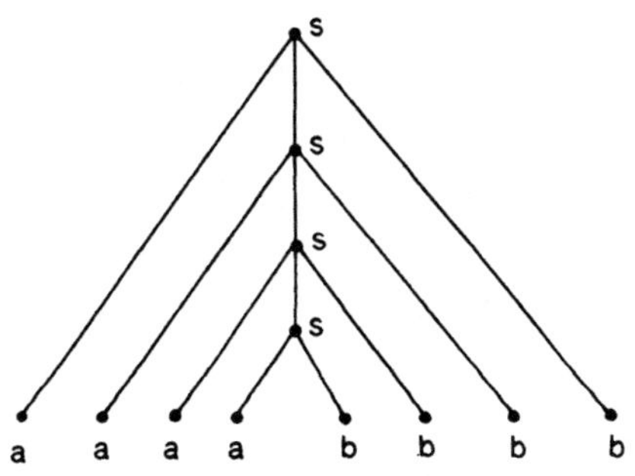

Die Möglichkeit, der aufeinanderfolgenden Bildung von Wörtern durch die Produktionen einen Baum zuzuordnen, besteht nur dann, wenn die linken Seiten der Produktionen ein Wort mit nur einem Zeichen enthalten. Zum Beispiel können wir nach Einführung der folgenden Produktion

$$aaab \rightarrow ba$$

unserem System keinen Baum zuordnen.

Beispiel 2. In diesem Beispiel verwenden wir folgende Terminologie: Vokabular (statt Alphabet), Satz (statt Wort) usw. Das Vokabular des Systems sei:

R = {die, eine, Oma, Aprikose, pflückt, ißt}.

Das Hilfsalphabet {S, NP, VP, D, N, V} wird gebildet durch:

S	für	Satz
NP	für	Nominalphrase
VP	für	Verbalphrase
D	für	Artikel
N	für	Nomen
V	für	Verb

Das Axiom des Systems sei die Folge 'S'. Die Produktionen sind Semi-Thue-Produktionen:

S	→	NP VP	(1)
NP	→	D N	(2)
VP	→	V NP	(3)
D	→	die	(4)
D	→	eine	(4a)
N	→	Oma	(5)
N	→	Aprikose	(5a)
V	→	pflückt	(6)
V	→	ißt	(6a)

Die ersten drei Regeln entsprechen ganz grob den Regeln der deutschen Syntax: "Um einen Satz zu erhalten, schreibe man eine Nominalphrase, gefolgt von einer Verbalphrase", "um eine Nominalphrase zu erhalten, schreibe man einen Artikel, gefolgt von einem Nomen", usw. Die anderen Regeln gestatten, von einer grammatikalischen Kategorie zu einem bestimmten Wort überzugehen, welches unter die fragliche Kategorie fällt. Der Leser studiere unter dem Gesichtspunkt der Anwendung der Regeln den folgenden Baum. (Die Möglichkeit, einen Baum zu konstruieren, besteht aus denselben Gründen wie in obigem Beispiel.)

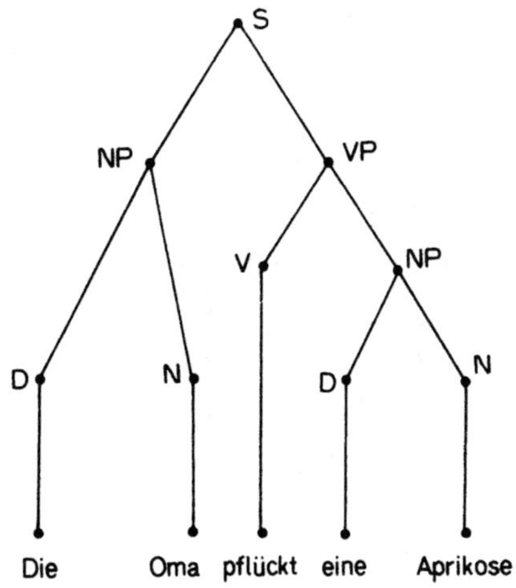

Wir haben den Satz: "Die Oma pflückt eine Aprikose." erhalten, der keine weitere Folgerung zuläßt.

Auf ähnliche Weise erhalten wir Sätze wie: "Eine Oma ißt die Aprikose." oder: "Die Aprikose pflückt eine Oma."

Der vorletzte Satz ist ein banaler und korrekter deutscher Satz, der letzte könnte in "Alice im Wunderland" vorkommen.

<u>Beispiel 3.</u> Das Alphabet sei {s, b, c}; das Axiom sei 's', die Produktionen:

$$s \rightarrow sb \qquad (1)$$

$$s \rightarrow c \qquad (2)$$

$$cbb \rightarrow bbs \qquad (3)$$

seien Semi-Thue-Produktionen.

Wegen der Produktion (3) ist es nicht möglich, irgendwelche Folgen von Wörtern durch einen Baum darzustellen. Aber es ist erlaubt, das Auftreten aller hintereinanderfolgenden Wörter durch einen orientierten Graphen darzustellen. Wir indizieren jeden Bogen des Graphen durch die Nummer der angewendeten Produktion. Wir zeichnen Produktion (1) nach links, Produktion (2) nach rechts und Produktion (3) nach unten.

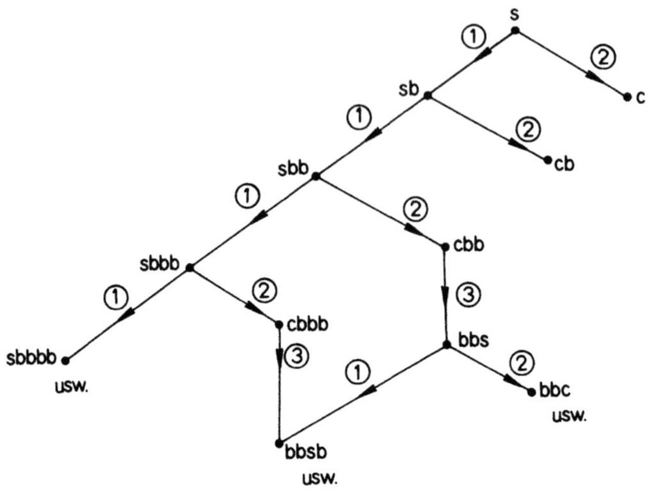

Bemerkung: Es gibt zwei Wege von s nach bbsb.

3.1.6. Beweis - Theoreme

Sei Γ ein kombinatorisches System und

$$X_1, X_2, \ldots, X_m \quad (\Sigma)$$

eine endliche Folge von Wörtern, wobei X_1 das ausgezeichnete Wort des Systems (das Axiom) sei, und jedes Wort X_j, für $1 < j \leqq m$, eine Folgerung von X_{j-1} bezüglich einer Produktion von Γ. Wir sagen, daß die Folge (Σ) ein Beweis in Γ und daß das letzte Wort von (Σ) ein Theorem von Γ ist.

Unter diesen Umständen sieht man ein, daß das ausgezeichnete Wort, der Beginn des vollständigen Beweises, Axiom des Systems genannt wird. Der Übergang des Wortes X_{j-1} zum Wort X_j stellt einen Beweisschritt dar. (Davis bezeichnet mit "Schritt" jedes Wort X_j, was weniger natürlich erscheint.) Anstelle des Beweises eines Theorems sprechen wir auch von der Ableitung eines Wortes oder eines Satzes, falls die Basismenge aus einem Vokabular besteht. Es kommt vor, daß man eine Behauptung beweisen kann, die alle Wörter des Systems oder die Wörter einer bestimmten Klasse betrifft. Wenn eine Verwechselung möglich ist, nennt man eine derartige Behauptung einen Meta-Satz: Er läßt sich bezüglich des Systems in einer Metasprache formulieren.

Beispiel 1. Greifen wir wieder das erste in 3.1.5. gegebene Beispiel auf. Das Alphabet sei {a, b}, das Axiom sei 's' und die Produktionen seien:

$$s \rightarrow ab; \qquad s \rightarrow asb.$$

Wir haben einen durch einen Baum illustrierten Beweis des Theorems aaaabbbb gegeben. Der Satz: "Alle Wörter des Systems, in denen nicht das Zeichen 's' vorkommt, erhält man durch Verkettung eines aus Vorkommen von a zusammengesetzten Wortes mit einem aus Vorkommen von b zusammengesetzten Wort gleicher Länge." ist ein Meta-Satz.

Beispiel 2. In dem dritten Beispiel von 3.1.5., einem durch einen Graphen illustrierten Beispiel, ist das Wort "bbsb' ein Theorem, für das es zwei verschiedene Beweise gibt.

Ein Satz wie: "Es gibt in diesem System eine unendliche Anzahl von Theoremen, welche zwei Beweise zulassen." ist ein Meta-Satz.

3.1.7. Monogene Systeme

Ein kombinatorisches System heißt monogen, wenn jedes Theorem höchstens eine Folgerung bezüglich der Produktionen des Systems zuläßt. Die Monogenie schließt daher die Existenz der Wörter X aus, für die gilt:

1. X sei auf zwei verschiedene Weisen zerlegbar in G P H Q K und G'P'H'Q'K'.

2. Es existieren in Γ zwei Produktionen, auf deren linken Seiten G P H Q K und G'P'H'Q'K' stehen.

Beispiel 1. Das in 3.1.5. (Beispiel 1) betrachtete System ist nicht monogen, da das Wort 's' zwei verschiedene Folgerungen zuläßt: 'ab' einerseits und 'asb' andererseits.

Ein System, bestehend aus dem Alphabet {a, b, c}, dem Hilfsalphabet {s, t, u}, dem Axiom 's' und den Produktionen

$$\begin{aligned} s &\rightarrow a\,t\,b \\ a\,t\,b &\rightarrow a\,a\,u\,b\,b \\ u &\rightarrow c \end{aligned}$$

ist ein monogenes System, welches nur eine endliche Anzahl von Theoremen umfaßt.

Beispiel 2. Das System bestehend aus dem Alphabet {a, b, s}, dem Axiom 's' und der Produktion

$$s \rightarrow a\,s\,b$$

ist ein monogenes System, welches unendlich viele Theoreme besitzt.

3.1.8. Mehrdeutigkeit

Um den höchsten Grad an Allgemeinheit zu erhalten, betrachten wir zwei Beweise eines Theorems dann als verschieden, wenn der eine sich vom anderen unterscheidet durch die Wörter, die er enthält, oder durch die Anordnung der Wörter oder durch beides. Das Terminalwort (der Terminalsatz) einer Ableitung ist mehrdeutig, wenn mindestens zwei verschiedene Beweise für es (für ihn) existieren. In den Anwendungen kann man verschiedene Begriffe von mehr oder minder großer Mehrdeutigkeit einführen.

Beispiel. In 3.1.5. (Beispiel 3) haben wir eine solche Situation vorgefunden mit dem Wort bbsb, das man auf zwei verschiedenen Wegen erreichen kann. Geben wir ein anderes Beispiel.

Ein System sei definiert durch das Alphabet $\mathfrak{A} = \{a, b, c, s\}$, das Axiom 's' und die Produktionen

$$s \to as \quad (1) \qquad s \to sb \quad (2)$$

$$s \to asb \quad (3) \qquad s \to c \quad (4)$$

Das Theorem 'acb' ist mehrdeutig, da gilt:

$$s \to as \quad (1)$$

$$as \to asb \quad (2)$$

$$asb \to acb \quad (4)$$

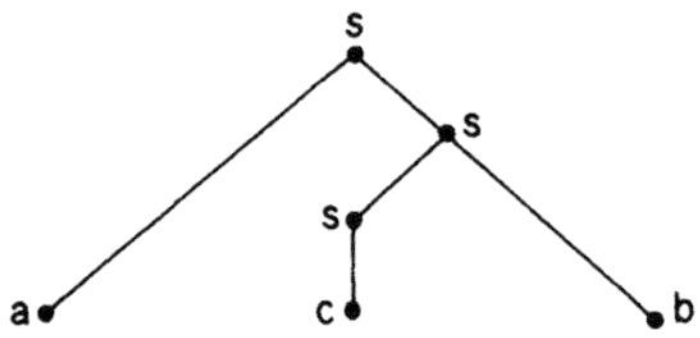

aber auch:

$$s \to asb \quad (3)$$

$$asb \to acb \quad (4)$$

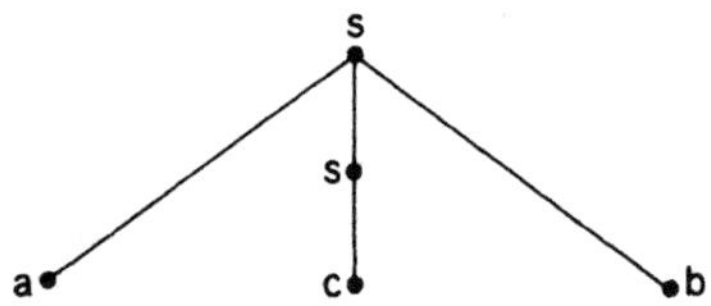

3.2. NORMALE SYSTEME

3.2.0. Normales System

Ein normales System ist definiert durch:

1. ein Alphabet $\mathfrak{A} = \{a_i | 1 \leq i \leq n\}$;
2. ein Axiom A;
3. r normale Produktionen (Produktionenschemata):

$$\{G_j P \to P\bar{G}_j | 1 \leq j \leq r\},$$

wobei A, G_j, $\bar{G}_j$ Wörter des freien durch $\mathfrak{A}$ erzeugten Monoids sind.

Beispiel. Das Alphabet sei {a, b}, das Axiom sei 'a'. Die Produktionenschemata seien:

$$aP \rightarrow Pbba$$

$$bP \rightarrow Paba$$

Hier ein Beweis:

$$a \rightarrow bba \rightarrow baaba$$

3.2.1. Das in natürlicher Weise zu einem Semi-Thue-System assoziierte normale System

Um die Schreibweise zu vereinfachen, geben wir uns ein System, dessen Alphabet nur drei Zeichen umfaßt. Jedoch übersieht der Leser leicht, daß diese Wahl in keiner Weise die Allgemeinheit unserer Überlegungen einschränkt. Betrachten wir also das Semi-Thue-System definiert durch:

(ST)
- Alphabet: $\mathfrak{A} = \{a, b, c\}$;
- Axiome: A;
- Produktionen: $PG_iQ \rightarrow P\bar{G}_iQ, \quad 1 \leqq i \leqq m.$

Ausgehend vom System (ST) konstruieren wir ein normales System (N), welches dasselbe Axiom A besitzt und dessen Theoreme sich zu Theoremen durch eine bestimmte Äquivalenz folgender Art zusammenfassen lassen:

Jedes Theorem von (ST) sei ein Theorem von (N).

Jedes Theorem von (N) gehöre zu einer assoziierten Klasse, in der ein Theorem von (ST) vorkommt.

Das unten angegebene Schema illustriert diese Zuordnung.

Um (N) zu konstruieren, verdoppeln wir das Alphabet, indem wir a', b', c' hinzufügen.

Jedem mittels $\mathfrak{A}$ geschriebenem Wort M entspricht nun das Wort M', das entsteht, indem jedes in M vorkommende Basiselement mit einem Strich versehen wird, und man verabredet:

$$E' = E$$

Wir sind jetzt in der Lage, (N) zu definieren:

- Alphabet: $\mathfrak{B} = \{a, b, c, a', b', c'\}$;
- Axiom: A;
- Produktionen: Es gibt drei verschiedene Arten von Produktionen:

(N) (1) $aP \longrightarrow Pa'$ und Analoge;

(2) $a'P \longrightarrow Pa$ und Analoge;

(3) $G_iP \longrightarrow P\bar{G}_i,\ 1 \leq i \leq m.$

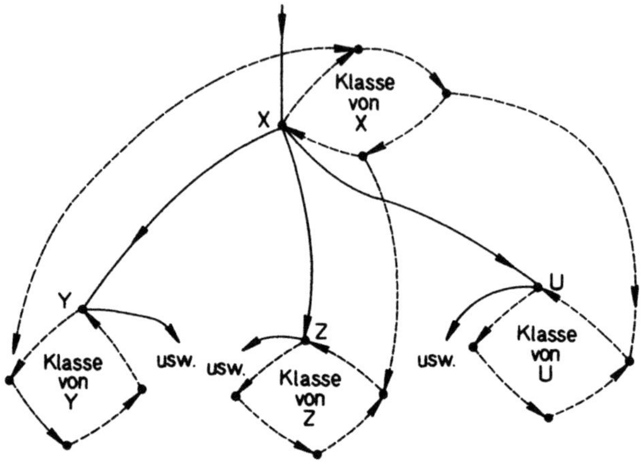

Abb. 12. X,Y,Z, Theoreme (ST)
⟶ Semi-Thue-Produktionen
----→ normale Produktionen

<u>Assoziierte Wörter.</u> Der Leser wird erkannt haben, daß die Produktionen der Arten (1) und (2) es gestatten, ein Zeichen von der äußersten Linken zur äußersten Rechten eines Wortes umzusetzen. Dabei erhält oder verliert das Zeichen einen Strich. Seien u,v,w... Variablen, welche Zeichen aus 𝔅 darstellen. Die Zeichen u,v,w... mit einem Dach ^ versehen bedeutet ein Zeichen mit einem Strich versehen, falls es keinen besitzt, oder dem Zeichen einen Strich wegnehmen, falls es einen besitzt. Gehen wir von einem Wort 'wuuv' aus und wenden jedesmal die Produktion der Art (1) oder (2) an, dann erhält man ein zyklisches Schema:

```
w u u v ←───────────┐
  u u v ŵ           │
    u v ŵ û         │
      v ŵ û û       │
        ŵ û û v̂     │
          û û v̂ w   │
            û v̂ w u │
              v̂ w u u
↓               w u u v ─┘
```

Auf diese Weise definieren wir eine Äquivalenzklasse, die aus assoziierten Wörtern gebildet wird. Wenn man von einem Wort M über 𝔄 ausgeht, gelangt man zu M', das eines der M assoziierten Wörter ist.

Im obigen Schema genügt es, die Anwesenheit oder das Fehlen eines Daches als die Anwesenheit oder das Fehlen eines gestrichenen Zeichens zu interpretieren. Man bemerkt sofort, daß die zu irgendeinem Wort aus $\mathfrak{A}^*$ assoziierten Wörter genau aus den Wörtern der Form PQ' oder P'Q mit $P,Q \in \mathfrak{A}^*$ bestehen. Wir nennen Wörter dieser Art regulär.

Man zeige: *Die Theoreme des Semi-Thue-Systems* (ST) *sind Theoreme des normalen Systems* (N).

Wir übersehen sofort, daß gilt:

Lemma 1. *Jedes zu einem Theorem von* (N) *assoziierte Wort ist ein Theorem von* (N).

In der Tat lassen sich die assoziierten Wörter eines Theorems aus diesem durch Produktionen von (N) ableiten. Bemerken wir, daß der zu beweisende Satz für das Axiom A, das beiden Systemen gemeinsam ist, gilt. Da alle Theoreme von A ausgehen, genügt es somit, zu zeigen, daß diese Eigenschaft während aller Produktionen von (ST) bestehen bleibt.

Angenommen, das Theorem X von (ST) sei ein Theorem von (N). Damit X eine Folgerung in (ST) ermöglicht, muß es von der Form $X = PG_1Q$ sein; es erzeugt dann das Theorem $P\bar{G}_1Q = \bar{X}$. Aber wegen Lemma 1 ist das zu X assoziierte Wort

$$G_1QP'$$

ein Theorem von (N). Wenn man auf dieses letzte Wort die adäquate Produktion (3) anwendet, erhält man das Wort

$$QP'\bar{G}_1,$$

ein weiteres Theorem von (N). Dieses Wort ist assoziiert zu $P\bar{G}_1Q$, das wegen Lemma 1 ein Theorem von (N) ist. q.e.d.

Jedes Theorem von (N) *ist regulär und zu einem Theorem von* (ST) *assoziiert.*

Unsere Überlegungen gehen einen ähnlichen Weg. Das Axiom A von (N) ist regulär und ist zu einem Wort von (ST), und zwar zu sich selbst, assoziiert. Es genügt also, zu beweisen, daß die doppelte Eigenschaft (Regularität und Assoziation) bezüglich der Produktionen von (N) bestehen bleibt. Daß diese Eigenschaft bei Produktionen der Arten (1) und (2) erhalten bleibt, ist unmittelbar klar. Überprüfen wir sie bei Produktionen der Art (3). Angenommen, die doppelte Eigenschaft sei wahr für das Theorem G_1P. Da gilt: $G_1 \neq E$, folgt aus der Regularität von G_1P, daß sich das Theorem in der Form $G_1P_1P_2'$ mit P_1 und P_2 in (ST) schreiben läßt. Das einzig mögliche assoziierte Wort von G_1P in (ST) ist $P_2G_1P_1$, welches nach unserer Voraussetzung ein Theorem von (ST) ist. Daraus folgt, daß $P_2\bar{G}_1P_1$ auch ein Theorem von (ST) ist; jedoch ist $P_2\bar{G}_1P_1$ assoziiert zu $P_1P_2'\bar{G}_1'$, welches regulär ist.

Wir haben gezeigt, daß man $P\bar{G}_1'$ ausgehend von G_1P durch Zwischenglieder der Produktion der Art (3) in (N) erhält und daß $P\bar{G}_1'$ die doppelte Eigenschaft, regulär und zu einem Theorem von (ST) assoziiert zu sein, bewahrt. Der Beweis ist vollständig.

Zusammenfassung. Zu einem gegebenen Semi-Thue-System mit dem Alphabet {a,b,c...} kann man ein normales System mit dem Alphabet {a,a',b,b',c,c',...} assoziieren, derart, daß die Theoreme des Semi-Thue-Systems zu den Theoremen des normalen Systems assoziiert sind, welche keine gestrichenen Zeichen enthalten.

3.3. ÜBUNGEN

Übungen zur Mehrdeutigkeit

1. Man betrachte das System $\mathfrak{A}$ = {a,b,c}; Axiom: 'a'; Produktionen:

$$a \rightarrow b$$
$$b \rightarrow c$$
$$c \rightarrow a$$

Ist das System monogen? Ist das Theorem 'c' mehrdeutig?
Schlußfolgerung: Schließt die Monogenie die Mehrdeutigkeit aus?

2. Im Beispiel 3.1.8. ist das Wort 'acb' mehrdeutig wegen möglicher Verzweigungen ausgehend von 's'. Man betrachte dann das System:

$$\mathfrak{A} = \{a,b,s\}$$

Axiom: 's'. Produktionen:

$$s \rightarrow ab$$
$$s \rightarrow asb$$

Ist es monogen? Gibt es mehrdeutige Theoreme?
Schlußfolgerung: Sind mögliche Verzweigungen eine hinreichende Bedingung für die Mehrdeutigkeit?

3. Ein System enthalte Produktionen der Art:

$$a \rightarrow a$$
$$b \rightarrow E$$

Kritisiere anhand dieses Beispiels unsere sehr allgemeine Definition der Mehrdeutigkeit.

Kritisiere dies ferner anhand des Systems:

$$\mathfrak{A} = \{A,B,C,b,c\}$$

Axiom: A; Produktionen:

$$A \to BC$$
$$B \to b$$
$$C \to c$$

Übung. Konstruiere das System (N) aus dem System (ST), welches gegeben sei durch:

$$\mathfrak{A} = a,b,c$$

Axiom: 'c'; Produktionen:

$$PcQ \to PacbQ$$

3.4. "IRRELEVANZ" DES ALPHABETS

3.4.0.

Es ist möglich, ein Alphabet mittels Zeichen eines Alphabets zu kodieren, welches weniger Zeichen als das erste Alphabet enthält. Das Morse-Alphabet beispielsweise reduziert das Alphabet auf drei elementare Zeichen: Punkt, Strich, Trennungszeichen. In einigen Kodierungen ist man übereingekommen, ein besonderes Trennungszeichen einzuführen, in anderen Sprachen wird die Trennung durch einen Zwischenraum markiert.

In den elektronischen Rechenmaschinen benutzt man eine binäre Kodierung. Mit Wörtern, die aus n-Vorkommen binärer Zeichen bestehen, kann man 2^n Zeichen kodieren.

3.4.1. Binäre Kodierung

Jedem kombinatorischen System (S) kann man ein System ($\hat{S}$) zuordnen, welches man mit Hilfe des Alphabets {0,1} schreibt. Hier ein mögliches Vorgehen:

Sei $\mathfrak{A} = \{a_1,\dots,a_n\}$ Alphabet von (S), dann setzen wir:
$\hat{a}_i$ = '1 0 0 ... 0 1' mit i+1 Zeichen '0', abgekürzt:

$$\hat{a}_i = \text{'}1\ 0^{i+1}\ 1\text{'}$$

Dem Wort $M = a_{i_1}\ldots a_{i_p}$ ordnen wir das Wort $\hat{M} = \hat{a}_{i_1}\ldots\hat{a}_{i_p}$ zu und dem leeren Wort E das leere Wort $\hat{E}$. Dieses Vorgehen bildet den Monoiden $\mathfrak{A}^*$ auf eine Teilmenge $\mathfrak{M}^*$ von $\{0,1\}^*$ ab, die Abbildung von $\mathfrak{A}^*$ auf $\mathfrak{M}^*$ ist injektiv. Genauer: Bei gegebenem Wort aus $\{0,1\}^*$ kann man

1. erkennen, ob es zu $\mathfrak{M}^*$ gehört,

2. wenn es in $\mathfrak{M}^*$ liegt, das eindeutig bestimmte Wort M auffinden, von dem es abstammt.

Wir sagen, daß ein Wort, geschrieben mit dem Alphabet $\{0,1\}$, *wohlgeformt* ist, um auszudrücken, daß es in $\mathfrak{M}^*$ liegt, das heißt, daß es von einem Wort aus $\mathfrak{A}^*$ abstammt.

3.4.2. Konstruktionen von $(\hat{S})$

Wenn (S) durch das Axiom A und die Produktionen

$$G_iPH_iQK \rightarrow \bar{G}_iP\bar{H}_iQ\bar{K}_i \qquad i = 1,\ldots,m$$

bestimmt ist, nehmen wir als Axiom $\hat{A}$ und als Produktionen

$$\hat{G}_iP\hat{H}_iQ\hat{K} \rightarrow \hat{\bar{G}}_iP\hat{\bar{H}}_iQ\hat{\bar{K}}_i \qquad i = 1,\ldots,m$$

Satz 1. *Wenn* M *ein Theorem von* (S) *ist, dann ist* $\hat{M}$ *ein Theorem von* $(\hat{S})$.

Wenn $M_1,\ldots,M_q$, M ein Beweis von M in (S) ist, dann ist $\hat{M}_1,\ldots,\hat{M}_q$, $\hat{M}$ ein Beweis von $\hat{M}$ in $(\hat{S})$. q.e.d.

Satz 2. *Jedes Theorem von* $(\hat{S})$ *ist wohlgeformt.*

Diese Eigenschaft kommt dem Axiom zu und bleibt bezüglich der Produktionen erhalten. q.e.d.

Satz 3. *Jedes Theorem von* $(\hat{S})$ *stammt von einem Theorem von* S *ab.*

Ein Theorem von $(\hat{S})$, das wohlgeformt ist, ist von der Form $\hat{M}$ mit $M \in \mathfrak{A}^*$, und dasselbe gilt für alle Theoreme, die in seinem Beweis vorkommen. Der Beweis von $\hat{M}$ in $(\hat{S})$ liefert also einen Beweis von M in (S). q.e.d.

3.4.3. Entscheidbarkeit eines kombinatorischen Systems

Mit Hilfe der Gödelnumerierung und Konstruktion von Prädikaten kann man zeigen, daß die Menge der Theoreme eines kombinatorischen Systems rekursiv abzählbar ist. Diese Eigenschaft läßt die Frage offen, ob die

Menge der Theoreme rekursiv ist. Falls sie rekursiv ist, sagt man: Das System ist entscheidbar. Das Alphabet hat keinen Einfluß auf die Entscheidbarkeit eines Systems in dem Sinne, daß man jedem System (S) das System $(\hat{S})$ zuordnen kann, dessen Alphabet aus nur zwei Symbolen besteht und für dessen Entscheidungsproblem dieselbe Antwort gilt.

3.4.4. Übungen

1. Was kann man von $(\hat{S})$ sagen, wenn: (S) ein Semi-Thue-, ein normales, ein Postsches System ist?

2. Man finde eine ökonomischere Art der Kodierung als $\hat{a}_i = 1\ 0^{i+1}\ 1$, indem man zeigt, daß es unnötig ist, zwei Markierungen zu haben.

3. Man kodiere das Alphabet {a,b,c,d}, indem man a,b,c,d durch 0,10,110,111 ersetzt. Ist ein Trennungssymbol notwendig?
Dieselbe Frage für die Kodierungen 00,01,10,11 und 0,1,10,11.

IV. Algorithmen - Turingmaschinen

4.1. ALGORITHMEN

4.1.1. Der Begriff des Algorithmus

In der Schule lehrt man die "vier Grundrechenarten". Hat der Schüler einmal die Multiplikation gelernt und verstanden, so ist er in der Lage, alle Multiplikationen auszuführen, er hat einen Algorithmus auswendig gelernt. Intuitiv ist ein *Algorithmus* eine Menge von Regeln, die es uns gestattet, jede spezielle Operation, die einem gewissen Typ von Operationen entspricht, mechanisch auszuführen. Unter einem Algorithmus kann man auch ein mechanisches Verfahren verstehen, das, wenn es auf eine gewisse Klasse von Symbolen *(Eingangssymbole)* angewendet wird, möglicherweise ein *Endsymbol* liefert.

Beispiel 1. Die Ableitung von Polynomen

(1) Nimm ein Monom des Polynoms. (Wenn welche übriggeblieben sind, wenn nicht, schreibe "Ableitung beendet".)

(2) Nimm den Exponenten der Variablen; und

(2.1) multipliziere ihn mit dem Koeffizienten und betrachte das Resultat als neuen Koeffizienten;

(2.2) subtrahiere 1 von ihm und betrachte ihn als neuen Exponenten.

(3) Gehe zurück zu (1).

Beispiel 2. Das Aufsuchen eines Wortes in einem Wörterbuch

(1) Nimm den ersten Buchstaben des Wortes und suche den Abschnitt des Wörterbuches, der mit diesem Buchstaben beginnt.

(2) Nimm die ersten drei Buchstaben des Wortes und suche in dem eben gefundenen Abschnitt die erste Seite des Abschnitts, deren Wörter mit diesen drei Buchstaben beginnen.

(3) Ausgehend von dieser Seite betrachte man die Wörter des Wörterbuches und vergleiche sie mit dem zu findenden Wort, bis man es gefunden hat oder man sicher ist, daß man es nicht finden kann.

(4) Man betrachte die äquivalenten Wörter, wenn man das Wort gefunden hat.

(5) Wenn man das Wort nicht gefunden hat, nehme man ein vollständigeres Wörterbuch und gehe zurück zu (1).

Die beiden als Beispiel gegebenen Verfahren sind - in der intuitiven Bedeutung des Wortes - mechanisch. Will man sie mittels eines nicht intelligenten Apparates durchführen, so erfordern sie eine weitere Präzisierung. Dabei sind noch viele Operationen anzugeben, die wir stillschweigend übergangen haben. Bei der Präzisierung des Begriffes "Algorithmus" erscheinen gewisse Merkmale als wesentlich:*

a) Ein Algorithmus ist eine Menge von Anweisungen endlicher Größe (wobei diese Größe zum Beispiel die Anzahl der zur Formulierung der Regeln nötigen Symbole ist).

b) Ein Operator (menschlicher, mechanischer, optischer usw. oder elektronischer) reagiert nach den Anweisungen und führt den Kalkül aus.

c) Gewisse Einrichtungen (Papier und Bleistift, Zahnräder, Magnetspeicher) ermöglichen die Ausführung, Speicherung und das Wiederauffinden der verschiedenen Stufen des Kalküls.

d) Die Prozesse sind im wesentlichen diskret (obwohl die von ihnen manipulierten Objekte von kontinuierlichem Charakter sein können).

e) Die Menge der auszuführenden Elementaroperationen ist vollständig bestimmt (sie heißt determiniert). Von jeder Stufe aus gibt es genau einen möglichen Weg zur folgenden Stufe.

Die Analogie zu dem Paar: "Elektronische Rechenmaschine, Programm" ist klar:

a) entspricht dem Programm;

b) entspricht der elektronischen Rechenmaschine, in der das Programm ausgeführt wird;

c) entspricht dem Speicher der elektronischen Rechenmaschine;

---

*siehe auch Hartley Rogers Jr.

d) entspricht der Natur der Rechenmaschine, die numerisch (digital) und nicht analog ist;

e) entspricht der mechanischen und determinierten Natur des Programmablaufs.

4.1.2. Algorithmen und formale Grammatiken

Der Begriff des Algorithmus wird auf folgende Weise in der formalen Linguistik benutzt:

Gegeben sei eine (formale) Sprache L über einem Alphabet $\mathfrak{A}$ (oder einem Vokabular $\mathfrak{B}$). L sei die Menge der Wörter (oder Sätze), die zum freien von $\mathfrak{A}$ (oder $\mathfrak{B}$) erzeugten Monoid $\mathfrak{A}^*$ ($\mathfrak{B}^*$) gehören. Die Sprache L stellt die Menge der zulässigen Wörter (Sätze) dar, das heißt, die Menge der syntaktisch korrekten. Man stellt durch $\mathfrak{A}^*\setminus L$ die Menge der nicht zulässigen oder nicht korrekten Wörter, durch $\mathfrak{B}^*\setminus L$ nicht zulässige Sätze dar.

Das Ziel einer Grammatik ist es dann, die Regeln anzugeben, die es erlauben, ein wohlgeformtes Wort (einen korrekten Satz) zu konstruieren, oder die erkennen, ob eine Folge von Buchstaben (von Wörtern) ein wohlgeformtes Wort (ein korrekter Satz) ist oder nicht. Mit anderen Worten: das Ziel einer Grammatik ist es, diejenigen Wörter (Sätze), die zu einer Sprache gehören, zu charakterisieren. Eine formale Grammatik erscheint deshalb als ein Algorithmus (eine Menge von Regeln, die es erlauben, eine Sprache zu charakterisieren). Indem wir nun wieder den Begriff des Algorithmus aus 4.1.1. aufnehmen, können wir annehmen, daß die Eingangssymbole die Namen 1,2,...,n,... natürlicher Zahlen seien und daß jedem Eingang einer natürlichen Zahl als Ausgang ein Wort (Satz) der durch den Algorithmus - die Grammatik - definierten Sprache entspricht. Dieser Algorithmus zählt die Wörter (Sätze) der Sprache auf.

Beispiel 1. Das Alphabet sei $\mathfrak{A} = \{0,1,2,3,4,5,6,7,8,9\}$, ein Wort gehört zu L dann und nur dann, wenn dieses Wort die Dezimaldarstellung einer Primzahl ist. Ein möglicher Algorithmus läßt sich aus dem "Sieb des Eratosthenes" entwickeln.

Beispiel 2. Das Alphabet sei $\mathfrak{A} = \{1,2,3,4,5,6,7,8,9\}$, die Sprache L ist auf folgende Weise definiert.

Man betrachte die unbegrenzte Dezimalentwicklung der Zahl π. Eine Folge über $\mathfrak{A}$ sei dann und nur dann ein Wort von L, wenn es in der Entwicklung von π zwischen zwei aufeinanderfolgenden Vorkommen von 0 steht. Der Algorithmus läßt sich aus der Berechnung der Zahl π ableiten.

4.1.3.

Ein anderer Typ eines algorithmischen Problems, das sich in natürlicher Weise stellt:

Läßt sich von einer gegebenen Folge von Zeichen (oder Wörtern) entscheiden, ob sie ein wohlgeformtes Wort (korrekter Satz) ist oder nicht?

Beispiel. Eine *Programmiersprache* umfaßt Basissymbole und Basisregeln, die durch ein *Manual* gegeben sind (das, wenn es seine Absicht vollständig erfüllt, eine Grammatik der Sprache bildet). Ein korrektes Programm ist ein korrekter Satz dieser Sprache und umgekehrt. Das Übersetzen eines Programmes für eine gegebene Maschine ist ziemlich schwierig formal zu definieren. Es läßt sich als eine "Übersetzung" von einer Sprache in eine andere auffassen: Den korrekten Sätzen der Eingangssprache entsprechen korrekte Sätze der Ausgangssprache. Dieses Übersetzen gestattet die Verifikation der syntaktischen Korrektheit des Eingangsprogramms, sie bildet einen Algorithmus mit zwei möglichen Ausgangssymbolen: "korrekt" und "nicht korrekt". Das Auftreten des einen von ihnen schließt das des anderen aus.

Man kann leicht sehen, daß ein Aufzählungsalgorithmus nicht die Existenz eines Algorithmus zur Erkennung der Korrektheit garantiert. In Beispiel 1, 4.1.2., kann entschieden werden, ob eine Zahl eine Primzahl ist oder nicht. Obwohl im Beispiel 2 die Zugehörigkeit eines Wortes zu L sich leicht formulieren läßt, gibt es gegenwärtig - soweit dem Autor bekannt - keinen Algorithmus, der diese Frage beantworten kann. Vielleicht wird man eines Tages beweisen, daß es unmöglich ist, einen solchen Algorithmus zu konstruieren. Bisher haben wir nur eine intuitive Definition dessen gegeben, was man unter einem Algorithmus zu verstehen hat. Der Begriff kann formalisiert werden und ist auf zahlreiche Arten, die sich als äquivalent herausgestellt haben, formalisiert worden.

Unter anderem kann man zu diesem Zweck die schon hier eingeführten kombinatorischen Systeme oder die Turingmaschinen, die wir in diesem Kapitel einführen werden, benutzen.

4.1.4. Berechenbarkeit

Der Begriff der Turingmaschine soll den intuitiven Begriff der *Berechenbarkeit* (und damit den des Algorithmus) formalisieren. Als Ausgangspunkt benutzt man hier den psychologischen Begriff der Berechenbarkeit: Dem ausführenden Organ, einem menschlichen Wesen im allgemeinen, sind gewisse Daten und Regeln zur Verarbeitung dieser Daten gegeben, es wird von ihm verlangt, daß es ein Resultat erhält, das von diesen Daten abhängt. Sehr oft kann ein menschliches Wesen sagen, ob das erwünschte Resultat berechenbar ist oder nicht, da es eine gewisse Erfahrung im Umgang mit Kalkülen besitzt, ausgehend von den Beispielen, mit denen es bereits konfrontiert wurde. So kann es zum Beispiel sagen:

1. Die Zahl π ist nicht berechenbar, da sie eine unendliche Anzahl von Dezimalstellen enthält.

2. Der von unten angenäherte Wert von π ist bei gegebenem n bis zur n-ten Stelle hinter dem Komma (10^{-n}) berechenbar.

Aber es gibt Fälle, in denen es nicht offensichtlich ist, ob das erfragte Resultat berechenbar ist oder nicht. Bemerken wir noch, daß dieser Begriff der Berechenbarkeit die Menschen und Maschinen innewohnenden Begrenzungen nicht beachtet. Einige Berechnungen mögen eine Anzahl von Speicherelementen erfordern, die größer ist als die Anzahl der Elementarteilchen unseres Sonnensystems, und eine Rechenzeit von Milliarden von Jahrtausenden haben. Nichtsdestoweniger läßt sich unabhängig von diesen materiellen Beschränkungen zeigen, ob ein gewisser Kalkül es uns erlaubt, ein Resultat nach endlich vielen Schritten zu erhalten.

Es sind einige mathematische Studien betrieben worden, um einen realistischeren Begriff der Berechenbarkeit zu erhalten, aber es ist in jedem Fall nicht die Absicht mathematischer Theorien der Berechenbarkeit, in der Praxis Anwendung zu finden, wie es zum Beispiel für die numerische Analysis gilt. Andererseits werden wir sehen, daß gewisse Probleme, die intuitiv berechenbar erscheinen, in Wirklichkeit nicht einmal in dem sehr allgemeinen Konzept der Berechenbarkeit durch eine Turingmaschine berechenbar sind.

4.2. DIE TURINGMASCHINEN

4.2.0. Motivierungen

Wie wir bereits gesagt haben, suchen wir eine Formalisierung des Begriffes der Berechenbarkeit. Ein Weg zu diesem Ziel besteht darin, eine Rechenmaschine zu benutzen. Aber da wir darüber so viel wie möglich in mathematischer Form sagen wollen, muß diese Maschine so einfach wie möglich sein. Die idealisierte Rechenmaschine, die wir dazu betrachten werden, weicht wesentlich in ihrer Konstruktion von konkreten Rechenmaschinen ab. Diese Klasse von Maschinen, die wir jetzt beschreiben werden, wurde bereits 1936 von dem Mathematiker und Logiker Turing eingeführt, früher als der Bau der ersten elektronischen Rechenmaschine. Auch in diesem Gebiet, wie in vielen anderen, ist die Fiktion der Realität vorangegangen. Dennoch ist die Turingmaschine weit weniger unrealistisch, als es zunächst scheint. Gewiß, sie hat ein potentiell unendlich großes Gedächtnis; wenn wir jedoch eine elektronische Rechenmaschine mit einer genügend großen Anzahl von Bandwechslern und austauschbaren Plattenstaplern versehen, befinden wir uns praktisch in der gleichen Situation.

Gewiß kann eine Turingmaschine jedesmal nur ein Symbol lesen, jedoch kann dieses Symbol eine sehr komplizierte Bedeutung haben. Schließlich hat sie, genau wie die zentrale Recheneinheit einer konkreten elektronischen Rechenmaschine, nur eine endliche Anzahl von internen Zuständen. Zu jedem Zeitpunkt hängt ihr Verhalten von dem Zustand ab, in welchem sie sich befindet, und davon, welche Information sie erhält. Bis auf die Vereinbarung, daß die Maschine jeweils nur ein einzelnes Symbol als Informationseingabe lesen kann, entspricht ihr Verhalten dem einer konkreten elektronischen Rechenmaschine.

4.2.1. Vorläufige Beschreibung

Eine Turingmaschine besteht aus:

1. einem *Schaltwerk*, das eine gewisse Anzahl von *inneren Zuständen* annehmen kann, die den Zuständen (Konfigurationen) entsprechen, die durch die Elemente einer elektronischen Rechenmaschine gegeben sind (den Speicherzellen, Schaltkreisen usw.).

2. einem *Band*, auf dem vor Beginn die zu verarbeitenden Daten geschrieben werden und auf welchem später, wenn die Maschine arbeitet, die Zwischenrechnungen registriert werden. Das Schreiben und Lesen findet unter Benutzung eines Alphabets statt. Das Band ist in Felder eingeteilt, in denen nur ein einziges Symbol steht, und schließlich setzt man voraus, daß der Maschine, wenn sie schreibt, ein unendlich großer Bandvorrat zur Verfügung steht.

3. einem *Lese- und Schreibkopf*, der die Kommunikation zwischen dem Schaltwerk und dem Band ermöglicht. Der Lese- und Schreibkopf kann jeweils immer nur auf einem Feld des Bandes operieren. Er kann die folgenden Operationen ausführen:

- das gelesene Zeichen durch ein anderes Zeichen ersetzen;
- das Band nach links oder nach rechts verschieben.

Die Maschine funktioniert auf folgende Weise:

In einer festgegebenen Situation, die durch den internen Zustand der Maschine und das Symbol, das gerade gelesen wird, bestimmt ist, arbeitet die Maschine weiter, indem sie ihren Zustand ändert und das Band bearbeitet. Das Verhalten der Maschine ist durch *Übergangsregeln* bestimmt, sie geben in jeder Situation an, wie die Maschine weiterarbeitet.

Wir geben jetzt eine präzisere Darstellung, wobei wir uns an Martin Davis halten:

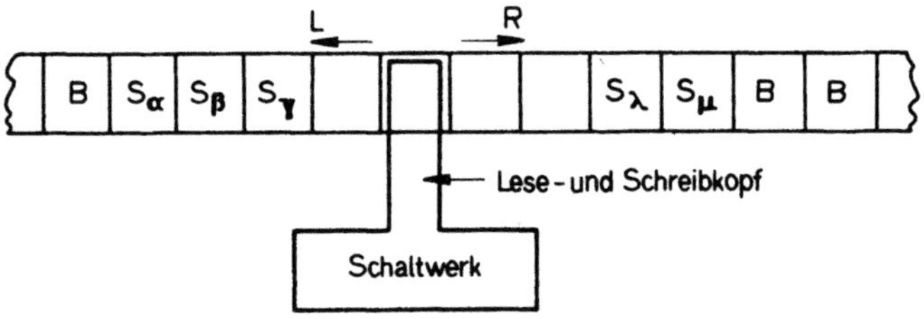

4.2.2. Präzise Beschreibung

Die Symbole, die die Maschine liest und schreibt, seien wie folgt geschrieben:

$$S_0, S_1, \ldots, S_n.$$

Sie sind das Alphabet der Maschine. S_0 wird als Leerzeichen (englisch: blank) interpretiert, das heißt, es kommt in den leeren Feldern vor und spielt deshalb eine besondere Rolle. Man bezeichnet es auch durch "B" oder #. Das Ersetzen von S_1 durch S_0 ist äquivalent dem Auslöschen von S_1. S_1 wird oft durch "1" (eins) oder "|" (Strich) bezeichnet.

Die inneren Zustände werden wie folgt bezeichnet:

$$q_1, q_2, q_3, \ldots$$

Eine gegebene Maschine besitzt eine endliche Anzahl solcher Zustände. Die Symbole R und L bedeuten, daß das Band ein Feld nach rechts beziehungsweise ein Feld nach links verschoben wurde. Wir geben nun einige Definitionen:

(1) Ein *Ausdruck* sei eine endliche Zeichenfolge über der Basismenge:

$$S_0, S_1, \ldots; \quad q_1, q_2, \ldots; \quad R, L.$$

(2) Ein *Quadrupel* sei ein Ausdruck, der eine der folgenden drei Formen besitzt:

$$q_i \quad S_j \quad S_k \quad q_l$$

$$q_i \quad S_j \quad R \quad q_l$$

$$q_i \quad S_j \quad L \quad q_l$$

(3) Eine *Turingmaschine* ist eine endliche Menge von Quadrupeln, in der es keine zwei Quadrupel gibt, bei denen die ersten zwei Zeichen gleich sind.

Arbeitsweise:

Mit diesen Definitionen kann die Arbeitsweise einer solchen Maschine auf folgende präzise Weise interpretiert werden: Das am Anfang eines Quadrupels stehende Zeichenpaar gibt die Situation der Maschine an; sie befindet sich im Zustand q_i und liest das Symbol S_j. Der weitere Verlauf, ausgehend von einer Situation q_iS_j, wird durch das hintere Zeichenpaar des eindeutig dieser Situation entsprechenden Quadrupels bestimmt. Das Fortschreiten der Maschine geschieht auf eine der folgenden drei Arten:

- Typ S_kq_l: Die Maschine ersetzt S_j durch S_k und geht vom Zustand q_i in den Zustand q_l über.

- Typ Rq_l: Die Maschine verschiebt das Band ein Feld nach rechts und geht in den Zustand q_l über.

- Typ Lq_l: Die Maschine verschiebt das Band nach links und geht in den Zustand q_l über.

Die Bedingung, daß keine zwei Quadrupel gleiche vordere Zeichenpaare besitzen, bedeutet, daß es in einer gegebenen Situation höchstens eine mögliche Art der Weiterbewegung gibt. Eine solche Maschine heißt deshalb deterministisch. Eine Maschine, die nicht so beschränkt ist und die gleichzeitig mehrere mögliche Arten der Weiterbewegung zuläßt, heißt "nicht-deterministisch". Geben wir eine weitere Definition:

(4) Ein Ausdruck heißt *"augenblickliche Zustandsbeschreibung"*, wenn gilt:

1. Er enthält kein Vorkommen von L oder R;
2. er enthält genau ein Vorkommen des Zeichens q_i;
3. q_i kommt nicht ganz rechts im Ausdruck vor.

So sind zum Beispiel $S_1\ q_3\ S_4\ B\ S_2\ B\ B\ S_3$ und $q_3\ B\ S_1$ augenblickliche Zustandsbeschreibungen, während $L\ q_1$, $S_1\ S_2$, $q_2\ B\ S_3\ q_3\ S_1$, $S_1\ S_2\ q_1$ keine sind.

Sei α eine augenblickliche Zustandsbeschreibung. α heißt augenblickliche Zustandsbeschreibung der Turingmaschine Z, wenn der in α auftretende Zustand q_i ein Zustand von Z ist und die anderen Zeichen aus dem Alphabet von Z gebildet wurden. Die augenblicklichen Zustandsbeschreibungen geben auf präzise Weise das Verhalten der Maschine an. Obwohl die Maschine nicht die Gesamtheit aller auf das Band geschriebenen Symbole gleichzeitig berücksichtigen kann, wird dies durch eine augenblickliche Zustandsbeschreibung getan.

Entfernt man das Zeichen q_i aus der Beschreibung, dann erhält man genau die auf dem Band stehende Zeichenfolge. Wenn S_j das rechts von q_i stehende Zeichen in α ist, dann befindet sich Z in der Situation q_iS_j.

Wir geben noch eine letzte Definition:

(5) Seien α und β zwei augenblickliche Zustandsbeschreibungen einer Maschine Z. Dann schreibt man

$$\alpha \rightarrow \beta,$$

um auszudrücken, daß man sich in einem der folgenden drei Fälle befindet. P und Q seien hierbei beliebige Zeichenfolgen über dem Alphabet $\{S_0,\ldots,S_m\}$.

1. $\exists\, P,Q : \alpha = Pq_iS_jQ$ und $\beta = Pq_lS_kQ$
2. $\exists\, P,Q : \alpha = Pq_iS_jQ$ und $\beta = PS_jq_lQ$
3. $\exists\, P,Q : \alpha = PS_kq_iS_jQ$ und $\beta = Pq_lS_kS_jQ$

Der Fall 1 formalisiert das Ersetzen von S_j durch S_k, wobei vom Zustand q_i in den Zustand q_l umgeschaltet wird.

Der Fall 2 formalisiert das Verschieben des Bandes um ein Feld nach rechts, wobei vom Zustand q_i in den Zustand q_l umgeschaltet wird.

Der Fall 3 formalisiert das Verschieben des Bandes um ein Feld nach links, wobei vom Zustand q_i in den Zustand q_l umgeschaltet wird.

Aus der Definition (5) läßt sich für deterministische Maschinen unmittelbar folgern:

a) Aus $\alpha \rightarrow \beta$ und $\alpha \rightarrow \gamma$ folgt $\beta = \gamma$.

b) Wenn Z und Z' zwei Turingmaschinen sind, derart daß jedes Quadrupel von Z ein Quadrupel von Z' ist (man schreibt dann $Z \subset Z'$), dann folgt aus $\alpha \rightarrow \beta$ bezüglich Z, daß $\alpha \rightarrow \beta$ bezüglich Z' gilt.

<u>Kalkül.</u> Eine augenblickliche Zustandsbeschreibung α heißt *terminal* bezüglich Z, wenn es keine augenblickliche Zustandsbeschreibung β gibt, derart daß $\alpha \rightarrow \beta$ gilt.

Eine Folge $\alpha_1,\alpha_2,\ldots,\alpha_p$ von augenblicklichen Zustandsbeschreibungen heißt *Kalkül der Turingmaschine* Z, wenn gilt

$$\alpha_i \rightarrow \alpha_{i+1} \quad \text{für} \quad 1 \leq i < p,$$

wobei α_p terminal ist. Wir schreiben:

$$\alpha_p = \text{Res } Z\ (\alpha_1),$$

das heißt, α_p ist das Resultat von α_1 für die Maschine Z.

Vorbemerkungen. Wir vereinbaren, daß das von der Maschine zu beobachtende Wort im Alphabet $\{S_i\}$ geschrieben ist, wobei S_0 das Leerzeichen ist und jedes Wort links und rechts von einem Leerzeichen begrenzt ist. Die Maschine kann so viele Leerzeichen produzieren, wie sie benötigt. Einer der Zustände wird als Anfangszustand benutzt. Der Lese- und Schreibkopf wird zu Beginn vor das am weitesten links stehende Zeichen gesetzt.

4.2.3. Beispiele von Turingmaschinen

Beispiel 1. Die Maschine Z sei definiert auf dem Alphabet $\mathfrak{A} = \{S_0, S_1, S_2\}$ und besitze die Zustände q_1, q_2, q_3, wobei q_1 der Anfangszustand sei. Die Maschine läßt die folgenden Quadrupel zu:

q_1	S_0	L	q_1	(1)
q_1	S_2	L	q_1	(2)
q_1	S_1	L	q_2	(3)
q_2	S_1	R	q_3	(4)
q_2	S_0	L	q_1	(5)
q_2	S_2	L	q_1	(6)
q_3	S_1	S_2	q_3	(7)

Bemerkungen.

1. Wenn die Maschine sich im Anfangszustand q_1 befindet und das Zeichen S_0 oder das Zeichen S_2 liest, bewegt sie das Band nach links, sie beobachtet nun das Zeichen, das rechts von S_0 oder S_2 steht, und liest es, wobei sie in den Zustand q_1 übergeht.

Quadrupel (1) und (2)

2. Wenn die Maschine sich im Zustand q_1 befindet und das Symbol S_1 sieht, dann bemerkt sie es rechts von diesem und erinnert sich, daß sie bereits das Symbol S_1 gesehen hat. Der Zustand q_2 stellt "Erinnerung, daß S_1 gelesen wurde", dar.

Quadrupel (3)

3. Wenn die Maschine sich im Zustand der Erinnerung befindet und S_0 oder S_2 sieht, dann vergißt sie, daß sie S_1 gesehen hat (Rückkehr zum Zustand q_1), und verschiebt das Band um ein Feld nach links, das heißt, auf das Zeichen, das rechts von S_0 oder S_2 steht.

Quadrupel (5) und (6)

4. Wenn dagegen die sich im Zustand q_2 befindende Maschine von neuem ein Symbol S_1 sieht, so verschiebt sie das Band ein Feld zurück und schaltet in den Zustand q_3.

Quadrupel (4)

Sie ersetzt dann das erste der beiden S_1 durch S_2 und schaltet in den Zustand q_3 um.

Quadrupel (7)

Da sie sich nun in der Situation q_3S_2 befindet, zu der es kein Quadrupel gibt, hält sie an.

5. Das Vorkommen zweier aufeinanderfolgender Zeichen S_1 ist somit der einzigmögliche Grund zum Stoppen der Links-nach-rechts-Bewegung der Maschine. Wenn dieses Ereignis nicht eintritt, während die Maschine ein vorgelegtes Wort liest, dann erreicht sie das Ende dieses Wortes und beginnt bei den Leerzeichen rechts des Wortes eine unendliche Tätigkeit.

Quadrupel (1)

Überlassen wir der Maschine Z, die sich im Zustand q_1 befinde, das Wort

$$S_1 \quad S_0 \quad S_2 \quad S_1 \quad S_1 \quad S_0 \quad S_1$$

Wir erhalten eine Folge von augenblicklichen Zustandsbeschreibungen:

$$
\begin{array}{lcccccccc}
 & q_1 & S_1 & S_0 & S_2 & S_1 & S_1 & S_0 & S_1 \quad (1) \\
\rightarrow & S_1 & q_2 & S_0 & S_2 & S_1 & S_1 & S_0 & S_1 \quad (2) \\
\rightarrow & S_1 & S_0 & q_1 & S_2 & S_1 & S_1 & S_0 & S_1 \quad (3) \\
\rightarrow & S_1 & S_0 & S_2 & q_1 & S_1 & S_1 & S_0 & S_1 \quad (4) \\
\rightarrow & S_1 & S_0 & S_2 & S_1 & q_2 & S_1 & S_0 & S_1 \quad (5) \\
\rightarrow & S_1 & S_0 & S_2 & q_3 & S_1 & S_1 & S_0 & S_1 \quad (6) \\
\rightarrow & S_1 & S_0 & S_2 & q_3 & S_2 & S_1 & S_0 & S_1 \quad (7)
\end{array}
$$

Geben wir nun das Wort

$$S_1 \quad S_2 \quad S_2$$

ein, dann geht die Berechnung wie folgt:

$$q_1 \quad s_1 \quad s_2 \quad s_2 \qquad (1)$$
$$\to \; s_1 \quad q_2 \quad s_2 \quad s_2 \qquad (2)$$
$$\to \; s_1 \quad s_2 \quad q_1 \quad s_2 \qquad (3)$$
$$\to \; s_1 \quad s_2 \quad s_2 \quad q_1 \quad s_0 \qquad (4)$$
$$\to \; s_1 \quad s_2 \quad s_2 \quad s_0 \quad q_1 \quad s_0 \qquad (5)$$

Es geht so unendlich oft weiter. Das Ergebnis ist nicht definiert.

Beispiel 2. *Eine Maschine zum Kopieren.*

Ein Wort sei auf das Band mit Hilfe des Alphabets $\mathfrak{A} = \{a_1, a_2, \ldots, a_n\}$ geschrieben und in Leerzeichen # eingeschlossen. Sei $\mathfrak{B} = \{b_1, \ldots, b_n\}$ ein weiteres Alphabet, das ein eindeutiges Bild des ersteren ist:

$$\mathfrak{A} \rightarrowtail\!\!\!\twoheadrightarrow \mathfrak{B} \; ; \qquad a \longmapsto b.$$

Die Arbeit der Maschine besteht nun darin, das gegebene Wort umzuschreiben, während sie eine Kopie des Wortes behält.

Während des Arbeitsablaufs benutzt die Maschine eine Marke m. Hier die Quadrupel, die die Maschine T definieren:

I.0 Für jeden Index i:

I.1 $\qquad q_0, \; a_i, \; m, \; q_i$

Im Anfangszustand q_0 wird das am weitesten rechts stehende Zeichen a_i gelesen und durch die Marke m ersetzt. Dann speichert sie a_i, indem sie in den Zustand q_i umschaltet.

I.2 $\qquad q_i, \; m, \; R, \; q_i$

Die Maschine sieht im Zustand q_i (der sie an das Lesen von a_i erinnert) die Marke m, sie bewegt das Band nach rechts, während sie im Zustand q_i verbleibt.

I.3 $\qquad q_i, \; \#, \; a_i, \; q_1^i$

Wenn T sich im Zustand q_i befindet (Erinnerung von a_i) und ein Leerzeichen vorfindet, dann schreibt sie a_i anstelle des Leerzeichens und schaltet in die Konfiguration q_1^i: "Ich habe die a_i kopiert, die ich gelesen habe".

I.4 $\qquad q_1^i, \; m, \; L, \; q_1^i$

Wenn T eine Marke liest, bewegt sie das Band nach links.

II.0 Für jedes Paar von Indizes (i, j):

II.1 q_i, a_j, L, q_i

II.2 q_1^i, a_j, L, q_1^i

II.3 q_1^i, b_j, L, q_1^i

Wenn T a_i kopiert hat und im Zustand q_1^i ist, dann verschiebt sich, was auch für ein Zeichen sie liest, das Band nach links und bleibt im Zustand q_1^i.

II.4 q_1^i, #, b_i, r

Sobald T ein Leerzeichen findet, schreibt sie a_i in b_i um und schaltet in den "Zurück"-Zustand r um.

III.0 Für jeden Index j:

III.1 r, b_j, R, r

III.2 r, a_j, R, r

Was auch für ein Zeichen im "Zurück"-Zustand r gelesen wird, T bleibt im "Zurück"-Stand und verschiebt das Band nach rechts.

III.3 r, m, #, r

T hört so lange nicht auf, das Band nach rechts zu verschieben, bis sie eine Marke m findet, die sie setzte, bevor sie das gelesene a_i kopiert und in b_i umgeschrieben hatte. Die Marke wird gelöscht, während T im "Zurück"-Stand verbleibt.

III.4 r, #, L, q_0

Sieht die Maschine ein Leerzeichen, welches eine Marke ersetzt, verschiebt sie das Band nach links, um das nächste Zeichen zu beobachten, und schaltet in den Anfangszustand q_0 um. Wenn T das Umschreiben beendet hat, befindet sie sich im Zustand q_0 und findet zum Lesen nur irgendein Zeichen b_j vor. Zu der Situation ($q_0 b_j$) gibt es kein Quadrupel, die Maschine hält an.

Nun sind beide Wörter, durch ein Leerzeichen getrennt, auf das Band geschrieben.

4.3. "NUMERISCHE" TURINGMASCHINEN

4.3.1. Berechnung von Funktionen

Mit den in 4.2.2 beschriebenen Turingmaschinen lassen sich sehr allgemeine Algorithmen verwirklichen. Die beiden vorhergegangenen Beispiele definierten zwei nichtnumerische Algorithmen. Vom Standpunkt der Turingmaschinen aus gibt es aber keinen fundamentalen Unterschied zwischen numerisch und "nichtnumerisch" (1). Wenn man Symbole manipuliert, dann kann man ihnen eine numerische Interpretation geben oder nicht, und wenn man mit Zahlen rechnet, dann kann man alle möglichen Darstellungen benutzen. Handelt es sich um nicht-negative ganze Zahlen, so werden wir ein abstraktes, aus zwei Zeichen bestehendes Alphabet

$$\mathfrak{A} = \{S_0, S_1\}$$

benutzen.

S_0 wird dem Leerzeichen, Bezeichnung: B, entsprechen.

S_1 wird dem Strich, Bezeichnung: |, entsprechen.

Jede nicht negative ganze Zahl n wird als eine Folge von n + 1 Strichen dargestellt. Diese Vereinbarung erlaubt uns eine Unterscheidung zwischen der Zahl Null, die als ein Strich geschrieben wird, und dem Leerzeichen, das als Trennzeichen dient. Wir werden mit $\bar{n}$ die Darstellung von n bezeichnen. Zum Beispiel:

$$\bar{0} = |, \qquad \bar{1} = ||, \qquad \bar{4} = |||||.$$

Das k-tupel $(n_1,n_2,\ldots,n_k)$ wird dargestellt durch:

$$\bar{n}_1 \; B \; \bar{n}_2 \; B \; \ldots \; B \; \bar{n}_k.$$

Sei ein Ausdruck M gegeben, d.h. eine endliche Folge von Elementen der Basismenge:

$$\{B, |; \; q_1, q_2 \ldots; \; R, \; L\}.$$

Dann wird durch $\langle M \rangle$ die Anzahl der Striche, die M enthält, bezeichnet.

4.3.2. Der Begriff der berechenbaren Funktion

Sei Z eine Turingmaschine, q_1, q_2, ... ihre Zustände. Jedem n-tupel $(m_1,\ldots,m_n)$ nicht negativer ganzer Zahlen werden wir eine augenblickliche Zustandsbeschreibung zuordnen:

$$\alpha_1 = q_1 \; \bar{m}_1 \; B \; \bar{m}_2 \; \ldots \; B \; \bar{m}_n.$$

Gibt es zu der Turingmaschine Z eine bei α_1 beginnende Berechnung, endend bei der terminalen Beschreibung α_p:

$$\alpha_1 \to \alpha_2 \ldots \to \alpha_p,$$

dann ist $\langle\alpha_p\rangle$ eine Funktion, die von der Turingmaschine Z und dem Anfangstupel abhängt:

$$\langle\alpha_p\rangle = \Psi_Z^{(n)}\ (m_1,\ldots,m_n).$$

Wenn es keine mit α_1 beginnende Berechnung gibt, d.h. wenn es keine ganze Zahl p gibt, derart, daß α_p eine terminale Beschreibung ist, dann ist die Funktion $\Psi_Z^{(n)}$ nicht definiert für das in Frage kommende n-tupel.

Ausgehend von einer Maschine Z gelangten wir zu einer Funktion, deren Wertebereich die nicht-negativen ganzen Zahlen sind. Diese Funktion ist auf $\mathbb{N}^n$ definiert, oder auch nur auf einer Teilmenge von $\mathbb{N}^n$ (eine teilweise definierte Funktion).

Umgekehrt gehen wir nun von einer auf $\mathbb{N}^n$ oder einer Teilmenge von $\mathbb{N}^n$ definierten Funktion aus.

Definition. Eine auf einer Teilmenge von $\mathbb{N}^n$ definierte Funktion f heißt *teilweise berechenbar*, wenn es eine Turingmaschine Z gibt, derart, daß gilt

$$f(x_1,\ldots,x_n) = \Psi_Z^{(n)}\ (x_1,\ldots,x_n)$$

für alle n-tupel, für die f definiert ist. Eine Funktion heißt *berechenbar*, wenn sie auf $\mathbb{N}^n$ definiert ist und teilweise berechenbar ist.

4.3.3. Beispiel einer berechenbaren Funktion

Die auf Paaren nicht-negativer ganzer Zahlen definierte Funktion

$$f(x,y) = x + y$$

ist berechenbar im gewöhnlichen Sinn. Es ist zu zeigen, daß sie berechenbar ist in der von Turing präzisierten Weise. Konstruieren wir also eine auf dem Alphabet $\{B,|\}$ definierte Maschine Z derart, daß $x + y = A_Z^{(2)}\ (x,y)$ gilt. Die einfachste Idee ist, die durch B getrennten Darstellungen $\bar{x}$ und $\bar{y}$ auf das Band zu schreiben und von der Maschine zu fordern, daß sie x + y liefert. Man berücksichtige, daß gilt:

$$x + y = \langle\bar{x}\rangle + \langle\bar{y}\rangle - 2.$$

Der Leser wird leicht verifizieren können, daß die folgende Maschine Z eine Lösung dieses Problems ist:

$q_1 \mid B\, q_2$	(1)	Lösche den ersten Strich der ersten Darstellung.
$q_2\, B\, L\, q_3$	(2)	Bewege das Band zum ersten Strich der zweiten Darstellung.
$q_3 \mid L\, q_3$	(3)	
$q_3\, B\, L\, q_4$	(4)	
$q_4 \mid B\, q_4$	(5)	Lösche den ersten Strich der zweiten Darstellung.

Die Maschine hält an, da die Situation q_4 B in keinem Quadrupel auftritt. Zu diesem Zeitpunkt enthält das Band x + y Striche.

4.3.4. Beispiel einer teilweise berechenbaren Funktion

Die Funktion $g(x,y) = x \dot{-} y$ ist, von dem Standpunkt aus, den wir hier vertreten, nur auf der Teilmenge $x \geq y$ definiert. Zeigen wir, daß sie teilweise berechenbar ist.

Also konstruieren wir eine Turingmaschine Z, die die Substraktion verwirklicht. Die Darstellungen $\bar{x}$ und $\bar{y}$ sind links und rechts von dem Trennzeichen B geschrieben. Die Maschine wird dann aufeinanderfolgend ganz links von $\bar{x}$ einen Strich auslöschen und ganz rechts von $\bar{y}$ einen Strich auslöschen. Dazu die folgenden Quadrupel:

$q_1 \mid B\, q_1$	(1)	Lösche den Strich ganz links von $\bar{x}$ aus.
$q_1\, B\, L\, q_2$	(2)	Bewege das Band ein Feld nach links weiter.
$q_2 \mid L\, q_2$	(3)	Bewege das Band weiter durch $\bar{x}$.
$q_2\, B\, L\, q_3$	(4)	Beim Trennzeichen schalte in den Zustand q_3 ein und beginne mit $\bar{y}$.
$q_3 \mid L\, q_3$	(5)	Laß $\bar{y}$ vorbeilaufen.
$q_3\, B\, R\, q_4$	(6)	Beim Erreichen des Leerzeichens, das $\bar{y}$ begrenzt, umschalten in den Zustand q_4 und ein Feld zurück nach dem ganz rechts stehenden Strich von $\bar{y}$.
$q_4 \mid B\, q_4$	(7)	Lösche diesen Strich aus.
$q_4\, B\, R\, q_5$	(8)	Bewege das Band ein Feld nach rechts und gehe in Fragezustand über.

Ob die Maschine weiterarbeitet oder anhält, hängt von dem Ergebnis gewisser Tests ab.

$q_5 \mid R\, q_6$	(9)	Wenn das beobachtete Feld einen Strich enthält, arbeitet die Maschine weiter, andernfalls hält sie an, da q_5 B in keinem Quadrupel auftritt.
$q_6 \mid R\, q_6$	(10)	Bewege das Band nach rechts bis zum trennenden Leerzeichen und bleibe im Zustand q_6.
$q_6\, B\, R\, q_7$	(11)	Beim Antreffen des Leerzeichens schalte in den Zustand q_7 um, die Maschine befindet sich im ersten Feld rechts in $\bar{x}$.
$q_7 \mid R\, q_8$	(12)	Wenn $\bar{x}$ noch einen Strich enthält, arbeitet die Maschine weiter.
$q_7\, B\, R\, q_7$	(13)	Wenn es dort keinen Strich mehr gibt ($x < y$), dann wird das Band unendlich oft nach rechts bewegt.
$q_8 \mid R\, q_8$	(14)	Bewege das Band über das linke Ende des Restes von $\bar{x}$ hinaus.
$q_8\, B\, L\, q_1$	(15)	Beginne am linken Ende des Restes von $\bar{x}$ mit einem neuen Durchlauf des Programms.

Die Funktion $x \dot{-} y$, die teilweise berechenbar ist, kann auf leichte und triviale Weise zu einer berechenbaren Funktion erweitert werden (Übung 8 des Kapitels). Man darf nicht daraus schließen, daß sich aus jeder teilweise berechenbaren Funktion durch triviale Erweiterung eine berechenbare Funktion herstellen läßt.

4.4. ÜBUNGEN

1. Konstruiere eine Turingmaschine, die eine Zeichenfolge noch einmal abschreibt und zwischen zwei aufeinanderfolgende Zeichen ein Leerzeichen setzt.

2. Konstruiere eine Turingmaschine, die ein auf das Band geschriebenes Wort in zwei Marken einschließt.

3. Konstruiere eine Turingmaschine, die ein gegebenes Wort im Spiegelbild schreibt.

4. Man definiere eine Turingmaschine mit Hilfe einer Menge von Quintupeln:

$$(q_i,\ S_j,\ S_k,\ q_e,\ \delta_m).$$

Wenn die Maschine im Zustand q_i das Zeichen S_j liest, dann schreibt sie das Zeichen S_k, schaltet in den Zustand q_e um und bewegt das Band um δ_m:

$$\delta_m = \begin{cases} -1: & \text{Bewege das Band nach links.} \\ 0: & \text{Bewege das Band nicht.} \\ +1: & \text{Bewege das Band nach rechts.} \end{cases}$$

Überarbeite die Theorie der Turingmaschine und die damit verbundenen Überlegungen unter Berücksichtigung der veränderten Darstellung der Maschine.

5. Konstruiere eine Turingmaschine, die die Nachfolgefunktion

$$\text{suc}(x) = x + 1$$

berechnet.

6. Schreibe die Berechnungen für die Substraktionen 3 - 2 und 2 - 3 aus.

7. Konstruiere eine Turingmaschine, die die i-te Projektion

$$U_i^{(n)}(x_1, x_2, \ldots, x_n) = x_i; \quad 1 \leqq i \leqq n$$

berechnet.

8. Konstruiere eine Turingmaschine, die die Funktion $x \dot{-} y$ berechnet, die definiert ist durch:

$$x \dot{-} y = x - y \quad \text{wenn} \quad x \geqq y,$$

$$x - y = 0 \quad \text{wenn} \quad x < y.$$

Man vereinfache dazu die Turingmaschine, die die gewöhnliche Substraktion ausführt.

9. Konstruiere eine Maschine, die die in 8 definierte Funktion berechnet und das Resultat in Klammern einschließt.

10. Konstruiere eine Maschine, die das Produkt $(x + 1)(y + 1)$ berechnet. Verändere dann die Maschine derart, daß sie die Berechnungen in zwei Marken einschließt.

V. Berechenbarkeit und Entscheidbarkeit

5.0. ÜBERBLICK ÜBER DAS VORLIEGENDE KAPITEL

In diesem Kapitel findet man einige in der Theorie der Grammatiken unentbehrliche Begriffe, die die Berechenbarkeit und Entscheidbarkeit betreffen. Um die Verkettung der Ideen kürzer und aufgelockerter darzustellen, sind sehr oft die technischen Details der Beweise als Übungsaufgaben gestellt.

5.1. DIE BERECHNUNG VON FUNKTIONEN

Das einfache Beispiel der Subtraktion zeigt bereits, daß die Berechenbarkeit von Funktionen sehr schnell zu komplizierten Turingmaschinen führt. Um die direkte Konstruktion dieser Maschinen zu vermeiden, benutzt man die Technik des Zusammensetzens solcher Maschinen aus standardisierten Elementarmaschinen. Beim Programmieren baut man auf gleiche Weise ein Programm aus elementaren Anweisungen auf.

5.1.1. Zusammensetzung und Standardisierung

Die folgenden Techniken werden angewendet:

Trennung der Zustände. Wenn man eine Maschine mit Hilfe mehrerer bereits realisierter Maschinen konstruiert, dann muß man die Zustände der zusammengesetzten Maschine von denen ihrer Komponenten unterscheiden (deren jede zum Beispiel einen Zustand q_1 besitzt).

Dazu vereinbart man: Z sei eine Turingmaschine. Mit $Z^{(n)}$ bezeichnet man eine dieser entsprechende Maschine, deren Zustände man, ausgehend von den Zuständen von Z, erhält, indem man die Anzahl der Indizes um n vermehrt. (Der Übergang von Z nach $Z^{(n)}$ geschieht durch eine Operation, die völlig analog ist der Plazierung der ersten Anweisung eines Unterprogramms auf die Adresse n einer elektronischen Rechenmaschine.)

Die Standardmaschine. Es empfiehlt sich, die Resultate der einen Maschine als Eingaben in eine andere Maschine zu benutzen.

Eine brauchbare Maßnahme, um die Zusammensetzung zu normalisieren, ist die Einführung eines *finalen Zustands*.

Wir sind bereits übereingekommen, daß jede Maschine alle Berechnungen im Zustand q_1 beginnt. Auf analoger Weise vereinbaren wir, daß sie alle Berechnungen in einem gewissen Zustand q_θ beendet. Deshalb setzen wir fest, daß θ für eine gegebene Maschine Z der größte Index sei, der beim Indizieren der inneren Zustände benutzt wird. Darüber hinaus enthalte keine Situation von Z den Zustand q_θ.

Eine Maschine, die mit einem solchen Zustand versehen ist, wird zu einer *Standardmaschine*.

Säuberung. Erinnern wir uns, daß das von einer Maschine gegebene Resultat die Anzahl der Striche ist, die auf dem Band am Ende der Berechnung steht. Aber das Alphabet der Maschine kann weitere Zeichen außer dem Leerzeichen und dem Strich enthalten. Damit das Resultat einer Maschine als Eingabe benutzt werden kann, empfiehlt es sich, die Striche zusammenzufassen und alle anderen Zeichen auszulöschen.

Markierung. Wenn eine Maschine eine Eingabe studiert (zum Beispiel das Resultat einer davorstehenden Maschine), dann muß man sie davon abhalten, das Band unendlich lang abzusuchen. Deshalb transformiert man jede Standardmaschine Z in eine Standardmaschine Z', die die gleichen Berechnungen ausführt, sie aber darüber hinaus in eine rechte und eine linke Marke einschließt. Die Konstruktion einer solchen Maschine wurde für besondere Fälle in den Übungen am Ende des Kapitels IV vorgeschlagen. Übung 5.12. behandelt den allgemeinen Fall.

Speicherung. Da die Komponentenmaschinen einer zusammengesetzten Maschine nicht notwendigerweise hintereinander angeordnet sind, ist es manchmal nötig, Zwischenresultate zu speichern. Eine solche Speicherung kann ebenfalls durch Markierungen ermöglicht werden. Präziser: Wenn eine Maschine Z der Eingabe $(d_1,\dots,d_i)$ das Resultat $(r_1,\dots,r_j)$ zuordnet, dann ist es gestattet, eine Maschine Z_1 zu konstruieren, die der Eingabe $(p_1,\dots,p_k, d_1,\dots,d_i)$ das Resultat $(p_1,\dots,p_k, r_1,\dots,r_j)$ zuordnet.

Im besonderen kann es sich als notwendig erweisen, die Anfangseingabe zu speichern. Gleichfalls kommt man überein, irgendeinen Teil zu kopieren (z.B. mit Hilfe der Kopiermaschine) und mit Hilfe der Maschine Z_1 des weiter unten angeführten Typs zu speichern.

5.1.2. Übung. Markiermaschine

Sei Z eine Standardmaschine mit dem Alphabet

$$\{S_0 \text{ (oder B)}, S_1 \text{ (oder } |), S_2, \ldots\}$$

und den Zuständen $\{q_1, q_2, \ldots, q_\theta\}$. Man stellt sich nun die Aufgabe, eine Maschine Z' zu konstruieren, die wie Z rechnet, aber ihre Berechnungen in eine linke Marke γ und eine rechte Marke δ einschließt (wenn eines dieser Zeichen bereits im Alphabet von Z auftritt, dann ist es selbstverständlich, sie auszuwechseln).

a) Definiere eine Maschine Z_1, die die Eingabe liest, die Endpunkte bezüglich der Anwesenheit eines doppelten Leerzeichens überprüft, die Marken γ und δ druckt und sich dann links von γ aufstellt. Fünf Zustände genügen, um Z_1 zu definieren.

b) Man konstruiere eine Maschine Z_2, indem man die Indizes der Zustände von Z um fünf erhöht und ihr Quadrupel hinzufügt, derart, daß Z_2 γ (respektiv δ) wenn nötig ein Feld nach links (respektiv rechts) verschiebt und jedes Mal ihre hauptsächlichen Berechnungen wiederaufnimmt.

c) Konstruiere eine Maschine Z_3, die Z_2 standardisiert.

d) Konstruiere eine Maschine Z_4, die alle Zeichen mit Ausnahme der Striche auslöscht, die Striche zusammenfaßt und einen hinzufügt (so daß das Ergebnis als eine Zahl aufgefaßt werden kann).

5.1.3. Übungen

a) Konstruiere eine Turingmaschine, die das Alphabet {a, b, c} kodiert mit Hilfe des Alphabets {0, 1} nach dem in 3.4.1. beschriebenen Modell.

b) Konstruiere eine Maschine, die die eben erwähnte Kodierung dekodiert und irreguläre Wörter anzeigt.

c) Fasse diese beiden Maschinen zu einer Turingmaschine zusammen.

5.2. OPERATIONEN AUF BERECHENBAREN FUNKTIONEN

5.2.0.

Wenden wir uns nun wieder den Funktionen zu, die N^p in N abbilden.

5.2.1. Komposition

Sei einerseits eine auf $D \subseteq N^m$ definierte Funktion von m Variablen gegeben: $f(x_1,\dots,x_m)$, und seien andererseits m Funktionen von n Variablen gegeben, wobei g_i auf $D_i \subseteq N^n$ definiert ist:

$$g_1(y_1,\dots,y_n)$$
$$\dots\dots\dots\dots$$
$$g_m(y_1,\dots,y_n).$$

Die Operation der Komposition ordnet diesen Funktionen eine neue Funktion h zu:

$$h(y_1,\dots,y_n) = f[g_1(y_1,\dots,y_n),\dots,g_m(y_1,\dots,y_n)]$$

Die Funktion h ist definiert auf einer Teilmenge des Durchschnitts der D_i, derjenigen Teilmenge, für die die Werte von g_i Elemente von D sind (Definitionsbereich von h: $= \bigcap_{i=1}^{m} D_i \cap D$.

Das wesentliche Resultat bezüglich der Komposition ist das folgende:

Theorem. *Wenn die Funktionen* f, $g_1,\dots,g_m$ *teilweise berechenbar sind, (resp. berechenbar), dann ist die Funktion* h *teilweise berechenbar (resp. berechenbar).*

Dieses Theorem beweist man, indem man die standardisierten Turingmaschinen, die den Funktionen f, $g_1,\dots,g_m$ entsprechen, zusammensetzt. Der Beweis ergibt keine Schwierigkeiten, er sei dem Leser als Übung überlassen.

Ein daraus unmittelbar abzuleitendes Korollar ist, daß die Klasse der (teilweise) berechenbaren Funktionen abgeschlossen ist bezüglich der Operation der Komposition.

5.2.2. Minimalisierung

Die Operation der *Minimalisierung* assoziiert zu jeder auf ganz N^{n+1} definierten Funktion $f(y,x_1,\dots,x_n)$ die Funktion $h(x_1,\dots,x_n)$, deren

Wert für ein gegebenes n-Tupel, wenn er existiert, der kleinste Wert von y ist, so daß gilt: $f(y, x_1,\ldots,x_n) = 0$. Die Funktion h kann nur auf einer Teilmenge von N^n definiert werden. Eine Funktion $f(y,x_1,\ldots,x_n)$ heißt *regulär* (für y), wenn die durch Minimalisierung erhaltene Funktion $h(x_1,\ldots,x_n)$ überall definiert ist. Das wesentliche Resultat bezüglich der Minimalisierung ist das folgende Theorem.

Theorem. *Wenn die Funktion* $f(y,x_1,\ldots,x_n)$ *berechenbar ist, dann ist die durch Minimalisierung erhaltene Funktion* h *teilweise berechenbar. Wenn die Funktion* f *sogar regulär ist, dann ist die Funktion* h *berechenbar.*

Man beweist dieses Theorem, indem man eine Turingmaschine konstruiert, die aufeinander folgend $f(0,x_1,\ldots,x_n)$, $f(1,x_1,\ldots,x_n)$, ... berechnet, bis sie für f den Wert Null erhält. (Wenn sie niemals den Wert Null erhalten würde, hätte sie unendlich lange zu rechnen.) Hierbei benutzt man wiederum standardisierte Turingmaschinen.

5.2.3. Übungen

1. Beweise das Theorem bezüglich der Komposition von Funktionen.

2. Minimalisierung:

a) Konstruiere eine Standardmaschine T mit drei Zuständen q_1,q_2,q_3, die der Eingabe $(x_1,\ldots,x_n)$ $(0,x_1,\ldots,x_n)$ zuordnet.

b) Sei $f(y,x_1,\ldots,x_n)$ eine (teilweise) berechenbare Funktion. Zeige, daß eine Standardmaschine U existiert, die der Eingabe $y,x_1,\ldots,x_n$ die Darstellung von $[f(y,x_1,\ldots,x_n),\ y,x_1,\ldots,x_n]$ zuordnet. Vermehre die Indizes der Zustände von U, um sie mit T verknüpfen zu können.

c) Verknüpfe mit U eine Maschine V, die die Darstellung von $f(y,x_1,\ldots,x_n) = r$ um einen Strich verringert, so daß man den Inhalt des Bandes betrachten kann.

d) Verknüpfe mit U eine Maschine W, die einen Strich zu $\bar{y}$ hinzufügt, um zu $\overline{y+1}$ überzugehen, wenn $r \neq 0$.

e) Verknüpfe mit U eine Standardmaschine Y, die für $r = 0$ das Band löscht und seinen Inhalt gleich y setzt.

f) Verifiziere, daß die aus der Vereinigung von T,U,V,W,Y bestehende Maschine die geforderten Bedingungen erfüllt.

3. Man erinnere sich, daß einerseits die Funktionen $(x + 1)\cdot(y + 1)$ und $x \dot{-} y$ andererseits berechenbar sind; diese Resultate waren Übungsaufgaben. (Die Funktion $x \dot{-} y$ erhält man durch eine triviale Erweiterung der Funktion $x - y$, d.h. $x \dot{-} y$ ist $x - y$, wenn $x - y$ definiert ist, oder Null, wenn nicht.) Zeige, ausgehend von diesen Resultaten (und unter Benutzung der Projektionsabbildungen), daß die Funktion $x\ y$ berechenbar ist.

4. Zeige, daß die Funktionen x^h berechenbar sind für $h \in N$.

5.2.4. Abgeänderte (modifizierte) Turingmaschinen

Man kann verschiedene Erweiterungen von Turingmaschinen betrachten, zum Beispiel:

. Man füge zu einer Maschine Z eine Menge A und Quadrupel $S_1\ q_j\ q_k\ q_l$ hinzu, die bedeuten, daß in der Situation (S_1, q_j) und bei der augenblicklichen Zustandsbeschreibung α die Maschine in den Zustand q_k oder in den Zustand q_l übergeht, je nachdem, ob der Inhalt $\langle \alpha \rangle$ der augenblicklichen Zustandsbeschreibung α zu A gehört oder nicht. Diese Erweiterung, die von M. Davis behandelt wurde, vergrößert nicht die Berechnungsmöglichkeiten der Turingmaschine.

.. Hinzufügen spezieller Einheiten: Eingabeband, Ausgabeband, Band für die Zwischenrechnungen, Anweisungen für komplexere Rechnungen. Im allgemeinen ist es ziemlich einfach, zu zeigen, daß diese komplexeren Maschinen äquivalent zu einfachen Maschinen sind.

5.3. GÖDELISIERUNGEN

5.3.0.

Wir haben schon Gelegenheit gehabt, darauf hinzuweisen, daß der ursprünglich praktische Unterschied zwischen "numerisch" und "nichtnumerisch" für Turingmaschinen nicht relevant ist.

In den dreißiger Jahren benutzte der Mathematiker und Logiker Gödel eine aus natürlichen Zahlen definierte Kodierung für die Namen gewisser metamathematischer Objekte, um das berühmte Theorem, das seinen Namen trägt, zu beweisen. Gödelisierungen erlauben es uns, das Nichtnumerische "numerisch" zu machen. Programmierer, die Gelegenheit haben, Anweisungen eine Adresse zuzuordnen, werden dies sofort verstehen.

Wir haben eine Basismenge, ein Alphabet, gegeben und betrachten nun endliche Vorkommen dieser Zeichen. Jeder endlichen Folge, einem nichtnumerischen Objekt, werden wir unter Berücksichtigung der folgenden Eigenschaften eine arithmetische ganze Zahl, ihre *Gödelnummer*, zuordnen.

1. Es gibt eine Turingmaschine, die zu jeder endlichen Folge, die man auf ihr Band schreibt, die gesuchte Nummer angibt.

2. Es gibt eine Turingmaschine, die zu jeder Nummer, die man auf ihr Band schreibt, eine der folgenden Antworten gibt:

- entweder: "Es gibt keine endliche Folge, die dieser Nummer entspricht."
- oder: "Die dieser Nummer entsprechende Folge ist: ..."

Auf diese Weise wird die Folge durch die ihr zugeordnete Nummer charakterisiert. Diese Nummer ist ihr *Eigenname*, und da sie eine Zahl ist, ist es erlaubt, mit ihr Berechnungen durchzuführen.

Auf gleiche Weise lassen sich Folgen dieser Folgen numerieren.

5.3.1. Eine Art der Gödelisierung

Die Turingmaschinen enthalten Ausdrücke, die gebildet werden aus:

- dem Zeichen S und q mit verschiedenen Indizes;
- den Zeichen L und R.

Zur Numerierung der Indizes benutzen wir ein Binärsystem, bestehend aus den Zahlen z (Null) und u (Eins). Wir schreiben die Indizes auf der Zeile.

S_0 wird zu Sz

S_1 wird zu Su

S_2 wird zu Suz

S_3 wird zu Suu

q_5 wird zu quzu

Wenn wir Folgen von Folgen benötigen, benutzen wir das Trennzeichen "!". Wir haben dann die Zeichen

{S, q, z, u, L, R, !}

Der leeren Folge ordnen wir die Null zu. Einzelnen Zeichen (Monogrammen) ordnen wir zu:

S, q, z, u, L, R, !

1, 2, 3, 4, 5, 6, 7.

Irgendeiner Folge ordnen wir diejenige Zahl zu, die durch diese Zuordnung entsteht.

Beispiel. Das Quadrupel $q_3S_5S_0q_4$ schreibt sich: quuSuzuSzquzz und ihm entspricht die Oktalzahl (Zahl in der Darstellung Basis 8):

$$2441434132433$$

Ausgehend von einer gegebenen Folge vollzieht sich die Bestimmung ihrer Nummer auf mechanische Weise und kann von einer Turingmaschine ausgeführt werden. Umgekehrt entspricht der Null die leere Folge. Jeder Oktalzahl ohne Null entspricht genau eine Folge (oder genau eine Folge von Folgen). Jeder Oktalzahl, die wenigstens eine Null enthält, entspricht keine Folge oder Folge von Folgen.

5.3.2. Die Gödelnummer einer Turingmaschine

Eine Turingmaschine ist eine Menge von Quadrupeln:

$$Q_1, Q_2, \ldots, Q_n.$$

Jedem Quadrupel ordnen wir seine Gödelnummer zu:

$$gn(Q_1),\ gn(Q_2),\ \ldots,\ gn(Q_n);$$

dann ordnen wir diese Nummern ihrer steigenden Größe nach an. Es ist sogar unnötig, sie durch die 7 zu trennen, da q und S als Marken benutzt werden können.

Auf diese Weise erhält jede Turingmaschine eine Gödelnummer. Da dieses Verfahren mechanisierbar ist, kann man es durch eine Turingmaschine G_1 ausführen. (Es ist nicht ohne Interesse zu bemerken, daß G_1 unter anderem seine eigene Nummer berechnen kann.)

Umgekehrt gibt es eine Turingmaschine G_2, die bei der Eingabe einer Oktalzahl antwortet:

- entweder: "Diese Nummer ist die Gödelnummer keiner einzigen Turingmaschine."
- oder: "Diese Nummer ist die Gödelnummer einer Maschine, deren Quadrupel sind: ...."

Es ist noch zu bemerken, daß G_2, wenn man ihr ihre eigene Gödelnummer vorlegt, auch ein Resultat liefert.

5.3.3. Übung: Eine historische Kodierung

In seinen ersten Arbeiten ging Gödel wie folgt vor:

Gegeben sei ein zu kodierender Ausdruck:

$$M = '\gamma_1\gamma_2 \dots \gamma_n'.$$

Es sei angemerkt, daß das Symbol γ_k an der k-ten Stelle steht: Also müssen sowohl die Symbole als auch ihre Stelle kodiert werden.

1. Die Zeichen werden kodiert, indem man sie bijektiv auf die Menge der ungeraden ganzen Zahlen, die größer als 1 sind, wie folgt abbildet:

Zeichen γ_i:	L	R	S_0	q_1	S_1	q_2	S_2	q_3	...
Nummern a_i:	3	5	7	9	11	13	15	17	...

2. Die Positionen (Stellen) der Zeichen werden kodiert, indem man die Positionen bijektiv auf die Menge der Primzahlen (der Größe nach geordnet) abbildet.

Position:	1	2	3	4	5	...	k	...
Primzahl:	2	3	5	7	11	...	p_k	...

3. Dem Ausdruck

$$'\gamma_1\gamma_2 \dots \gamma_n'$$

entspricht dann die normalisierte Zerlegung

$$2^{a_1} \times 3^{a_2} \times 5^{a_3} \times \dots \times p_k^{a_k} \times \dots \times p_n^{a_n},$$

eine positive ganze Zahl, die wir mit gn(M) bezeichnen, die Gödelnummer von M.

Umgekehrt läßt sich nur die so erhaltene Gödelnummer so zerlegen, und nur ihr entspricht eindeutig der Ausdruck M.

Man vervollständigt die Kodierung, indem man dem leeren Ausdruck die Eins zuordnet.

Folgen von Ausdrücken. Auf gleiche Weise kodiert man die Folge von Ausdrücken $M_1, M_2, \dots, M_j, \dots M_q$ mit Hilfe der Zahl

$$2^{gn(M_1)} \times 3^{gn(M_2)} \times \dots \times p_j^{gn(M_j)} \times \dots \times p_q^{gn(M_q)}$$

Übungen

a) Kodiere das Quadrupel $(q_1|Rq_2)$.

b) Dekodiere $2^{17}\ 3^{11}\ 5^7\ 7^{11}$.

c) Kodiere die Folge $\varphi = (q_1|R\ q_2,\ q_3|B\ q_1)$.

d) Zeige, daß die Kodierung der γ_i durch ungerade ganze Zahlen a_i es ermöglicht zu entscheiden, ob die Gödelnummer einen Ausdruck oder eine Folge von Ausdrücken charakterisiert. Man zeige, daß

$$gn\ (\varphi) = gn\ (\psi) \quad \text{impliziert} \quad \varphi = \psi.$$

Dazu schreibe man gn (φ) in der Form $2^m \cdot (2q + 1)$ und diskutiere die Fälle: m gerade, m ungerade.

5.4. REKURSIVE MENGEN UND REKURSIV AUFZÄHLBARE MENGEN

5.4.0. Die Funktionen $Q_z^p(\mathfrak{x})$

Bei gegebener ganzer Zahl z sind genau zwei sich gegenseitig ausschließende Fälle möglich.

1. Entweder gibt es keine Turingmaschine, deren Gödelnummer z ist.

2. Oder es gibt eine und diese ist eindeutig bestimmt.

Mittels dergleichen Definition sagt man, daß eine Funktion

$$f : N^p \longrightarrow N$$
$$\mathfrak{x} \longmapsto f(\mathfrak{x})$$

teilweise berechenbar ist, um auszudrücken, daß dies *die* Funktion ist, die, wenn möglich, durch eine bestimmte Turingmaschine ausgehend von der Eingabe $\mathfrak{x}$ berechnet werden kann. Anders ausgedrückt, jeder teilweise berechenbaren Funktion $f(\mathfrak{x})$ kann man die Gödelnummer z der Turingmaschine, die diese Funktion berechnet, zuordnen. (Es kann mehrere Maschinen geben, die die gleiche Funktion berechnen.)

Wir definieren nun die Funktion $Q_z^p(\mathfrak{x})$ auf folgende Weise:

Gegeben sei eine nicht-negative ganze Zahl z und eine Eingabe

$$\mathfrak{x} \in N^p.$$

1. Wenn z die Gödelnummer der Maschine Z ist, die die teilweise berechenbare Funktion $f(\mathfrak{x})$ berechnet, dann stimmt $Q_z^p(\mathfrak{x})$ mit $f(\mathfrak{x})$ überein.

2. Wenn z nicht die Gödelnummer irgendeiner Turingmaschine ist, dann nimmt $Q_z^p(\mathfrak{x})$ den Wert 0 an. Es ist dann offensichtlich, daß die Folge $Q_0^p(\mathfrak{x}),\ Q_1^p(\mathfrak{x}),\ \ldots\ Q_n^p(\mathfrak{x}),\ \ldots$ mit möglichen Wiederholungen die Menge der teilweise berechenbaren Funktionen von p Argumenten aufzählt.

Bemerken wir jetzt noch zu späterem Gebrauch: Wir wissen jetzt auch, daß wir die Definitionsbereiche teilweise berechenbarer Funktionen aufzählen können.

5.4.1. Die Natur der Funktionen $Q_z^p(\mathfrak{x})$

Eine Funktion Q_z^p ist eine p + 1-stellige Funktion von N^{p+1} nach N. Bei gegebenem z und $\mathfrak{x}$ muß man, um den Wert von $Q_z^p(\mathfrak{x})$ zu berechnen, zunächst prüfen, ob z die Gödelnummer einer Turingmaschine ist. Hierbei handelt es sich um ein Dekodierungsproblem mit den Antworten ja oder nein, das von der Turingmaschine G_2 (5.3.2.) gelöst werden kann. Wenn die Antwort nein ist, nimmt Q_z^p den Wert 0 an. Wenn die Antwort ja ist, gibt man der Maschine Z, deren Quadrupel aus der "Analyse" von z bestehen, die Eingabe $\mathfrak{x}$. Indem man G_2 und Z zusammensetzt, erhält man eine Turingmaschine, die $Q_z^p(\mathfrak{x})$ berechnet.

<u>Theorem.</u> *Die Funktionen* $Q_z^p(\mathfrak{x})$ *sind teilweise berechenbar.*

Eine Turingmaschine, die die Funktionen $Q_z^p(\mathfrak{x})$ berechnet, heißt *universell*: Indem man eine passende Nummer z auf ihr Band schreibt, versetzt man sie in die Lage, die teilweise berechenbare Funktion, die dieser Zahl entspricht, zu berechnen.

5.4.2. Terminologie

In einer Bemerkung am Ende dieses Kapitels findet man eine Definition der rekursiven Funktionen. Zu diesem Zeitpunkt wollen wir nur ein Problem der Nomenklatur klären. Es wird gezeigt werden, daß die Klasse der berechenbaren Funktionen identisch ist mit der Klasse der rekursiven Funktionen, so daß folglich die beiden Adjektive "rekursiv" und "berechenbar" im Prinzip synonym sind. Dennoch gibt es Fälle, in denen es üblich ist, "rekursiv" zu sagen, während das andere Wort ungebräuchlich ist. Wir richten uns nach diesem Gebrauch.

5.4.3. Definitionen

Wir werden oft die Gelegenheit haben, die *charakteristische Funktion einer Menge* zu benutzen. Sei $E \subseteq N$. Die charakteristische Funktion C_E von E ist definiert durch:

$$C_E(x) = \begin{cases} 1, \text{ wenn } x \in E \\ 0, \text{ wenn } x \notin E. \end{cases}$$

Man definiert auf analoge Weise die charakteristische Funktion einer Menge $E \subseteq N^p$.

Rekursive Mengen. Wir nennen eine Menge rekursiv, wenn ihre charakteristische Funktion berechenbar ist (siehe die Bemerkung über Terminologie in 5.4.2.). Sagt man, eine Menge sei rekursiv, dann heißt das, es gibt eine Turingmaschine, die bei der Eingabe $\mathfrak{x}$ in jedem Fall entweder die Antwort 0 oder 1 gibt.

Rekursiv aufzählbare Mengen. Eine Menge heißt rekursiv aufzählbar, wenn sie Definitionsbereich (wenigstens) einer teilweise berechenbaren Funktion ist.

Wir wissen theoretisch, wie wir die teilweise berechenbaren Funktionen einer ganzzahligen Variablen, zweier ganzzahliger Variablen usw. aufzählen können, so daß wir auch im Prinzip wissen, wie die rekursiv aufzählbaren Mengen: $\mathfrak{R}_0, \mathfrak{R}_1, \ldots, \mathfrak{R}_i \ldots$ aufzuzählen sind.

5.4.4. Die Verbindung zwischen den beiden Begriffen

Theorem. *Eine Menge ist rekursiv genau dann, wenn sie selbst und ihre Komplementärmenge rekursiv aufzählbar sind.*

1. R sei eine rekursive Menge. Dann gibt es eine Turingmaschine, die ihre charakteristische Funktion berechnet, die eine berechenbare Funktion ist. Ausgehend von dieser Turingmaschine ist es möglich, zwei weitere Turingmaschinen zu konstruieren. Eine von diesen entspricht der teilweise berechenbaren Funktion:

$$f(\mathfrak{x}) = \begin{cases} 1, \text{ wenn } \mathfrak{x} \in R \\ \text{nicht definiert, wenn } \mathfrak{x} \notin R \end{cases}$$

$$\bar{f}(\mathfrak{x}) = \begin{cases} 0, \text{ wenn } \mathfrak{x} \in \bar{R} \\ \text{nicht definiert, wenn } \mathfrak{x} \notin \bar{R} \end{cases}$$

Hieraus folgt, daß R und $\bar{R}$ rekursiv aufzählbar sind.

2. Seien nun R und $\bar{R}$ rekursiv aufzählbar, dann sind sie Definitionsbereiche teilweise berechenbarer Funktionen $f(\mathfrak{x})$ und $\bar{f}(\mathfrak{x})$, denen Turingmaschinen Z respektive $\bar{Z}$ zugeordnet sind. Gibt man ein vorgegebe-

nes $\mathfrak{x}$ sowohl in Z als auch in $\bar{Z}$ ein, so gibt eine dieser Maschinen ein Ergebnis, die andere nicht.

Wenn Z ein Resultat gibt, dann ist $C_R(\mathfrak{x}) = 1$; wenn $\bar{Z}$ ein Resultat gibt, dann ist $C_R(\mathfrak{x}) = 0$. Das Paar Z, $\bar{Z}$ entspricht der eindeutig bestimmten Turingmaschine. Daher ist die Funktion C_R berechenbar und R sowohl als auch $\bar{R}$ sind rekursiv.

5.4.5. Die Nicht-Äquivalenz der beiden Begriffe

Dieses Theorem läßt die Frage offen, ob es rekursiv aufzählbare Mengen gibt, die nicht rekursiv sind. Wir werden die Existenz solcher Mengen beweisen, indem wir ein Diagonalverfahren benutzen.

Betrachten wir die Menge der Turingmaschinen, die den einstelligen Funktionen zugeordnet sind, und geben wir in jede Maschine ihre eigene Gödelnummer ein. Dann gibt es zwei Möglichkeiten, die eintreten können: Entweder hat die Maschine, ausgehend von z = gn(Z) ein Resultat und hält an, oder sie hält nicht an. (Im ersten Fall heißt sie selbstanwendbar.) Die durch dieses Verfahren studierte Funktion ist keine andere als $Q_z^1(z)$ und sie ist offenbar eine teilweise berechenbare Funktion. Man könnte eine Turingmaschine konstruieren, die diese Funktion berechnet, indem man die universelle Maschine "zusammenbastelt", die $Q_z^1(\mathfrak{x})$ berechnet.

Die Menge G der Gödelnummern, die diesen selbstanwendbaren Maschinen entspricht, ist also rekursiv aufzählbar. Nehmen wir an, sie sei rekursiv, dann gelangen wir zu der Annahme, daß ihr Komplement $\bar{G}$ auch rekursiv aufzählbar sei. G würde dann einer Turingmaschine der Zahl λ zugeordnet und würde diese Zahl λ in der Aufzählung der rekursiv aufzählbaren Mengen beibehalten:

$$\bar{G} = \mathfrak{R}_\lambda$$

Wenn x eine arithmetische ganze Zahl ist, so gilt

$$x \in \bar{G} \Longleftrightarrow x \in \mathfrak{R}_\lambda$$

Aber wegen der gleichen Definition gilt:

$$x \in \bar{G} \qquad x \notin \mathfrak{R}_x$$

also

$$x \in \mathfrak{R}_\lambda \Longleftrightarrow x \notin \mathfrak{R}_x$$

wenn man setzt: $x = \lambda$, so erhält man:

$$\lambda \in \mathfrak{R}_\lambda \Longleftrightarrow \lambda \notin \mathfrak{R}_\lambda$$

Dieser Widerspruch beweist, daß G nicht rekursiv ist.

5.4.6. Das Halteproblem für Turingmaschinen

Wenn man einer Turingmaschine eine Eingabe vorlegt, dann gibt es nur zwei sich gegenseitig ausschließende Fälle:

- Die Maschine hält an: sie gibt ein Resultat,
- die Maschine rechnet unendlich.

Man kann dann das folgende allgemeine Halteproblem stellen: Gibt es eine Turingmaschine T, deren Eingabe Paare sind und die, wenn man das Paar $z = [gn(Z), X]$ eingibt, antwortet:

Entweder: Ja, die Maschine Z, deren Gödelnummer z ist, wird ein Resultat liefern bei der Eingabe von X,

oder: Nein, es erübrigt sich, der Maschine Z die Eingabe X vorzulegen, denn Z wird nicht anhalten.

Angenommen, es gibt eine solche Turingmaschine T.

E sei eine rekursiv abzählbare Menge, die nicht rekursiv ist: Wir wissen, daß derartige Mengen existieren.

E ist der Definitionsbereich einer teilweise definierten Funktion f_{z_α}, die durch eine Maschine Z_α berechnet wird.

Sei x eine beliebige ganze Zahl, T erlaubt eine Antwort des Typs:

"Ja, es ist $x \in E$, und Z_α hält an."

"Nein, es ist $x \in \bar{E}$, und Z_α hält nicht an."

Dann wäre E rekursiv entgegen der Annahme. Folglich:

Theorem. *Das allgemeine Halteproblem ist für Turingmaschinen nicht entscheidbar.*

5.5. WEITERE BEMERKUNGEN UND ERGÄNZUNGEN

5.5.1. Konkrete Rechenmaschinen

Wir haben eine Maschine U, die die Funktion $Q_z^p(\mathfrak{x})$ berechnet, universell genannt. Wenn wir dieser Maschine die Eingabe $(z, \mathfrak{x})$ vorlegen, dann gibt sie dasjenige Resultat, welches diejenige Maschine Z, für die $gn(Z) = z$ ist, geliefert hätte. Die Analogie zwischen der universellen Turingmaschine und den elektrischen Rechenmaschinen wird nun klar. U entspricht in dieser Analogie der Rechenmaschine, z ist ein besonderes Programm, das man in die Maschine zusammen mit dem Anfangswert $\mathfrak{x}$ eingibt, mit dem das Programm zu rechnen beginnt.

Das Halteproblem bekommt gleichfalls einen konkreten Sinn. Gibt es zu gegebenem Programm P und zu berechnenden Eingaben δ ein allgemeines Programm G, das uns mitteilt, ob P bei der Berechnung der Eingabe δ

anhält oder nicht? Die Antwort ist, daß G nicht existiert, insbesondere ist also nicht zu hoffen, daß man eines Tages ein Programm wird schreiben können, das fähig ist, alle Programmierfehler herauszufinden, die unendliche Berechnungen zur Folge haben.

5.5.2. "Philosophische" Abschweifung

Die Ergebnisse bezüglich der Unentscheidbarkeit erlauben keine philosophische Spekulation über die Grenzen der Leistungsfähigkeit des Menschen und der Maschine.

Es handelt sich hier innerhalb einer mathematischen Theorie um eine Frage von Beweisen über die Nichtexistenz gewisser Objekte, so wie man in der Arithmetik beweist, daß es keine rationale Zahl gibt, deren Quadrat gleich 2 ist. Wenn die Entdeckung der irrationalen Zahlen sich den alten Griechen als ein metaphysisches Problem stellte, dann darum, weil diese Entdeckung eine "naive" Erklärung der Welt erschütterte, die auf den Begriff der Verhältnisse ganzer Zahlen Bezug nahm. Der Begriff der Unentscheidbarkeit erschüttert nichts, er verhalf vielmehr zu der Erkenntnis, daß gewisse Probleme in einer falschen Form gestellt waren. Ein Ausweg ergäbe sich also aus der Natur des jeweiligen Problems. Es ist manchmal empfehlenswert, Spezialfälle zu betrachten, für die das Problem entscheidbar ist und sich mathematisch behandeln läßt.

Unter anderen Umständen könnte man sich für eine konkrete Untersuchung des Problems interessieren, für eine Untersuchung nämlich, die zumindest allgemeineren Charakters ist - und in so einem Fall läßt man sich etwas einfallen -, oder vornehmer ausgedrückt: Man benutzt heuristische Methoden.

Ein Beispiel für eine solche Situation ist die Suche nach nützlichen Regeln, die leider nur teilweise solche Programmierfehler aufdecken können, bei denen Schleifen entstehen, oder auch die Suche nach Klassen von Berechnungen, für die es ein allgemeines Fehlerentdeckungsverfahren gibt.

5.5.3. Bemerkungen über rekursive Funktionen

Für rekursive Funktionen, die eine so große Rolle in der mathematischen Logik spielen, gibt es zahlreiche Charakterisierungen.

Die Definition, die wir hier geben (M. Davis folgend), ist die von Julia Robinson. Sie erlaubt es uns, die durch Turingmaschinen eingeführte Betrachtungsweise wieder aufzunehmen.

Definition. Eine Funktion heißt *teilweise rekursiv*, wenn man sie ausgehend von Basisfunktionen durch endlich viele Anwendungen der Komposition und Minimalisierung erhält.

Basisfunktionen:

(1) $Suc(x) = x + 1$, Nachfolgefunktion

(2) $U_i^n(x_1,\dots,x_n) = x_i$, $1 \leq i \quad i \leq n$; Projektionsabbildung

(3) $x + y$, Additionsfunktion

(4) $x \dot{-} y$, Subtraktionsfunktion mit trivialer Erweiterung

(5) xy, Produktfunktion

Eine teilweise rekursive Funktion heißt *rekursiv*, wenn die Operationen, die sie definieren, sich nur über reguläre Funktionen erstrecken.

Die wesentlichen Resultate bezüglich dieser Funktionen sind:

Theorem. *Wenn eine Funktion (teilweise) rekursiv ist, dann ist sie (teilweise) berechenbar.*

Dieser Satz läßt sich mit Hilfe elementarer und standardisierter Turingmaschinen beweisen. Der Beweis ergibt sich ohne große Schwierigkeit, er ist als Übungsaufgabe gestellt. Die Umkehrung gilt gleichfalls:

Theorem. *Wenn eine Funktion (teilweise) berechenbar ist, dann ist sie (teilweise) rekursiv.*

Wir beschränken uns auf sehr kurze Angaben über die Methoden, die man benutzt, um das letzte Theorem zu beweisen. Wir führen zunächst den Begriff des Prädikates ein.

Definition. Unter einem *n-stelligen Prädikat* verstehen wir eine Funktion, deren Definitionsbereich eine Menge von n-Tupeln ist, und deren Wertebereich die Menge {wahr, falsch} ist.

Beispiel.

$$P(x,y) = (x + y = 3) \quad x,y \in N$$

nimmt für (1,1) den Wert Falsch an, für (1,2) den Wert Wahr und für (4,y) den Wert Falsch für alle y an.

Die charakteristische Funktion eines n-stelligen Prädikates ist die charakteristische Funktion der Menge, für die die Prädikate den Wert Wahr haben (auf der Erweiterung des Prädikates).

Ein Prädikat heißt *berechenbar*, wenn seine charakteristische Funktion berechenbar ist.

Ein Prädikat $P(x_1,\ldots,x_n)$ heißt semi-berechenbar, wenn es eine teilweise berechenbare Funktion $f(x_1,\ldots,x_n)$ gibt, deren Definitionsbereich die Menge ist, auf der P den Wert Wahr annimmt.

Die assoziierte Funktion f ist nicht auf der Komplementärmenge definiert, auf der P den Wert Falsch annimmt.

Offenbar ist jedes berechenbare Prädikat semi-berechenbar. Ihre charakteristische Funktion C, überall definiert, hat den Wert Null auf der Erweiterung des Prädikates (und 1 außerhalb); man definiert zum Beispiel f durch

$$f = \min_y \, [C + y = 0]$$

Man hat dann das folgende Theorem:

Theorem. *Das Prädikat* $R(x_1,\ldots,x_n)$ *ist berechenbar genau dann, wenn die Prädikate* R *und* $\neg$R *semi-berechenbar sind.*

Turingprädikate. Gegeben sei ein nicht-numerisches Prädikat, das die Definitionen bezüglich der Turingmaschine nur mit Hilfe der Negation $\neg$, den Junktoren $\vee$ und $\wedge$ und eingeschränkten Quantoren ausdrückt. Die Gödelnumerierung erlaubt es uns, dieses Prädikat in ein Prädikat zu übersetzen, dessen Definitionsbereich N^P ist.

Beispiele. Die Prädikate:

QUAD(x): Wahr, wenn x die Gödelnummer eines Quadrupels ist, anderenfalls falsch.

TM(x): Wahr, wenn x die Gödelnummer einer Turingmaschine ist, die durch eine Menge von Quadrupeln beschrieben ist, anderenfalls falsch.

Um(x,y,z): Wahr, wenn x und y die Gödelnummern zweier augenblicklicher Zustandsbeschreibungen (α) und (β) sind und wenn (α) $\rightarrow$ (β) gilt für die Turingmaschine mit der Gödelnummer z, anderenfalls falsch.

U(y): Wenn y die Gödelnummer einer Folge von Ausdrücken $M_1, M_2, \ldots, M_n$ ist, dann ist $U(y) = \langle M_n \rangle$.

Indem man diese Prädikate zusammensetzt, erhält man, ausgehend von einfachen Prädikaten, komplexere Prädikate, die alle berechenbar sind.

Auf diese Weise konstruiert man nach und nach das Prädikat

$$T_n\ (z,\ x_1,\ldots,x_n,\ y),$$

wobei z die Gödelnummer einer Turingmaschine Z ist und y die Gödelnummer der Berechnung von $(x_1,\ldots,x_n)$ durch Z. Man kann tatsächlich jeder berechenbaren Funktion und jedem Element des Definitionsbereichs dieser Funktion ein Prädikat T_n zuordnen. Um ihre charakteristische Funktion zu erhalten, benutzt man nur die Technik der Konstruktion rekursiver Funktionen.

Auf diese Weise kann man das oben erwähnte Resultat beweisen, das besagt, daß jede berechenbare Funktion rekursiv ist.

5.5.4. Berechenbarkeit und Rekursivität

Diese Theoreme zeigen die Äquivalenz von Berechenbarkeit und Rekursivität. Der Begriff der Berechenbarkeit wurde von Turing eingeführt, derjenige der Rekursivität von Kleene. Obwohl sie beide unabhängig voneinander definiert wurden, befassen sich beide mit dem gleichen Problem der Formalisierung des Begriffes der Berechenbarkeit. Es ist eine ziemlich bemerkenswerte Tatsache, daß eine gewisse Anzahl von den unabhängig voneinander eingeführten Definitionen (Gödel, Church, Post, Markoff) alle zueinander und zu den hier eingeführten äquivalent sind. Die berühmte Church'sche These zieht aus dieser Äquivalenz einen philosophischen Schluß, indem sie behauptet, daß diese verschiedenen Begriffe den intuitiven Begriff der Berechenbarkeit korrekt formalisieren und daß dieser Begriff nicht erweitert werden kann. Bis jetzt hat die Erfahrung die Church'sche These bestätigt.

Von einem praktischen Standpunkt aus ist es zunächst interessanter, den Begriff der Berechenbarkeit einzuschränken und ihn den zur Zeit verfügbaren Berechnungsmöglichkeiten anzupassen. In dieser Richtung wird viel Forschung betrieben.

5.5.5. Übungen

1. Beweise ausführlich, daß aus der Rekursivität die Berechenbarkeit folgt.

2. Zeige, daß die folgenden Funktionen rekursiv sind, indem man zeigt, wie man sie aus Basisfunktionen erhält.

a) Die Nullfunktion: $\forall\, x\ N(x) = 0$

b) Die Funktion $\alpha(x)$, die Null ist für alle x bis auf $x = 0$, was $\alpha(0) = 1$ ergibt.

c) Die Quadratwurzel einer ganzen Zahl.

d) Der ganzzahlige Quotient und der ganzzahlige Rest.

3. Zeige, wenn R und S rekursive Mengen sind, dann sind die Mengen $R \cup S$, $R \cap S$ und $\bar{R}$ ebenfalls rekursiv.

4. Zeige: Wenn die Prädikate P und Q rekursiv sind, dann sind die Prädikate $P \vee Q$, $P \wedge Q$, $\neg P$ ebenfalls rekursiv.

5. Zeige, daß die folgenden Prädikate berechenbar sind (man gehe über zu charakteristischen Funktionen):

a) $x = y$

b) $x < y$

c) $x \mid y$ (x teilt y)

d) Prim(x) (x ist eine Primzahl)

VI. Kombinatorische Systeme und Turingmaschinen. Unentscheidbare Probleme

6.1. SYSTEME UND TURINGMASCHINEN

Wir haben hier zwei derjenigen mathematischen Begriffe vorgestellt, die zur Formalisierung des intuitiven Begriffs der Berechenbarkeit entwickelt wurden; nämlich

- Turingmaschinen,
- Kombinatorische Systeme.

Nebenbei haben wir gezeigt, daß der Begriff der Turingmaschine äquivalent zu dem Begriff der rekursiven Funktion ist. Wir werden jetzt zeigen, daß er auch zu dem Begriff des kombinatorischen Systems äquivalent ist.

6.1.1. Berechnungen einer Turingmaschine und Semi-Thue-Systeme

Sei Z eine Turingmaschine und seien die Quadrupel, die sie definieren, in folgende drei Typen aufgeteilt:

$$(1) \quad q_i \; S_j \; S_k \; q_l$$

$$(2) \quad q_i \; S_j \; R \; q_l$$

$$(3) \quad q_i \; S_j \; L \; q_l$$

Man erinnere sich, daß S_1 der Strich "|" ist und daß die positive ganze Zahl m durch m + 1 aufeinanderfolgende Striche dargestellt wird. (Anders ausgedrückt, $m = |^{m+1}$). Wenn wir m in der Darstellung $\bar{m}$ in die Maschine eingeben, dann beginnt Z die Berechnung mit der augenblicklichen Zustandsbeschreibung

$$q_1 m.$$

Entweder gibt es dann ein Resultat für diese Berechnung oder nicht. Wir bezeichnen mit P_Z die Menge der ganzen nicht negativen Zahlen, für die die Berechnung zu einem Resultat führt. Wir sind zunächst nicht an dem Resultat selbst, sondern einfach an seiner Existenz interessiert. Wir werden, wie immer, annehmen, daß Z dergestalt modifiziert werden kann, daß sie ihre Berechnungen in zwei Marken h einschließt. Jedem Paar (Z,m) ordnen wir ein Semi-Thue-System $(ST)_1$ mit dem Axiom $hq_1\bar{m}h$ zu. Wir wählen die Produktionen des Systems derart, daß gewissen Theoremen von $(ST)_1$ augenblickliche Zustandsbeschreibungen von Z entsprechen, wohingegen andere Theoreme es uns erlauben, einer terminalen augenblicklichen Zustandsbeschreibung das Theorem hrh zuzuordnen, dessen Bedeutung ist:

"Zu der Maschine Z gibt es bei der Eingabe m ein Resultat für diese Berechnung."

<u>Die formale Konstruktion von $(ST)_1$</u>

(a) Jedem Quadrupel des Typs (1) $q_i\ S_j\ S_k\ q_l$ von Z ordnet man ein Schema von Produktionen

$$P\ q_i\ S_j\ Q \rightarrow P\ q_l\ S_k\ Q$$

zu, deren Wirkung darin besteht, von der augenblicklichen Zustandsbeschreibung $P\ q_i\ S_j\ Q$ zu der augenblicklichen Zustandsbeschreibung, die aus der Anwendung des in Frage kommenden Quadrupels sich ergibt, überzugehen.

(b) Jedem Quadrupel des Typs (2) $q_i\ S_j\ R\ q_l$ ordnen wir alle Produktionen

$$P\ S_k\ q_i\ S_j\ Q \rightarrow P\ q_l\ S_k\ S_j\ Q$$

zu (es gibt von ihnen so viele, wie es S_k gibt), deren Wirkungsweise darin besteht, zu veranlassen, daß Z von der augenblicklichen Zustandsbeschreibung $P\ S_k\ q_i\ S_j\ Q$ zu derjenigen übergeht, die aus der Anwendung des in Frage kommenden Quadrupels entsteht.

(c) Jedem Quadrupel des Typs (3) $q_i\ S_j\ L\ q_l$ ordnen wir die Produktion

$$P\ q_i\ S_j\ Q \rightarrow P\ S_j\ q_l\ Q$$

zu, deren Wirkung sich wie unter (a) und (b) beschreiben läßt. Die bisher definierten Produktionen entsprechen denjenigen Situationen von Z, auf die sich ein Quadrupel anwenden läßt. Betrachten wir nun alle anderen Situationen, bei denen die Maschine anhält und die daher nur in den terminalen Beschreibungen auftreten. Unsere Absicht ist es, das Resultat der Berechnung durch eine eindeutige Antwort hrh (Existenz eines Resultats) zu ersetzen. Um dies tun zu können, führen wir weitere Produktionen ein, die nur anwendbar auf diejenigen Theoreme von $(ST)_1$ sind, die den terminalen augenblicklichen Zustandsbeschreibungen zugeordnet sind. Diese sind:

(d) $$P\, q_i\, S_j\, Q \rightarrow P\, q\, S_j\, Q$$

für alle Paare (q_i, S_j), die keine Situationen von Z sind. Diese Produktionen führen die Marke q ein.

(e) $$P\, q\, S_j\, Q \rightarrow P\, q\, Q$$

Diese Produktionen löschen Zeichen, die rechts von q stehen, aus.

(f) $$P\, q\, h\, Q \rightarrow P\, r\, h\, Q$$

Diese Produktionen führen die Marke r ein, wenn h rechts von q steht.

(g) $$P\, S_j\, r\, Q \rightarrow P\, r\, Q$$

Diese Produktionen löschen die Zeichen links von r (h wird nicht gelöscht). Wir sind nun in der Lage, das für diesen Abschnitt wesentliche Theorem anzugeben und zu beweisen.

Theorem. *Die Turingmaschine* Z *ist anwendbar auf die Eingabe* m *dann und nur dann, wenn* hrh *ein Theorem des durch die vorherige Konstruktion zu* Z *assoziierten Semi-Thue-Systems* $(ST)_1$ *ist.*

Unter Benutzung des Frege'schen Symbols $\vdash$ ("ableitbar"), dessen genauere Bedeutung sich aus dem Zusammenhang ergibt, läßt sich dieses Theorem (genauer Meta-Theorem) schreiben:

$$m \in P_Z \Longleftrightarrow \underset{(ST)_1}{\vdash} hrh$$

Beweis:

1) *Von links nach rechts*

$m \in P_Z$ bedeutet: Es gibt eine Berechnung beginnend mit dem Zustand q_1 und der Eingabe m. Anders ausgedrückt, es gibt eine endliche Folge von augenblicklichen Zustandsbeschreibungen:

$$\alpha_1, \alpha_2, \ldots, \alpha_n,$$

mit $\alpha_1 = hq_1mh$, α_n terminal und $\alpha_i \rightarrow \alpha_{i+1}$, $1 \leq i < n$.

Es gilt dann: $\underset{(ST_1)}{\vdash} \alpha_n$, und die Situation, die in α_n auftritt, tritt in keinem anderen Quadrupel von Z auf. Aber dann läßt sich die Produktion (e) $P\, q_i\, S_j\, Q \rightarrow P\, q_i\, Q$ anwenden, gefolgt von den "Lösch"produktionen (f) und (g), bis man hrh erhält.

2) *Von rechts nach links*

Beim Studieren der Produktionen (d), (e), (f), (g) fällt auf, daß jeder zu hrh führende Beweis notwendigerweise ein Theorem hP_0qQ_0h enthalten muß und daß es in $(ST)_1$ einen Beweis $M_1, M_2, \ldots, M_n$ von hP_0qQ_0h gibt. Daher gilt:

$$M_1 = hq_1\bar{m}h,$$

$$M_n = hP_0qQ_0h$$

$$\text{und} \quad M_i \rightarrow M_{i+1},\ 1 \leq i < n.$$

Es gibt dann eine ganze Zahl s derart, daß $s < n$. Jedes M_i enthält ein q_{α_i} und M_s ist terminale augenblickliche Zustandsbeschreibung von Z; daher $m \in P_Z$.

<u>Bemerkungen über die Struktur des Systems $(ST)_1$.</u> Es ist zu bemerken, daß $(ST)_1$ von m nur durch das Axiom $hq_1\bar{m}h$ abhängig ist, im Gegensatz zu den Produktionen und dem Alphabet des Systems, die nicht von m abhängen. Man beweise zur Übung, daß $(ST)_1$ monogen ist.

Wenn m die Menge der ganzen nicht negativen Zahlen durchläuft, so erhält man eine Familie von Semi-Thue-Systemen des Typs $(ST)_1$. Diese Situation legt nahe, den Prozeß umzukehren und ein System zu konstruieren, das ausgehend vom Axiom hrh als terminale Theoreme die ganzen Zahlen liefert, auf die Z angewendet wird.

6.1.2. Turingmaschinen und Semi-Thue-Systeme

Betrachten wir nun das System $(ST)_2$, das man ausgehend von $(ST)_1$ auf folgende Weise erhält:

1. Das Axiom von $(ST)_2$ sei hrh.

2. Die Produktionen von $(ST)_2$ seien Inverse von Produktionen, die allen Systemen $(ST)_1$ gemeinsam angehören.

Das Studium von $(ST)_1$ zeigt, daß die folgenden Aussagen äquivalent sind: "$hq_1\bar{m}h$ ist eine initiale augenblickliche Zustandsbeschreibung von Z, die zu einem Resultat führt," oder: "$hq_1\bar{m}h$ ist ein Theorem von $(ST)_2$."

Hieraus folgt ein Theorem:

Theorem. *Eine Turingmaschine Z ist anwendbar auf die Eingabe* m *genau dann, wenn* $hq_1\bar{m}h$ *ein Theorem des Semi-Thue-Systems* $(ST)_2$ *ist, das man erhält, indem das zu dem Paar* (Z,m) *assoziierte System* $(ST)_1$ *"invertiert".*

Es ist darüber hinaus möglich, $(ST)_2$ durch Semi-Thue-Produktionen, die h und q_1 auslöschen, zu vervollständigen. Das auf diese Weise erhaltene System $(ST)_3$ erlaubt es uns dann, zu schreiben:

$$m \in P_Z \Longleftrightarrow \underset{(ST)_3}{\vdash} m$$

6.1.3. Turingmaschinen und Thue-Systeme

Im vorausgegangenen Abschnitt haben wir zu einer Turingmaschine Z ein Semi-Thue-System zugeordnet. Wir werden dieser Maschine Z nun ein Thue-System zuordnen. Betrachten wir dazu das System (T), definiert auf demselben Alphabet wie vorher, wobei gelte:

1. Das Axiom sei hrh.

2. Die Menge der Produktionen bestehe aus der Vereinigungsmenge der Produktionen von $(ST)_1$ und $(ST)_2$.

Hierbei ist T offenbar ein Thue-System, da die Produktionen von $(ST)_2$ die Inversen derjenigen der $(ST)_1$ sind. Wir werden zeigen, daß die Menge der Theoreme von (T) gleich der Menge der Theoreme von $(ST)_2$ ist. Nach Konstruktion ist offensichtlich jedes Theorem von $(ST)_2$ ein Theorem von (T); das System $(ST)_2$ beginnt mit demselben Axiom und benutzt eine Teilmenge der Produktionen von (T). Die Umkehrung wollen wir ausführlicher betrachten.

Wir schreiben $R_1, R_2, \ldots, R_t$ für die Produktionen von $(ST)_2$ und $S_1, S_2, \ldots, S_t$ für ihre Inversen, d.h. die Produktionen der $(ST)_1$. Man wird bemerkt haben, daß die Einführung der S_i es erlaubt, einen Beweis "unnütz" zu verlängern, indem man einen Schritt zurück und dann weiter geht.

Zum Beispiel: M (durch R_1) → N (durch R_2) → P läßt sich verlängern zu: M (durch R_1) → N (durch S_1) → M usw.

Als Beweis ist zu zeigen, daß (T) nicht mehr Theoreme als $(ST)_2$ enthält, sondern nur Beweise, die möglicherweise länger sind. Sei der Beweis eines Wortes M in (T) gegeben. Beginnen wir nun, alle unnötigen, durch Wiederholung erhaltenen Schritte zu streichen.

Der Beweis wird dann zu: hrh = $M_1, M_2, \ldots, M_p$ = M.

Es kann sein, daß der neue Beweis nur noch Produktionen von $(ST)_2$ enthält. In diesem Fall ist das Theorem bewiesen.

Nehmen wir nun an, daß für einen gewissen Index j, $1 \leq j < p$ zum ersten Mal im Übergang von M_j zu M_{j+1} eine Produktion des Typs S auftritt. Kann M_j das Axiom hrh sein? Bezüglich $(ST)_1$ haben wir gesehen, daß dieses System in hrh kulminiert, also kann kein Inverses einer Produktion in $(ST)_2$ zu hrh führen. Hieraus folgt, daß M_j eine Folgerung aus M_{j-1} bezüglich irgendeines R_1 ist, anders ausgedrückt: M_{j-1} ist aus M_j abgeleitet durch die Anwendung einer Produktion des Typs S. Aber dann erlaubt M_j bezüglich der Produktion S die Folgerungen M_{j+1} und M_{j-1}; diese Folgerungen sind verschieden, da jede Wiederholung im Beweis von M gestrichen wurde. Dieses Ergebnis widerspricht der Monogenität von $(ST)_1$. q.e.d.

Theorem. *Die Menge der Theoreme des Thue-Systems* (T) *ist gleich der Menge der Theoreme des Semi-Thue-Systems* $(ST)_2$.

Kurz, wir haben gezeigt, daß die zu $(ST)_2$ hinzugefügten Produktionen, durch die wir (T) erhalten, keine neuen Theoreme produzieren, sondern nur Varianten der Beweise.

6.1.4. Résumé der erhaltenen Ergebnisse

In den letzten Kapiteln haben wir einige äquivalente Theoreme gezeigt. Wir fügen hier das folgende Ergebnis hinzu (der Beweis als Übung), das besagt, daß man jedem Thue-System ein Post'sches System zuordnen kann, das dieselben Theoreme zuläßt. Diese Situation läßt sich durch das folgende Schema zusammenfassen.

Jede von einem dieser Systeme erzeugte Menge kann von irgendeinem anderen dieser Systeme erzeugt werden. Und das dazu äquivalente System kann ausgehend von einem beliebig vorgegebenen konstruiert werden. Aus der bereits bewiesenen Äquivalenz zwischen Turingmaschinen und formalen Systemen folgt:

Theorem. *Jede rekursiv abzählbare Menge kann erzeugt werden durch ein Semi-Thue-System, ein Thue-System, ein Normal-System oder Post'sches System.*

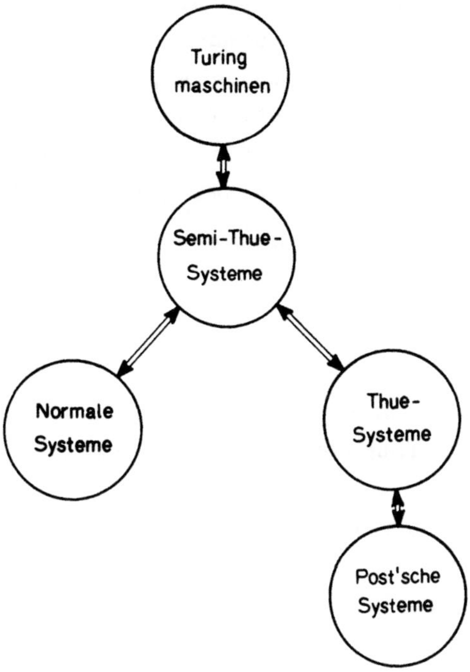

6.1.5. Übungen

1. Zeige, daß das System $(ST)_1$ monogen ist.

2. Zeige, daß in einem Thue-System die Menge der Beweise reduziert werden kann, ohne daß eine Änderung der Menge der Theoreme eintritt, also derart, daß die reduzierten Beweise keine sich wiederholenden Schritte enthalten.

6.2. UNENTSCHEIDBARE PROBLEME

6.2.1. Folgerung aus dem Ergebnis bezüglich des "Halteproblems"

Wir haben das folgende Problem studiert: Gibt es einen allgemeinen Algorithmus (eine Turingmaschine), der immer eine Antwort ja oder nein auf die Frage gibt, ob eine gewisse Turingmaschine bei einer gewissen Eingabe ein Resultat liefert oder nicht? Die Antwort auf dieses allgemeine Problem ist *nein*.

(Bemerkung: In gewissen Fällen ist es möglich, eine positive Antwort für dieselbe Frage auf spezielle Fälle eingeschränkt zu geben.)

Die Konstruktion der einer Maschine Z zugeordneten Systeme $(ST)_2$ und (T) ordnet der Menge der Argumente dieser Maschine die Menge der Theoreme von $(ST)_2$ und (T) zu. Wählen wir für Z nun eine Maschine mit einem unentscheidbaren Halteproblem, so erhalten wir dieser Maschine zugeordnete Semi-Thue- und Thue-Systeme, für die das Entscheidungsproblem rekursiv nicht entscheidbar ist. In diesen Fällen besteht das Entscheidungsproblem darin, ob ein gewisses im Alphabet des Systems geschriebenes Wort ein Theorem ist oder nicht. Indem wir das normale und das Post'sche System, das diesem Semi-Thue- und Thue-System zugeordnet ist, konstruieren, erhalten wir in jeder Kategorie ein Entscheidungsproblem, das unentscheidbar ist.

6.2.2. Wortprobleme

Kehren wir nun zu dem in Kapitel 2 formulierten Wortproblem zurück. Gegeben sei ein durch n Thue-Relationen $P_1 \sim Q_1, \dots , P_n \sim Q_n$ definiertes Quotientenmonoid.

Wir fragten uns, ob es möglich ist, die Äquivalenz oder Nichtäquivalenz zweier beliebig vorgegebener Wörter A und B zu entscheiden. Betrachten wir zunächst das Thue-System, das A als Axiom enthält und

$$P_1 \longleftrightarrow Q_1, \dots$$
$$P_n \longleftrightarrow Q_n$$

als Produktionen. Das Problem, ob A äquivalent ist zu B, ist zu dem Problem "Ist B ein Theorem des Thue-Systems?" äquivalent.

Betrachten wir nun das unentscheidbare Thue-System, das wir konstruiert haben, und ordnen wir ihm das Monoid zu, das wir erhalten haben, indem wir eine Thue-Relation ausgehend von jedem Paar von Thue-Produktionen gebildet haben. Es ist klar, daß wir ein Monoid erhalten haben, für das das Wortproblem rekursiv unentscheidbar ist.

6.2.3. Das Post'sche Korrespondenzproblem

Das Problem der doppelten Zerlegung. Gegeben seien zwei mit Hilfe des Alphabets $\mathfrak{A}$ geschriebene n-Tupel von Wörtern, die durch ihre Indizes paarweise zugeordnet sind:

$$(G_1,\dots,G_n) \quad \text{und} \quad (H_1,\dots,H_n).$$

Dann kann man fragen, ob es eine endliche Indexfolge

$$i_1, i_2, \dots , i_n$$

gibt, derart, daß man die folgende doppelte Zerlegung erhält:

$$G_{i_1} G_{i_2} \dots G_{i_k} = H_{i_1} H_{i_2} \dots H_{i_k},$$

wobei $i_j \in \{1,2,\dots,n\}$.

Diese spezielle Frage kann man positiv beantworten (indem man etwa ein Beispiel angibt) oder negativ (indem man einen Widerspruch konstruiert, wie er auftritt, wenn jedes G_i länger ist als das zu ihm gepaarte H_i).

Post's Problem. Aber es gibt ein weiteres Problem, das allgemeiner ist als das oben formulierte und von Post gestellt wurde, nämlich:

"Gibt es einen allgemeinen Algorithmus, der bei zwei vorgegebenen beliebigen n-Tupeln von Wörtern entscheiden kann, ob eine Indexfolge, die eine Korrespondenz zwischen diesen beiden Wörtern (doppelte Zerlegung) herstellt, existiert oder nicht?" Die nun folgende Beweisskizze erlaubt dem Leser, die Unentscheidbarkeit des eben formulierten Problems zu beweisen.

Beweisskizze. Gegeben seien zwei n-Tupel von Wörtern über $\mathfrak{A}$:

$$(G_1,\ldots,G_n) \quad \text{und} \quad (H_1,\ldots,H_n).$$

Wir definieren ein normales System (N), das kein leeres Wort enthält:

1. Das Axiom sei ein nichtleeres Wort $A \in \mathfrak{A}^*$.

2. Die Produktionen seien $G_i P \rightarrow PH_i \qquad 1 \leqq i \leqq n$.

Studieren wir die Art, in der (N) seine Theoreme produziert. Das Axiom ist A. Nehmen wir an, daß sich A in der Form $A = G'P'$ schreiben läßt, wobei G' eines der G_i ist. Dann hat man die Möglichkeit zu folgern: $A = G'P' \rightarrow P'H'$, wobei H' das zu G_i gepaarte H_i bezeichne. Nehmen wir an, daß $P'H'$ wiederum sich schreiben läßt als $P'H' = G''P''$, wobei G'' wieder eines der G_i bezeichne, dann gilt wieder $G''P'' \rightarrow P''H''$ usw.

Einem Beweis in (N) entspricht dann das folgende Schema (wobei die Relation der Folgerung durch einen absteigenden Pfeil bezeichnet sei):

Schema I

(0) $\quad A = G'P'$

$\qquad\qquad \downarrow$

(1) $\qquad P'H' = G''P''$

$\qquad\qquad\qquad \downarrow$

(2) $\qquad\qquad P''H'' = G'''P'''$

. . . .

(k-1) $\qquad\qquad\qquad P^{(k-1)}\,H^{(k-1)} = G^{(k)}P^{(k)}$

$\qquad\qquad\qquad\qquad\qquad \downarrow$

(k) $\qquad\qquad\qquad\qquad P^{(k)}H^{(k)} = B.$

Aus diesem Schema folgt sofort:

Schema I'

(0')	$AH' = G'P'H'$	$=$	$G'G''P''$
(1')	$AH'H''$	$=$	$G'G''P''H'' = G'G''G'''P'''$
. . .	. . .	. . .	. . .
(k-2')	$AH'H'' \ldots H^{(k-1)}$	$=$	$G'G'' \ldots G^{(k-1)}\, P^{(k-1)}\, H^{(k-1)}$
		$=$	$G'G'' \ldots G^{(k-1)}\, G^{(k)}\, P^{(k)}$
(k-1')	$AH'H'' \ldots H^{(k-1)}\, H^{(k)}$	$=$	$G'G'' \ldots G^{(k-1)}\, G^{(k)}\, P^{(k)}\, H^{(k)}$
		$=$	$G'G'' \ldots G^{(k-1)}\, G^{(k)}\, B$

Da die H_i und die G_i nicht leer sind, aber die P_i möglicherweise, gelten die folgenden Typen von Ungleichungen:

$$\text{Grad von } AH' \geq \text{Grad von } G'G''$$
$$\text{Grad von } AH'H'' \geq \text{Grad von } G'G''G''' \quad \text{usw.}$$

Das wesentliche Resultat ist offenbar:

Satz. *Wenn* B *ein Theorem von* (N) *ist, dann gibt es eine Indexfolge, die zu der "pseudo-Post"-Gleichheit*

$$AH'H'' \ldots H^{(k)} = G'G'' \ldots G^{(k)}\, B$$

und den Ungleichungen

$$\text{Grad von } AH' \ldots H^{(j)} \geq \text{Grad von } G'G'' \ldots G^{(j)}$$

führt.

Umgekehrt ist es möglich, ausgehend von einer solchen Gleichung und entsprechenden Ungleichungen, die P_i und einen Beweis von B zu rekonstruieren. (Der Beweis sei zur Übung dem Leser überlassen.)

Man stellt also fest, daß das Problem, ob ein gegebenes Wort zu einem normalen System (N) gehört, äquivalent ist zu einem "pseudo"-Post-Problem.

Um ein Post'sches Problem zu erhalten, muß man die begleitenden Ungleichungen und die Wörter A und B eliminieren.

Es ist wirklich möglich (siehe Übungen), ein von (N) abgeleitetes normales System zu konstruieren, in dem das Wortproblem äquivalent dem Post'schen Problem ist, wodurch die Unentscheidbarkeit des letzteren bewiesen ist.

Das Post'sche Problem wiederum werden wir benutzen, um Unentscheidbarkeitstheoreme, die bei gewissen formalen Grammatiken entstehen, zu beweisen.

Eine Interpretation des Post'schen Problems. Seien $\mathfrak{A}$ und $\mathfrak{B}$ zwei (möglicherweise identische) Alphabete. Wir betrachten eine Abbildung des freien Monoids $\mathfrak{A}^*$ in (oder auf) das freie Monoid $\mathfrak{B}^*$, die mit der Verkettung verträglich sei. Eine solche Abbildung ist ein Monoidhomomorphismus, er ist definiert durch die Bilder der Monogramme.

Seien jetzt zwei solche Homomorphismen φ und ψ gegeben, dann kann man fragen, ob ein Wort $M \in \mathfrak{A}^*$ existiert, derart, daß

$$\varphi(M) = \psi(M).$$

Dieses Problem ist bekannt unter dem Namen: Diagonalisationsproblem der zwei Monoidmorphismen, man sieht, daß es zu dem Post'schen Problem äquivalent ist.

6.2.4. Zusammenfassung der unentscheidbaren Probleme

Wir haben ein Objekt mit einem unentscheidbaren Problem (eine Turingmaschine) konstruiert, und wir haben weitere Resultate mit Hilfe äquivalenter Theoreme erhalten. Das folgende Diagramm faßt die aufgetretenen Gedankengänge der Reihe nach zusammen.

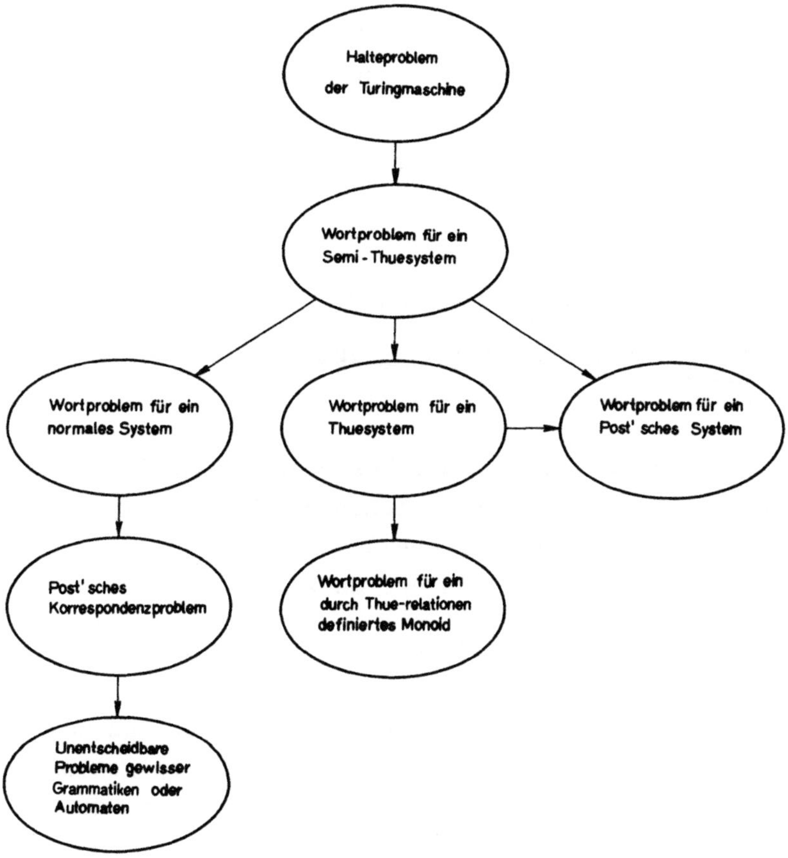

6.2.5. Übungen

1. Gib einige Spezialfälle an, in denen man das Post'sche Korrespondenzproblem lösen kann; sei es, daß man eine Indexfolge angeben kann, die die Frage beantwortet, oder daß man zeigen kann, daß keine solche existiert.

2. Elimination der begleitenden Bedingungen im "Pseudo"-Post-Problem.

A. Wir haben gezeigt, daß man jedem System ein äquivalentes System zuordnen kann, dessen Alphabet nur aus den Zeichen a und b besteht.

Wir werden annehmen, daß bei (N) bereits diese Reduktion vollzogen wurde.

Dem normalen System (N) ordnet man das anti-normale System (AN) zu, dessen Axiom und dessen Produktionen Spiegelbilder des Axioms und der Produktionen von (N) sind.

Im folgenden vervollständigt man (AN) zu einem System (AN1), dessen Alphabet die Marke h enthält und das zu allen Wörtern von (AN) die Marke h rechts hinzufügt.

Endlich konstruiert man ein normales System (NC), das alle Wörter von (AN1) enthält und diejenigen, die man aus diesen durch zyklische Permutationen erhält.

	Alphabet:	$\{a, b, h\}$;
(NC)	Axiom:	$\tilde{A}\ h$;
	Produktionen:	$\{\tilde{G}_i h\ P \rightarrow P\ h\ H_i \mid 1 \leq i \leq n\}$

und $aP \rightarrow Pa,\ bP \rightarrow Pb,\ hP \rightarrow Ph.$

Die Produktionen von (NC) sind von der Form:

$$\{K_i P \rightarrow P\ \bar{K}_i \mid 1 \leq i \leq n + 3\}.$$

Vergleiche für das System (NC) das Wortproblem und das "Pseudo"-Post'sche Problem und zeige, daß die Ungleichungen überflüssig geworden sind. (Sie lassen sich im Falle der Gleichheit verifizieren.)

Benutze die Anzahl der Auftritte der Marke h.

B. Es stellt sich jetzt die Aufgabe, die Wörter A und B zu eliminieren, oder präziser $\tilde{A}h$ und $\tilde{B}h$.

Dazu geht man von einer Pseudo-Post-Gleichheit aus und kodiert die Elemente derart, daß man zu einer von A und B unabhängigen Gleichheit gelangt (Post'sche Gleichheit), von der man zeigen kann, daß sie nur gleichzeitig mit der "Pseudo"-Post'schen Gleichheit verwirklicht ist.

Man führt dann n + 1 Paare $(F_i, \bar{F}_i)$ ein:

Wenn $K_i = x_1x_2\ldots x_p$, $F_i = x_1kx_2k\ldots x_pk$;

wenn $\bar{K}_i = y_1y_2\ldots y_p$, $\bar{F}_i = ky_1ky_2\ldots ky_p$,

wobei x_j, $y_j \in \{a, b, h\}$ und k ein neues Zeichen sei. Der Folge $\tilde{A}h = x_1x_2\ldots x_j$ ordnet man das Paar

$$(F_{n+4}, \bar{F}_{n+4}) = (kkx_1, kkx_2\ldots kkx_j)$$

zu. Der Folge $\tilde{B}h = y_1y_2\ldots y_j$ ordnet man das Paar

$$(F_{n+5}, \bar{F}_{n+5}) = (y_1ky_2k\ldots y_jkk, kk)$$

zu.

Diese Einführungen erlauben es, die Behauptung zu beweisen, indem man jeden Fall analysiert und so eine "reductio ad absurdum", die auf der Anordnung der Vorkommen der k beruht, durchführt.

Zweiter Teil. Einige wichtige Klassen von Sprachen

VII. Die kontext-freien Sprachen (CF-Sprachen)

7.1. GRAMMATIK UND BESCHREIBUNG

7.1.0.

Während der einführenden Kapitel haben wir eine Sprache dargestellt als Teilmenge eines freien, von den Zeichen eines Alphabets (den Wörtern eines Vokabulars) erzeugten Monoids. Eine Grammatik haben wir dargestellt als einen Algorithmus, der es uns erlaubt, die Wörter (die Sätze) einer Sprache abzuzählen. Ebenfalls haben wir das Interesse betont, das wir an einem Algorithmus haben, der bei Eingabe eines Wortes (eines Satzes) die Frage entscheidet, ob es (er) zu der Sprache gehört oder nicht.

Die Präzisierungen, die wir im folgenden bezüglich der Algorithmen vornehmen werden, versetzen uns in die Lage, eine Anzahl allgemeiner Ergebnisse bezüglich der Grammatiken und Sprachen zu formulieren.

7.1.1. Grammatiken und Turingmaschinen

Wir haben eine Grammatik als einen Algorithmus aufgefaßt und haben den Begriff des Algorithmus mit dem der Turingmaschine (oder des kombinatorischen Systems) identifiziert. Bis auf einige Variationen in der Darstellung können wir die allgemeinste Grammatik in den Begriffen der Turingmaschine (oder des kombinatorischen Systems) definieren.

Sagt man, daß die Grammatik G einer über einem Vokabular V definierten Sprache ein *aufzählender Algorithmus* ist, dann heißt dies, daß es eine Turingmaschine Z_G gibt, die der Zahl 1 einen Satz φ_1, der Zahl 2 einen Satz φ_2, ..., jeder natürlichen Zahl n einen Satz φ_n zuordnet. Die Maschine Z_G erzeugt daher die rekursiv aufzählbare Menge

$$\{ \varphi_1, \varphi_2, \ldots, \varphi_n, \ldots \}.$$

Es ist möglich, denselben Algorithmus (oder einen verwandten) in der Form eines *Erkennungstests* darzustellen. Man legt dann der Maschine einen Satz φ vor: Wenn dieser Satz zur Sprache gehört, soll die Maschine nach einer endlichen Anzahl von Operationen anhalten.

Also:

1. Wenn die Maschine anhält, gehört der Satz zur Sprache.

2. Wenn man kein Anhalten der Maschine bemerkt hat, kann man nichts daraus schließen.

Es ist jedoch unmöglich, für die Klasse der rekursiv aufzählbaren Sprachen ohne weiteres einen *Erkennungsalgorithmus*, der ja oder nein antwortet, anzugeben.

Wegen der Allgemeinheit der eben gegebenen Definitionen gelingt es manchen Eigenschaften wirklicher Sprachen - natürlicher oder künstlicher - und ihrer Grammatiken, sich der Beschreibung zu entziehen. Es ist daher ratsam, von spezifischen Betrachtungsweisen auszugehen, die dann bezüglich der mehr oder minder einschränkenden Kriterien, die man einführt, zu Klassen von Grammatiken, die hierarchisch bezüglich der Inklusion geordnet sind, führen. Den verschiedenen Klassen entsprechen Klassen von Automaten, die sehr viel spezieller als Turingmaschinen sind (oder auch Klassen von kombinatorischen Systemen).

Es wäre möglich gewesen, gleich ohne weiteres die verschiedenen Klassen zu definieren. Unter Rücksichtnahme auf die didaktischen Bemühungen, die das vorliegende Werk bestimmen, scheint es besser zu sein, mit dem Studium einer Klasse zu beginnen, die in dieser Hierarchie eine mittlere Position einnimmt, einer Klasse, die man in natürlicher Weise trifft, wenn man sich mit Syntax beschäftigt, und die wir jetzt auf heuristische Weise vorstellen werden.

7.1.2. Eine hinreichend bekannte Struktur

Wir werden als Beispiel deutsche Sätze benutzen. Dabei nehmen wir an, daß wir erkennen können, ob eine Folge deutscher Wörter einen deutschen Satz bildet oder nicht. Wir werden uns bei dieser Analyse der Begriffe, die wir auf der Schulbank gelernt haben, bedienen.

Um mit einer Grammatik arbeiten zu können, benutzt man Namen *syntaktischer Kategorien* wie "Nomen", "Verb", "Nominalphrase" usw. Es versteht sich von selbst, daß das Wort "Nomen" ein Nomen ist, das Wort "Verb" kein Verb ist. Man muß unterscheiden zwischen der Kategorie und dem Wort (oder der Folge von Wörtern), das sie bezeichnet. Auf analoge Weise unterscheidet man in den formalen Grammatiken zwischen dem eigentlichen Vokabular der Sprache - dem Terminalvokabular - und dem Hilfsvokabular, das man zum Formulieren und bei der Anwendung der Regeln benutzt.

Phrasenstrukturen. Eine Phrase (Satz) enthält im allgemeinen ein (oder mehrere) Verb(en) und ein (oder mehrere) Attribut(e).

Dem Satz (1) "Waldi bellt" entspricht das sehr einfache Schema (I) 'Nomen Verb'. Oft ist das Subjekt von verschiedenen Bestimmungswörtern begleitet und ist dann Kern einer Nominalphrase; so entspricht der Satz (2) "Der hungrige Hund bellt" dem Schema (II) 'Nominalphrase Verb'. Durch analoge Erweiterungen erhält man Sätze wie: (3) "Der hungrige Hund bellt klagend nach der Karawane", der sich nach folgendem Schema strukturiert: (III) 'Nominalphrase Verbalphrase Präposition Nominalphrase'.

Wir benutzen jetzt einige Abkürzungen, deren Bedeutungsinhalt für den Leser leicht erkennbar ist, wie S für Satz, NP für Nominalphrase usw. Wir können dann Regeln des Typs

$$S \rightarrow NP\ VP\ Präp\ NP$$

formulieren. Das heißt, ein möglicher Weg, einen Satz zu erhalten, ist der folgende: Man nehme eine Nominalphrase, gefolgt von einer Verbalphrase, gefolgt von einer Präposition, gefolgt von einer Nominalphrase. Auf einer niedrigeren Stufe hat man dann Regeln wie:

$$NP \rightarrow Art\ Adj\ N$$
$$VP \rightarrow V\ Adv$$

Der Baum eines Satzes. Ein bequemer Weg zur Darstellung der syntaktischen Struktur eines Satzes besteht darin, mit Namen syntaktischer Kategorien etikettierte Klammern zu benutzen. Angewandt auf obigen Satz, ergibt dies:

$$\left[_S \left[_{NP} \left[_{Art} \text{Der}\right] \left[_{Adj} \text{hungrige}\right] \left[_N \text{Hund}\right]\right] \left[_{VP} \left[_V \text{bellt}\right] \left[_{Adv} \text{klagend}\right]\right] \left[_{Präp} \text{nach}\right] \left[_{NP} \left[_{Art} \text{der}\right] \left[_N \text{Karawane}\right]\right]\right]$$

Auf äquivalente Weise kann man einen Baum mit etikettierten Knoten benutzen. Der Übergang von dieser Darstellung zu jener läßt sich auf rein mechanische Weise vollziehen.

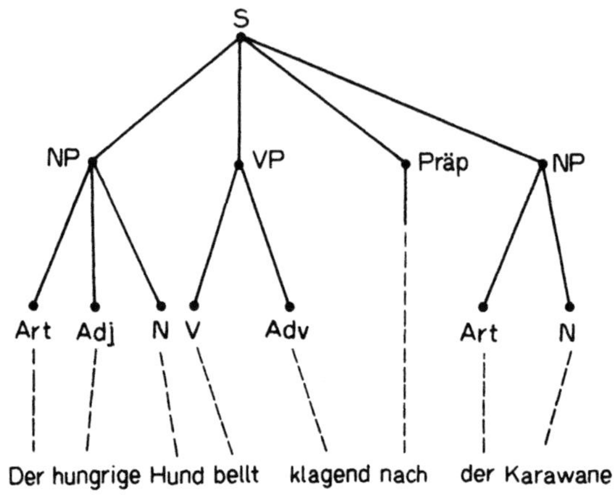

Die Wahl eines Baumes zur Darstellung der Phrasenstruktur ist nicht ganz ohne Willkür getroffen, man hätte gewiß einen allgemeineren Typ eines Graphen benutzen können, zum Beispiel einen mit Zyklen. Aber es gibt empirische Gründe, die diese Wahl diktieren. Bäume sind einfache Graphen, und obwohl sie gewisse Phänomene wie Kreuzklassifikationen nicht darstellen, geben sie in erster Approximation befriedigende Ergebnisse; ihre Einfachheit ist nicht zu teuer erkauft.

Was die Programmiersprachen betrifft, so bleibt die Situation die gleiche: Ein Programm kann als Verkettung von Folgen, die zu verschiedenen syntaktischen Kategorien gehören, aufgefaßt werden.

Rückkehr zu den Grammatiken. Der Baum eines Satzes wird eine große Rolle bei der syntaktischen Beschreibung spielen, und wir werden von den Grammatiken nicht nur fordern, daß sie die Sätze aufzählen, sondern auch, jedem Satz eine oder mehrere Strukturen zuordnen, je nachdem, ob er mehrdeutig ist oder nicht. Es wird daher wichtig sein, Algorithmen zu studieren, die bei Eingabe eines Satzes entscheiden, ob der Satz in der Sprache vorkommt, und die dann den (oder die) entsprechenden Baum (Bäume) angeben. Im nächsten Abschnitt dieses Kapitels werden wir einige a-priori-Definitionen geben, in denen der Leser die eben intuitiv eingeführten Begriffe erkennen wird.

7.1.3. Übungen

1. Formuliere Regeln derart, daß der Satz (3) durch einen binären

Baum dargestellt werden kann.

2. Was passiert, wenn man eine derartige Regel einführt: "NP → Art NP"?

7.2. DEFINITIONEN ENTSCHEIDBARER EIGENSCHAFTEN

Wir werden nun eine außerordentlich wichtige Kategorie von Grammatiken und Sprachen definieren, eine so wichtige Kategorie, daß sie von vielen Forschern, die verschiedene Ausgangspunkte hatten, entdeckt wurde. Da Chomsky gleich im ersten Anlauf eine gründliche Charakterisierung dieser Sprachen gegeben hat, werden sie auch *Chomsky-Sprachen* genannt. Chomsky selbst nannte sie *"Kontext-freie" Sprachen*. Die grammatikalischen Regeln dieser Sprachen lassen sich tatsächlich unabhängig vom Kontext formulieren; daher der Name, den man zunächst ihren Grammatiken gab, später auch den von diesen erzeugten Sprachen.

Wir werden hier die Abkürzung *CF-Grammatik* und *CF-Sprache* für kontextfreie Grammatiken und kontextfreie Sprachen benutzen.

7.2.1. Definitionen

Eine CF-Grammatik wird definiert durch:

1. ein endliches Terminalvokabular V_T;
2. ein endliches Hilfsvokabular V_A;
3. ein Axiom $S \in V_A$;
4. eine endliche Anzahl "Kontext-freier" Regeln der Form:

$$A \to \varphi \quad \text{mit } A \in V_A \text{ und } \quad \varphi \in (V_A \cup V_T)^*.$$

Dasjenige kombinatorische System, das einer CF-Grammatik entspricht, ist daher ein Semi-Thue-System, wenn auch ein sehr spezielles. Dieses System besitzt nicht-terminale und möglicherweise auch terminale Wörter. Man nennt die Menge der terminalen Wörter des der CF-Grammatik zugeordneten Semi-Thue-Systems CF-Sprache; in anderen Worten, es ist die Menge der Sätze, die von der CF-Grammatik über dem terminalen Vokabular erzeugt werden.

<u>Beispiele.</u>

1. Die Grammatik sei definiert durch:

$$V_A = \{S\}; \quad V_T = \{a, b, c\};$$

$$G_m: \left| \begin{array}{l} S \to aSa \\ S \to bSb \\ S \to c \end{array} \right|$$

Eine mögliche Ableitung in dieser Grammatik ist dann:

$$S \to aSa \to aaSaa \to aabSbaa \to aabcbaa,$$

die man kürzer schreibt:

$$S \Longrightarrow aabcbaa.$$

Allgemeiner bedeutet die Bezeichnung $\varphi \Longrightarrow \psi$: Es gibt eine Ableitung beginnend mit φ und endend mit ψ. Es ist unmittelbar einzusehen, daß die allgemeine Form der von der Grammatik G_m erzeugten Sätze dem Schema x c $\tilde{x}$ entspricht, wobei x irgendeine aus a und b bestehende Folge ist und $\tilde{x}$ das Spiegelbild derselben. Wir fassen diesen Sachverhalt durch folgende Schreibweise zusammen:

$$L_m = L(G_m) = \{xc\tilde{x} \mid x \in \{a,b\}^*\}.$$

2. Gegeben sei die Grammatik

$$V_A = \{S, A\}; \quad V_T = \{a, b\};$$

$$G_0 = \left| \begin{array}{l} S \to aA \\ A \to Ab \end{array} \right|$$

Es ist klar, daß sich hier die Ableitungen unendlich oft fortsetzen lassen, ohne einen terminalen Satz zu erreichen; G_0 erzeugt die leere Sprache.

Klassifikation der Regeln. Eine CF-Grammatik erzeugt also nicht-terminale Sätze und eine (möglicherweise leere) Menge terminaler Sätze, die die Sprache L(G) bilden. Einen nicht-terminalen Satz, der geeignet ist, durch Anwendung einer einzigen Regel zu einem terminalen Satz zu werden, wollen wir *Penultima* nennen (letzter Schritt in der Ableitung). Eine Penultima enthält genau ein nicht-terminales Zeichen. Eine notwendige Bedingung für eine Sprache, nicht leer zu sein, ist, daß es eine oder mehrere Regeln der Form

$$A \to \tau; \quad A \in V_A; \quad \tau \in V_T^*$$

gibt. Diese Regeln werden *terminale Regeln* genannt. Alle weiteren Regeln heißen *nicht-terminal*.

Beispiel. Die Grammatik G_m enthält zwei nicht-terminale Regeln $S \to aSa$ und $S \to bSb$; sie enthält eine einzige terminale Regel $S \to c$.

Die Grammatik G_0 enthält keine terminale Regel.

7.2.2. Verbindungen zwischen Grammatiken und Sprachen

Jeder CF-Grammatik entspricht eine eventuell leere CF-Sprache. Es ist wichtig, zu bemerken, daß diese Abbildung nicht injektiv ist; mehrere Grammatiken können die gleiche Sprache erzeugen.

Beispiel. Ein Beispiel ist durch diese Grammatik gegeben:

$$V_A = \{S,A\}; \qquad V_T = \{a,b,c\};$$

(1)	$S \to aSa$
(2)	$S \to bSb$
(3)	$S \to c$
(4)	$S \to abSba$
(5)	$S \to cA$
(6)	$S \to aA$

Diese Grammatik erzeugt L_m, wie es auch G_m tut, unterscheidet sich jedoch von G_m durch

1. Hinzufügen der Regel (4), die gewisse Sätze von L_m schneller erzeugt, und

2. durch Hinzufügen der Regeln (5) und (6), die unproduktiv bezüglich der terminalen Sätze sind.

Wir werden später bedeutendere Beispiele antreffen. Bei einer gegebenen Grammatik stellen sich zunächst zwei Aufgaben, die die Grammatik nicht wesentlich ändern:

1. Säubern der Grammatik, indem man diejenigen Zeichen und Regeln wegläßt, die nichts auf der terminalen Stufe produzieren.

2. Reorganisieren der Regeln unter Beibehaltung der erzeugten Sprache.

Zusammenhängende Grammatik. Um eine Grammatik zu studieren, konstruieren wir uns einen Graphen, dessen Knoten Zeichen des Hilfsvokabulars

$$S = A_1, A_2, \ldots, A_p$$

sind, und Wörtern,

$$a_1, a_2, \ldots, a_q,$$

die in den terminalen Regeln auftreten.

Wir zeichnen einen orientierten Bogen von A_i nach A_j (beziehungsweise a_k), wenn es eine Produktion des Typs

$$A_i \rightarrow \varphi A_j \psi \quad (\text{bzw. } A_i \rightarrow a_k)$$

gibt. Wenn der Graph nicht zusammenhängend ist, dann produzieren diejenigen Teilmengen, die das Axiom nicht enthalten, nichts; d.h. man kann aus der Grammatik die entsprechenden Regeln und Zeichen entfernen.

Später werden wir einen anderen Standpunkt einnehmen, jedoch können wir unter allen Umständen immer annehmen, daß die Grammatik zusammenhängend ist (d.h. der dazugehörende Graph zusammenhängend ist).

Über das leere Wort. Es gibt keine prinzipiellen Gründe, die uns vorschreiben, terminale Regeln der Form $A \rightarrow E$ auszuschließen (E ist dabei das leere Wort). Man stellt jedoch fest, daß es aus technischen Gründen bequemer ist, diese Art von Regeln zu entfernen. Man zeigt (siehe Übungen zu diesen Fragen), daß man einer vorgegebenen CF-Grammatik, die eine das leere Wort enthaltende Sprache L erzeugt, eine benachbarte CF-Grammatik zuordnen kann, die $L - \{E\}$ erzeugt. Im folgenden wollen wir nun immer annehmen, daß wir diese Reduktion durchgeführt haben.

Kontraktion und Regeln. Wenn eine Grammatik eine Ableitung des Typs $A \Longrightarrow \varphi$ zuläßt, wobei A ein nicht-terminales Zeichen ist und φ irgendeine Folge von Zeichen, dann ändert sich offenbar die produzierte Sprache nicht, wenn man zu der Grammatik die Regel

$$A \rightarrow \varphi$$

hinzufügt. Wir nennen diese Regel eine durch Kontraktion einer Ableitung erhaltene.

7.2.3. Nicht-leere Sprachen, endliche Sprachen, unendliche Sprachen

Nicht-leere Sprachen. Eine notwendige und hinreichende Bedingung dafür, daß eine Grammatik eine nicht-leere Sprache erzeugt, ist, daß es eine Ableitung des Typs $S \Longrightarrow \tau$ gibt, wobei τ ein terminaler Satz ist. Diese Frage ist entscheidbar, wie in den Übungen zu diesem Problem gezeigt wird.

Unendliche Sprachen. Da das terminale Vokabular endlich ist, ist eine notwendige Bedingung dafür, daß die Sprache L(G) unendlich ist, daß die Länge der terminalen Sätze nicht beschränkt sei. Also, daß auch die Länge der Penultima und auch die Länge der nicht-terminalen Sätze nicht beschränkt sei.

Diese letzte Bedingung ist sicher nicht hinreichend, da man nicht-beschränkte nicht-terminale Sätze finden kann, welche trotzdem nur die leere Sprache erzeugen.

Dies führt uns dazu, das Problem der unendlichen Sprachen auf folgende Weise zu formulieren:

a) Man suche eine notwendige und hinreichende Bedingung dafür, daß eine Sprache unendlich sei.

b) Man suche eine zusätzliche Bedingung dafür, daß eine nicht-terminale Sprache unendlich sei.

Zu dem Punkt a) betrachte man den Graphen, den wir im Abschnitt über zusammenhängende Grammatiken definiert haben. Dieser Graph kann nun einen Zyklus oder eine Schleife, ausgehend von A und endend bei A, enthalten. In diesem Fall existiert eine Ableitung des Typs:

$$A \Longrightarrow \varphi A \psi.$$

Der triviale Fall $A \Longrightarrow A$, der einer einfachen Wiederholung von A entspricht, wird vermieden durch die Annahme

$$|\varphi|+|\psi| \neq 0.$$

Da die Grammatik als zusammenhängend vorausgesetzt wurde, gibt es eine Ableitung derart, daß

$$S \Longrightarrow \alpha A \beta.$$

Die nicht-terminale Sprache enthält unendlich viele Sätze des Typs $\alpha \varphi^n A \psi^n \beta$, sie ist also unendlich.

Nehmen wir umgekehrt an, daß der Graph keinen Zyklus oder keine Schleife enthält, dann können die Regeln: $A_1 \to \varphi_1$ keine A_1 mehr auf den rechten Seiten enthalten. Wenn eine dieser Regeln A_2 enthält, dann kann keine Regel $A_2 \to \varphi_2$ auf der rechten Seite A_1 oder A_2 usw. ... enthalten. Nach endlich vielen Schritten verschwinden die nicht-terminalen Sätze; d.h. die Sprache kann nicht unendlich sein.

Eine hinreichende und notwendige Bedingung für die Unendlichkeit einer nicht-terminalen Sprache ist die Existenz eines nicht-terminalen Elementes A *und einer Ableitung:*

$$A \Longrightarrow \varphi A \psi, \quad |\varphi|+|\psi| \neq 0.$$

Wenn darüber hinaus $|\varphi|\cdot|\psi| \neq 0$ gilt, dann heißt A *selbsteinbettend.*

Man zeigt leicht, daß die Existenz eines solchen nicht-terminalen Elements eine entscheidbare Frage ist. Zu Punkt b) kann man (siehe Übungen) ein entscheidbares Kriterium finden.

Da durch die drei auftretenden Fälle: leere Sprache, endliche Sprache, unendliche Sprache alle Möglichkeiten erschöpft sind und diese Fälle sich gegenseitig ausschließen, ist die Frage der Endlichkeit auch entscheidbar.

Theorem. *Die Fragen, ob eine CF-Grammatik eine leere, eine endliche oder eine unendliche Sprache erzeugt, sind entscheidbar.*

7.2.4. Rekursivität

Da die CF-Grammatiken von einer besonderen Form sind, kann man von ihnen erwarten, daß sie besondere Sprachen erzeugen. Wir haben dafür gesorgt, daß Regeln der Form $A \rightarrow E$ eliminiert wurden; unter diesen Umständen kann die Länge einer Folge bei jedem Schritt nur größer (oder in Ausnahmen gleich) werden (bleiben). Um zu entscheiden, ob eine so gegebene Folge von nicht-terminalen Wörtern zu einer CF-Sprache gehört oder nicht, genügt es, alle Ableitungen auszuführen, die Sätze erzeugen, deren Längen kleiner oder gleich der Länge des in Frage stehenden Satzes sind. Dieses Vorgehen führt bei jedem Satz zu einem Erfolg, es gibt eine Antwort ja oder nein. Kurzum: *Die CF-Sprachen sind rekursiv.*

7.2.5. Beispiel einer Sprache, die keine CF-Sprache ist

Wir werden uns im folgenden der Tatsache bedienen, daß die Sprache

$$L = \{a^n b^n c^n\}$$

keine CF-Sprache ist. Beweisen wir nun diese Behauptung: Da L eine unendliche Sprache ist, muß sie eine Ableitung des Typs $A \Longrightarrow \varphi A \psi$, $|\varphi| + |\psi| \neq 0$ enthalten. Diese enthält nicht-terminale Sätze des Typs $\alpha \varphi^n A \psi^n \beta$ für alle n. Übrigens müssen φ, A und ψ zu terminalen Elementen führen und durch Kontraktion der Ableitungen kann man dann Regeln des Typs $A \rightarrow \tau$ hinzufügen. Man zeigt nun leicht, daß man, welche Regeln man auch immer wählt, zu den Sätzen der Form $a^n b^n c^n$ weitere Sätze findet, deren Exponenten nicht alle gleich sind.

Bemerkung. Offenbar ist die Sprache $L = \{a^n b^n c^n\}$ rekursiv. Folglich gilt: *Die Klasse der CF-Sprachen ist echt in der Klasse der rekursiven Sprachen enthalten.*

7.2.6. Übungen

1. Bestimme eine CF-Grammatik, die die Sprache: $L_1 = \{a^n b^n c^p\}$ erzeugt, und eine CF-Grammatik, die die Sprache $L_2 = \{a^m b^q c^q\}$ erzeugt.

2. Dieselbe Aufgabe für die Sprache $\{x\ \tilde{x}\}$ über $\{a, b\}$, die keine zentrale Marke hat.

3. Zeige, daß $\{a^p b^q c^r | p \leqq q \leqq r\}$ keine CF-Sprache ist.

4. Man betrachte ein Vokabular $V = (V_A \cup V_T)$ und Produktionen des Typs $A \to \varphi$, $A \in V_A$.

Man wähle als Axiom nach und nach jedes Element von V_A. Ist es möglich, daß die erzeugten Sprachen verschieden sind? Konstruiere einfache Beispiele. Hier ist zum Beispiel eines:

$A \to AC$	$B \to Bb$
$B \to BC$	$B \to b$
$A \to Aa$	$C \to AA$
$A \to a$	

5. Elimination des leeren Wortes

Sei G eine CF-Grammatik und sei V_0 die Menge der $A \in V_A$ derart, daß $A \to E$. Konstruiere die Menge V_1, die V_0 und diejenigen $A \in V_A$ enthält, für die gilt $A \to \varphi \in V_0^*$, und fahre auf diese Weise fort. Studiere diese Folge von Mengen, gib eine notwendige und hinreichende Bedingung für $E \in L\ (G)$ an. Beginnend mit G, konstruiere eine Grammatik G' derart, daß $L(G') = L(G) - \{E\}$. Man beachte, daß man nicht einfach die Regeln $A \to E$ auslassen kann.

Wenn man in der Grammatik

$$G: \left| \begin{array}{l} S \to aAa \\ A \to E \\ A \to bA \\ A \to c \end{array} \right|$$

auf $A \to E$ verzichtet, dann erhält man weder die isolierten Sätze aa noch die Sätze ab^na. Es ist aber nötig, die Erzeugung solcher Sätze zuzulassen.

6. Elimination nicht produktiver Regeln - die leere Sprache

Sei G eine CF-Grammatik. Man hat aus ihr die Regeln $A \to E$ entfernt. Man bezeichne durch W_0 die Menge der A derart, daß $A \in V_A$ und $A \to \tau$ gelte, wobei τ ein terminaler Satz sei.

Man bilde W_1, die Vereinigung aus W_0 und den $A \in V_A$ derart, daß $A \to \varphi \in W_0{}^* - \{E\}$.

Man fahre auf diese Weise fort und studiere die Folge der W_1. Gib eine notwendige und hinreichende Bedingung dafür an, daß L(G) leer ist. Gib ein Verfahren zur Entfernung der unproduktiven Regeln an.

Für die Grammatik

$$G: \left| \begin{array}{lcl} S & \to & Bab \\ B & \to & Bb \\ B & \to & b \\ A & \to & ASA \\ A & \to & a \end{array} \right|$$

erhält man:

$$W_0 = \{a, b\}$$
$$W_1 = \{a, b, A, B\}$$
$$W_2 = \{a, b, A, B, S\}.$$

A bleibt unproduktiv, da es nicht von S aus erreicht werden kann.

Die Situation wäre nicht mehr die gleiche, wenn man eine Regel $S \to \varphi A \psi$ hinzufügte.

7.3. ABSCHLUSSEIGENSCHAFTEN

7.3.0.

Eine Menge heißt *abgeschlossen* bezüglich einer Operation, wenn die Anwendung dieser Operation auf jedes Element, wenn sie einstellig ist, auf jedes Paar, wenn sie zweistellig ist usw., nicht aus der Menge herausführt. Wir werden das Verhalten der CF-Sprachen bezüglich einiger einfacher Operationen studieren.

7.3.1. Vereinigung zweier CF-Sprachen

Gegeben seien zwei CF-Sprachen: L_1 gegeben durch eine Grammatik G_1 mit dem Axiom S_1, L_2 gegeben durch G_2 mit dem Axiom S_2. Indem man, wenn nötig, die Namen der Zeichen der Hilfsalphabete ändert, erhält man

$$V_{A_1} \cap V_{A_2} = \emptyset.$$

Betrachten wir dann die Grammatik mit einem Axiom $S \notin V_{A_1} \cup V_{A_2}$, die die Regeln von G_1 und G_2 besitzt und durch die Regeln $S \to S_1$ und $S \to S_2$ vervollständigt wurde. Es ist dann klar, daß man eine CF-Grammatik gebildet hat und daß *die Vereinigung zweier CF-Sprachen eine CF-Sprache ist.*

7.3.2. Produkt zweier CF-Sprachen

Unter Benutzung derselben Bezeichnungen betrachten wir das Produkt L_1L_2. Um es zu definieren, bilden wir, nachdem wir wie oben die beiden Grammatiken getrennt und als Axiom ein neues Zeichen S gewählt haben, die Vereinigung der Regeln und vervollständigen sie durch $S \to S_1S_2$. Es ist klar, daß man dadurch eine CF-Grammatik bildet und daß gilt: *Das Produkt zweier CF-Sprachen ist eine CF-Sprache.*

7.3.3. Sternoperation

Das eben definierte Produkt ist assoziativ und erlaubt es, ausgehend von einer CF-Sprache L die Sprachen L^2, L^3 zu definieren.

Betrachten wir nun die Sprache

$$L^* - \{E\} = L \cup L^2 \cup L^3 \ldots$$

Sei S das Axiom der CF-Grammatik G, die L definiert. Wir werden G vervollständigen, indem wir ein neues Axiom T hinzufügen (das S in dieser Funktion ersetzt) und die Regeln: $T \to S\ T$, $T \to S$ angeben.

Es ist offensichtlich, daß diese beiden letzten Regeln die Folgen $S, S^2, \ldots, S^n, \ldots$ erzeugen, die selbst an der Spitze von Ableitungen stehen, die zu $L, L^2, \ldots, L^n, \ldots$ führen.

Also: *Die Sternoperation auf eine CF-Sprache angewendet, definiert eine CF-Sprache.*

7.3.4. Der Durchschnitt zweier CF-Sprachen

1. Gegeben seien die CF-Sprachen $L_0 = \{a^n c\ a^n\}$, $L_m = \{x\ c\ \tilde{x} \mid x \in \{a,b\}^*\}$, die im Abschnitt 8.1.1. studiert werden. Offenbar gilt dann $L_0 \cap L_m = L_0$.

2. Gegeben seien zwei CF-Sprachen $L_1 = \{a^n b^n c^p\}$, $L_2 = \{a^m b^q c^q\}$. Dann gilt $L_1 \cap L_2 = \{a^n b^n c^n\}$, und wir haben gesehen, daß diese Sprache keine CF-Sprache ist.

Aus diesen beiden Beispielen ergibt sich: *Der Durchschnitt zweier CF-Sprachen kann eine CF-Sprache sein, ist aber nicht notwendigerweise eine CF-Sprache.*

7.3.5. Komplementbildung

Die Sprache V_T^* ist eine CF-Sprache, da man sie durch eine Grammatik erzeugen kann, die alle Regeln des Typs $S \to aS$, $S \to Sa$, $S \to a$ enthält.

Unter dem Komplement $\bar{L}$ einer Sprache L verstehen wir das Komplement bezüglich V_T^*. Man weiß auch, daß gilt: $\overline{L_1 \cap L_2} = \bar{L}_1 \cup \bar{L}_2$.

Wenn eine CF-Sprache eine CF-Sprache bei der Komplementbildung bliebe, dann würde diese Eigenschaft auch für den Durchschnitt gelten.

Daher: *Das Komplement einer CF-Sprache ist nicht notwendigerweise eine CF-Sprache.*

7.3.6. Spiegelbildoperation

Der CF-Sprache L mit der Grammatik G: $\{A \to \varphi\}$ kann man die Sprachen $\tilde{L}$ zuordnen, deren Grammatik $\tilde{G}$: $\{A \to \tilde{\varphi}\}$ ist.

Offenbar gilt: *Die Spiegelbildoperation, angewendet auf eine CF-Sprache, ergibt wieder eine CF-Sprache.*

7.3.7. Komposition

Sei L eine über dem Vokabular $V_A \cup V_T$ durch eine Grammatik G definierte CF-Sprache, wobei $V_T = \{a_i | 1 \leq i \leq n\}$ sei. Außerdem seien n CF-Sprachen $L_1, \ldots, L_i, \ldots, L_n$ (so viele Sprachen, wie es terminale Wörter in V_T gibt) gegeben. Wir richten die Hilfsvokabulare derart ein, daß der Durchschnitt von je zwei immer leer ist, und wir bezeichnen mit a_i das Axiom der Grammatik G_i, die L_i erzeugt.

Die Vereinigung der Grammatiken G, $G_1, \ldots, G_n$ ist eine CF-Grammatik, die eine CF-Sprache, die man von L ausgehend durch Komposition erhält, erzeugt.

Die Operation der Komposition ergibt, ausgehend von einer CF-Sprache und ausgeführt mittels einer passenden Anzahl von CF-Sprachen, eine neue CF-Sprache.

Folglich ist die Menge der CF-Sprachen abgeschlossen bezüglich der Operationen: Vereinigung, Produkt, Stern, Spiegelbild und Komposition.

7.3.8. Übungen

Eine CF-Sprache sei durch eine CF-Grammatik gegeben.

Man betrachte alle Sprachen, die man erhält, indem man als Axiom nach und nach jedes der nicht-terminalen Elemente von G nimmt. Man bilde die Vereinigung dieser Sprachen. Was erhält man dann? Was läßt sich daraus folgern bezüglich der Rolle des Axioms in einer Grammatik?

7.4. KLASSEN VON CF-SPRACHEN

Durch weitere Spezialisierung der obligatorischen Regeln des Typs $A \to \varphi$ definiert man verschiedene Klassen von CF-Sprachen. Diese Klassen von Sprachen, die aus verschiedenen Gründen eingeführt werden, besitzen nicht notwendigerweise die Abschlußeigenschaften der allgemeinen Klasse. Einige ihrer Eigenschaften kann man wegen der algebraischen Charakterisierung der CF-Sprachen (eine Theorie, die wir später studieren) direkt erkennen. Da sich die Menge der CF-Grammatiken nicht injektiv in die Menge der CF-Sprachen abbilden läßt, muß man mit Vorsicht die Klassifikation der Sprachen durchführen.

Wir werden beginnen, indem wir eine Grammatik der Klasse (α) dadurch definieren, daß wir die Eigenschaften, die ihre Regeln besitzen müssen, präzisieren. Wir nennen eine Sprache L vom Typ (α), wenn wenigstens eine Grammatik der Klasse (α) existiert, die diese Sprache erzeugt. Um jedoch zu zeigen, daß eine Sprache nicht vom Typ (α) ist, muß man zeigen, daß jede Grammatik, die sie erzeugt, notwendigerweise nicht aus der Klasse (α) ist.

7.4.1. Die Sprachen von Kleene

Wir werden im nächsten Kapitel im Detail die Grammatiken studieren, deren nicht-terminale Regeln alle von der Form $A \to xB$; $A, B \in V_A$, $x \in V_T^*$ sind. Diese Grammatiken nennt man "finite-state"-Grammatiken in der englischen Literatur (der Begriff regulär wird auch manchmal verwendet). Nach Kleene, der sie untersuchte, werden wir sie *Grammatiken von Kleene* nennen und benutzen zur Abkürzung *K-Grammatik*.

Eine K-Sprache ist eine Sprache, die von einer K-Grammatik erzeugt werden kann.

7.4.2. Die linearen Sprachen

Die nicht-terminalen Regeln einer *linearen Grammatik* haben die Form

$$A \rightarrow xBy; \quad A, B \in V_A; \quad x,y, \in V_T^*.$$

Eine Sprache ist *linear*, wenn sie durch eine lineare Grammatik erzeugt werden kann. Die K-Sprachen bilden eine Unterklasse der linearen Sprachen. Eine weitere Unterklasse ist die der *minimalen linearen Sprachen*, für die sich V_A reduziert zu $\{S\}$ und die Menge der terminalen Regeln zu $S \rightarrow c$, wobei das Zeichen c in keiner anderen Regel auftritt. Die Sprache L_m in 7.2.1. gehört zu dieser letzten Klasse.

7.4.3. Die meta-linearen Sprachen

Man nennt eine Grammatik *meta-linear*, um auszudrücken, daß jedes φ derart, daß $S \Longrightarrow \varphi$ gilt, notwendigerweise bezüglich V_A einen beschränkten Grad besitzt. Eine Sprache heißt meta-linear, wenn es eine meta-lineare Grammatik gibt, die sie erzeugt.

Beispiel. Gegeben sei eine Sprache durch

$$V_A = \{S,T\}, \quad V_T = \{a,b,c\}$$

und die Grammatik

$$G_{2m}: \left| \begin{array}{lll} S & \rightarrow & TT \\ T & \rightarrow & aTa \\ T & \rightarrow & bTb \\ T & \rightarrow & c \end{array} \right|$$

Diese Sprache ist meta-linear, sie erzeugt die doppelte Spiegelbildsprache $L_{2m} = \{xc\tilde{x}yc\tilde{y}\}$.

Gegenbeispiel. Die Grammatik

$$\left| \begin{array}{lll} S & \rightarrow & aSS \\ S & \rightarrow & b \end{array} \right|$$

ist nicht meta-linear. Die Sprache, die sie erzeugt, entspricht dem Typ von Formeln, wie sie in der polnischen Notation bei binären Operationen auftritt. Man kann zeigen, daß sie von keiner meta-linearen Grammatik erzeugt wird; sie ist also nicht meta-linear.

7.4.4. Sequentielle Grammatiken

Eine Grammatik heißt *sequentiell*, wenn ihre Regeln so beschaffen sind, daß ein nicht-terminales Zeichen A ein für allemal verschwindet, nachdem alle Regeln, in denen es vorkommt, angewendet wurden; auf gleiche Weise verschwindet dann das Zeichen B usw.

Eine *sequentielle Sprache* ist eine Sprache, die von einer sequentiellen Grammatik erzeugt werden kann.

Beispiel. Die Sprache $L_m = \{xc\tilde{x}\}$ ist trivialerweise sequentiell, denn nachdem man einmal $S \to c$ angewendet hat, tritt c nicht mehr auf.

Desgleichen ist L_{2m} sequentiell, denn S verschwindet nach Anwendung von $S \to TT$ und T nach Anwendung von $T \to c$.

Dagegen ist die Grammatik

$$\left| \begin{array}{lcl} S & \to & adTda \\ S & \to & aSa \\ S & \to & aca \\ T & \to & bdSdb \\ T & \to & bTb \end{array} \right|$$

nicht sequentiell, und man kann zeigen, daß sie eine nicht sequentielle Sprache erzeugt.

7.4.5. Weitere Klassen

Um die syntaktische Struktur von Sätzen und Phrasen natürlicher Sprachen zu beschreiben, haben einige Autoren besondere Klassen von Grammatiken definiert.

1. Die normalen Grammatiken, deren nicht-terminale Regeln von der Form $A \to BC$ sind und die zu binären Bäumen führen. In der Linguistik entsprechen sie denen der unmittelbaren Konstituentenanalyse (engl. I C), die die dichotomische Analyse fordert.

In diesen Grammatiken sind die terminalen Regeln von der Form $A \to a$ und entsprechen einem *Lexikon*.

2. Die prädiktiven Grammatiken, deren Regeln alle von der Form

$$A \to \varphi = a\,\psi; \quad a \in V_T; \quad \psi \in V_A^*$$

sind.

3. Die Dependenz-Grammatiken, deren Regeln alle von der Form

$$A \to \varphi = \psi\, a\, \omega; \quad a \in V_T; \quad \varphi,\ \omega \in V_A^*$$

sind.

7.4.6. Übung

1. Zeige, daß $\{a^m b^m a^n b^n\}$ keine lineare Sprache ist.

2. Welche Abschlußeigenschaften lassen sich auf lineare Sprachen anwenden?

3. Was kann man über das Produkt einer linearen Sprache mit einer K-Sprache sagen?

4. Welche Abschlußeigenschaften lassen sich auf meta-lineare Sprachen anwenden?

5. Gib Beispiele des Durchschnittes von CF-Sprachen, die zu jeder der definierten Klassen gehören.

7.5. ÜBUNGEN

1. Zeige, daß die Grammatik aus 7.4.4. eine nicht-sequentielle Sprache erzeugt.

2. Zeige zunächst, daß die Sprache $x\ c\ \tilde{x}\ c\ y\ c\ \tilde{y}$ nicht linear ist. Zeige dann, daß $\tilde{x}\ x\ y\ \tilde{y}$ auch nicht linear ist. Vergleiche die benutzten Methoden und erkläre, warum die im ersten Teil benutzte relativ einfache Methode nicht auch im zweiten Teil Anwendung finden kann.

3. Gib ein Beispiel einer CF-Sprache, die keine K-Sprache ist und die von einer Mischung aus rechts- und links-linearen Regeln erzeugt wird.

VIII. Unentscheidbare Eigenschaften der CF-Grammatiken

8.0.

Wir erinnern uns, daß eine Eigenschaft dann entscheidbar ist, wenn ein allgemeiner Algorithmus existiert, der uns in allen speziellen Fällen bestätigt, ob sie entweder wahr oder falsch ist. Eine Eigenschaft ist dann unentscheidbar, wenn kein solcher Algorithmus existiert. Um die Unentscheidbarkeit einer Klasse von Problemen zu zeigen, genügt es, diese Unentscheidbarkeit für eine eingeschränktere Klasse als die in Frage stehende zu zeigen. Im vorangegangenen Kapitel haben wir einige entscheidbare Eigenschaften der CF-Grammatiken studiert: die Eigenschaft, leer, endlich oder unendlich zu sein, und die Eigenschaft eines Satzes, zu einer Sprache zu gehören oder nicht. Wir werden nun einige unentscheidbare Eigenschaften studieren.

8.1. PROBLEME BEZÜGLICH DES DURCHSCHNITTS

Wir haben gesehen, daß der Durchschnitt zweier CF-Sprachen eine CF-Sprache sein kann, aber dies nicht notwendig sein muß.

Wenn er eine CF-Sprache ist, so gehört er zu irgendeiner der Unterklassen, die wir definiert haben.

8.1.1. Leerer oder nicht-leerer Durchschnitt

Stellen wir uns zunächst das folgende Problem:

(1) Ist es möglich, einen allgemeinen Algorithmus anzugeben, der bei zwei vorgegebenen CF-Sprachen zu entscheiden erlaubt, ob ihr Durchschnitt leer ist oder nicht?

Wir werden zeigen, daß dieses Problem unentscheidbar ist. Wir werden diese Unentscheidbarkeit bereits für einen speziellen Fall zeigen. Betrachten wir nun zwei spezielle CF-Sprachen, die auf dem Alphabet {a,b,c} definiert sind. Die erste ist die Spiegelbildsprache L'_m.

$$G'_m: \left| \begin{array}{lll} S & \to & aSa \\ S & \to & bSb \\ S & \to & aca \\ S & \to & bcb \end{array} \right|$$

Diese Sprache fällt mit der Sprache L_m zusammen bis auf die Ausnahme, daß sie nicht den Satz 'c' enthält. Die zweite ist die Sprache L_n, definiert durch

$$G_n: \left| \begin{array}{lll} S & \to & g_i S h_i;\ 1 \leq i \leq n \\ S & \to & c \end{array} \right|$$

wobei g_i und h_i nicht-leere, über dem Unteralphabet {a,b} definierte Wörter sind. Die Sprache L_n enthält das Wort 'c', während L'_m das Wort 'c' nicht enthält. Auf diese Weise ist es unmöglich, nur irgend etwas Triviales über den Durchschnitt auszusagen.

Die Frage, ob der Durchschnitt von L'_m mit L_n leer ist oder nicht, führt zu der Frage, ob es in L_n einen Spiegelbildsatz McM gibt oder nicht. In anderen Worten ist das die Frage nach der Existenz einer Indexfolge

$$i_1,\ i_2,\ldots,i_k$$

derart, daß

$$g_{i_1},\ g_{i_2},\ldots,g_{i_k}$$

das Spiegelbild von

$$h_{i_k},\ldots,h_{i_2},\ h_{i_1}$$

ist. Dies ist aber gleichbedeutend mit der Frage, ob es eine solche Indexfolge gibt, daß

$$g_{i_1}\ g_{i_2}\ \ldots\ g_{i_k} \quad \text{und} \quad \tilde{h}_{i_1}\ \tilde{h}_{j_2}\ \ldots\ \tilde{h}_{i_k}$$

identisch mit dem Satz M sind. Man erkennt hierin das Post'sche Korrespondenzproblem für Paare

$$(g_1,\tilde{h}_1),\ldots,(g_n,\tilde{h}_n),$$

die nicht besonders ausgewählt sind.

Das Problem ist für L'_m und L_n nicht entscheidbar. Da das Problem (1) bereits in einem speziellen Fall nicht entscheidbar ist, ist es auch im allgemeinen unentscheidbar.

8.1.2. Der Durchschnitt von CF-Sprachen (K-Sprachen)

Wenn der Durchschnitt von L_m und L_n einen Satz wie

$$g_{i_1} g_{i_2} \dots g_{i_k} c \tilde{h}_{i_k} \dots \tilde{h}_{i_2} \tilde{h}_{i_1} = x c \tilde{x}$$

enthält (der einer Lösung des Post'schen Problems entspricht), dann enthält er auch für alle n die Sätze

$$(g_{i_1} g_{i_2} \dots g_{i_k})^n c(\tilde{h}_{i_k} \dots \tilde{h}_{i_2} \tilde{h}_{i_1})^n.$$

Der Durchschnitt ist somit eine unendliche Teilmenge von $\{x c \tilde{x}\}$, der nur dann eine K-Sprache sein kann, wenn er nicht leer ist.

Aber das Problem, herauszufinden, ob er leer ist, ist unentscheidbar. Das Problem, ob er eine K-Sprache ist, ist schon in einem Spezialfall unentscheidbar, somit ist es auch im allgemeinen unentscheidbar.

Zusammenfassung:

Theorem. *Es gibt keinen allgemeinen Algorithmus, der entscheidet, ob der Durchschnitt zweier CF-Sprachen leer ist oder nicht und ob der Durchschnitt zweier CF-Sprachen eine K-Sprache ist oder nicht.*

Dieses Theorem ist sogar wahr für den extrem eingeschränkten Fall zweier linearer minimaler Sprachen, von denen eine sehr speziell ist.

8.1.3. Durchschnitt und CF-Sprachen

Mit Hilfe einer analogen Technik, aber unter Benutzung von $L_{2m} = \{x c \tilde{x} c y c \tilde{y}\}$ anstelle von L_m und der Tatsache, daß keine Untersprache von $\{x c \tilde{x} c x c \tilde{x}\}$ eine CF-Sprache ist, kann man beweisen:

Theorem. *Das Problem, ob der Durchschnitt zweier CF-Sprachen eine CF-Sprache ist, ist rekursiv unentscheidbar.*

8.1.4. Komplementbildung

Man kann noch zeigen, indem man die Komplemente von speziellen CF-Sprachen konstruiert (die so gewählt sind, daß ihre Komplemente CF-Sprachen bleiben) und ihre Vereinigung bildet (die wieder CF-Sprache ist), daß gilt:

Theorem. *Das Problem, ob das Komplement einer CF-Sprache leer, unendlich, eine K-Sprache oder eine CF-Sprache ist, ist rekursiv unentscheidbar.*

Äquivalenz. Es folgt nun, daß es keinen Algorithmus geben kann, der entscheidet, ob zwei Sprachen L_1 und L_2 äquivalent sind oder nicht. Wenn einer existierte, dann könnte man tatsächlich entscheiden, ob $L_1 = V_T^*$ gilt, da dies auf die Frage führt, ob $\bar{L}_1$ leer ist.

Auf gleiche Weise ist die Frage, ob $L_1 \subset L_2$ für beliebige L_1, L_2 gilt, unentscheidbar.

8.2. PROBLEME BEZÜGLICH DER MEHRDEUTIGKEIT

8.2.0.

In 7.1. haben wir gezeigt, wie man die Konstruktion eines Satzes durch die Konstruktion eines bestimmten Baumes darstellen kann. Die CF-Grammatiken sind entwickelt worden, um diesen Begriff zu formalisieren. Unter Benutzung von Semi-Thue-Regeln mit der besonderen Eigenschaft, daß nur ein einziges Zeichen neu geschrieben wird, ist es möglich, jede Ableitung darzustellen, indem man einen Baum mit etikettierten Knoten zeichnet oder etikettierte Klammern benutzt. Nur die Anordnung der Substitutionen erscheint nicht in der Darstellung, aber dies ist von geringer Bedeutung.

8.2.1. Ableitungsbäume

Für die Ableitung des Satzes 'a a b c b a a' in der Grammatik

$$G'_m: \left| \begin{array}{lll} S & \to & aSa \\ S & \to & bSb \\ S & \to & c \end{array} \right|$$

erhält man den Baum:

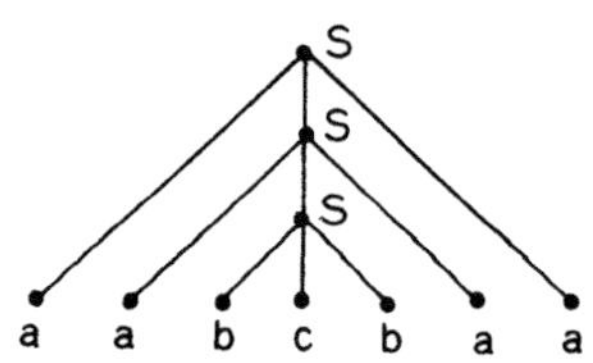

Zu diesem Baum ist der Klammerausdruck

$$[_s a \; [_s a \; [_s b \; [_s c] \; b] \; a] \; a]$$

äquivalent, der auch direkt durch eine modifizierte Grammatik G''_m erzeugt werden kann.

Dazu muß man zwei neue nicht-terminale Zeichen '$[_s$' und ']' einführen:

$$G''_m: \left| \begin{array}{lll} S & \rightarrow & [_s aSa] \\ S & \rightarrow & [_s bSb] \\ S & \rightarrow & [_s c] \end{array} \right|$$

Die Nützlichkeit dieser Etiketten ist durch das erste Beispiel noch nicht genug deutlich geworden, da es hier nur eine Etikette gab. Wir haben dieses Beispiel nur gegeben, um es mit dem nächsten zu vergleichen.

8.2.2. Die normale Grammatik, die L_m erzeugt

Wir werden denselben Satz noch einmal bezüglich einer normalen Grammatik betrachten, die auch L_m erzeugt. Sei die folgende normale Grammatik gegeben:

$$V_A = \{S, T, U\}; \quad V_T = \{a, b, c\};$$

Axiom S;

$$G_m: \left| \begin{array}{lll} S & \rightarrow & Ta \\ T & \rightarrow & aS \\ S & \rightarrow & Ub \\ U & \rightarrow & bS \\ S & \rightarrow & c \end{array} \right|$$

Der Satz 'a a b c b a a' gibt dann bezüglich dieser Grammatik den Ableitungsbaum:

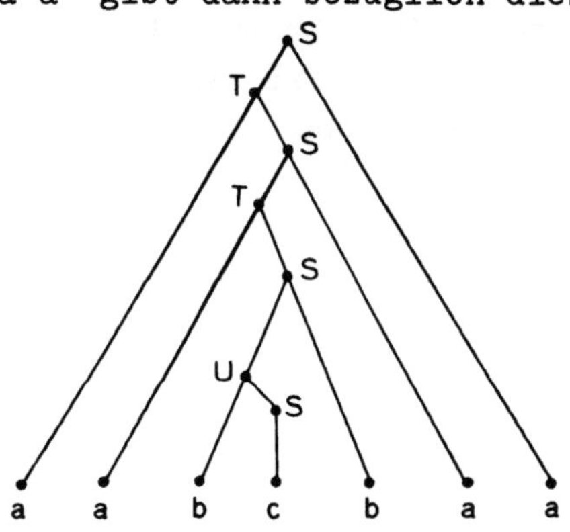

Dieser Baum ist äquivalent zu dem Klammerausdruck:

$$[_S\ [_T a\ [_S\ [_T a\ [_S\ [_U b\ [_S c\ ]_S\ ]_U\ b]_S\ ]_T\ a]_S\ ]_T\ a]_S .$$

Es ist übrigens erlaubt, die Etiketten der linken Klammer zu streichen, da die Klammern eindeutig durch Paarung bestimmt sind. Der Ausdruck wird dann zu:

$$[_S\ [_T a\ [_S\ [_T a\ [_S\ [_U b\ [_S c\ ]\ ]\ b]\ ]\ a]\ ]\ a] .$$

In einigen Fällen kommt man sogar ohne Klammern aus.

8.2.3. Mehrdeutigkeit

Wir nennen eine Phrase mehrdeutig bezüglich einer gegebenen Grammatik, wenn sie durch wenigstens zwei Ableitungen, die durch zwei verschiedene Bäume dargestellt werden, erzeugt werden kann. Die Anzahl der verschiedenen Bäume bezüglich einer gegebenen Grammatik gibt den Grad der Mehrdeutigkeit einer Phrase an. Es ist verständlich, daß die Mehrdeutigkeit bezüglich einer Grammatik definiert wird. Denn verschiedene Grammatiken wie G_m und G''_m in 8.2.2. und 8.2.1. können dieselbe Sprache erzeugen, während sie den Sätzen dieser Sprache verschiedene syntaktische Beschreibungen zuordnen.

<u>Beispiel.</u> Betrachten wir die Grammatik:

$$(C)\quad \left|\begin{array}{lll} S & \to & S \times S \\ S & \to & S + S \\ S & \to & |S \\ S & \to & | \end{array}\right|$$

$$V_T = \{|,\ \times,\ +\}; \qquad V_A = \{S\}$$

(C) erzeugt Phrasen, denen man eine Bedeutung zuordnen kann. Die Striche stellen auf natürliche Weise Zahlen dar, eins durch einen Strich, zwei durch zwei Striche usw. Die Zeichen +, × haben die übliche Bedeutung.

Betrachten wir nun die Phrase:

$$|| \times ||| + | .$$

Man kann sie durch den Baum:

(1)

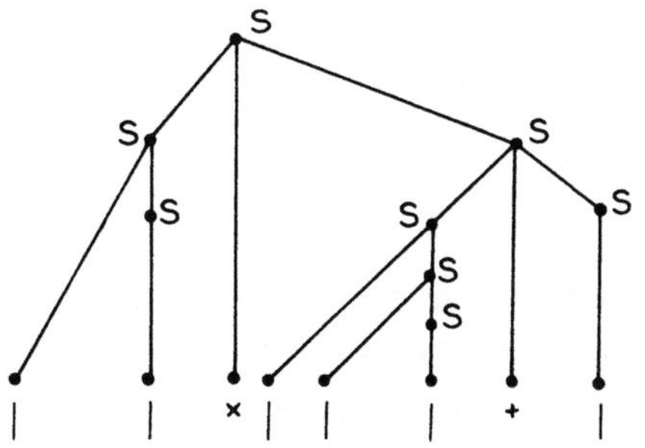

beschreiben, dem die Interpretation || × (||| + |) sei 8 entspricht.

Man kann die Phrase gleichfalls durch den Baum (2) beschreiben:

(2)

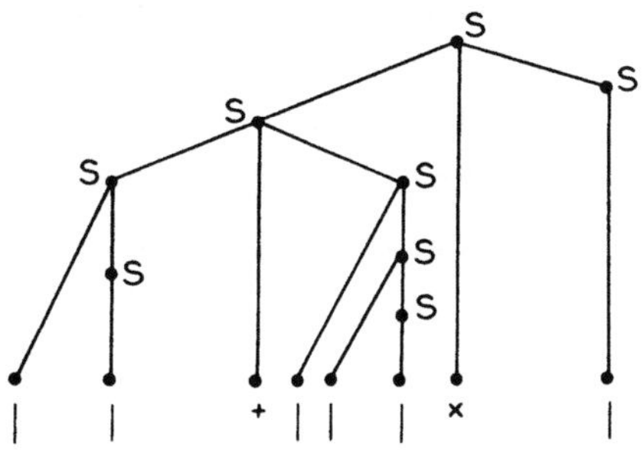

dem die Interpretation (|| × |||) + |, sei 7 entspricht.

Solche Mehrdeutigkeiten können in Programmiersprachen auftreten. Man kann diese beheben:

1. Indem man gewissen Operationszeichen eine Priorität vor anderen einräumt. Diesem Vorgehen entspricht das Ordnen der Regeln einer Grammatik sowie eine Ordnung beim Lesen der Sätze.

2. Indem man zusätzliche terminale Zeichen (etwa Klammern) einführt.

3. Indem man die polnische Notation benutzt:

$$(C_p): \left| \begin{array}{lll} S & \to & \times\, SS \\ S & \to & +\, SS \\ S & \to & |\, S \\ S & \to & |\, . \end{array} \right| .$$

Im Fall von (C_p) ergibt sich die Einführung einer Punktmarke . aus der Notwendigkeit, die Darstellungen der Zahlen zu trennen; ohne diese würde die Verkettung der natürlichen Zahlen zu Mehrdeutigkeiten führen.

Hier sind die beiden Phrasen in polnischer Bezeichnungsweise dargestellt:

$$(1_p):\ \times\ ||\ .\ +\ |||\ .\ |\ .$$

$$(2_p):\ +\ \times\ ||\ .\ |||\ .\ |\ .$$

<u>Definitionen.</u> Eine Sprache, die mehrdeutige Sätze enthält, heißt *mehrdeutig*; die sie erzeugende Grammatik wird auch mehrdeutig genannt.

Ein Satz, der sich durch p verschiedene Ableitungsbäume bezüglich einer Grammatik erzeugen läßt, hat den Mehrdeutigkeitsgrad p.

8.2.4. Die Unentscheidbarkeit der Mehrdeutigkeit

Die folgende Frage stellt sich: Gibt es einen Algorithmus, der für irgendeinen Typ einer CF-Grammatik zu entscheiden erlaubt, ob diese Grammatik mehrdeutig ist oder nicht? Wir werden zeigen, daß dieses Problem bereits unentscheidbar im Fall linearer Grammatiken mit dreielementigen Hilfsvokabularen ist. Betrachten wir nun n Paare über {a,b} definierter Wörter

$$(g_1,\ h_1),\ldots,(g_i,\ h_i),\ldots,(g_n,\ h_n)$$

und betrachten wir n verschiedene Marken

$$d_1,\ d_2,\ldots,d_n$$

und die beiden minimalen linearen Grammatiken mit der zentralen Marke c:

$$G_1:\ \left|\begin{array}{lll} S_1 & \to & d_i S_1 g_i \,|\, 1 \leq i \leq n \\ S_1 & \to & c \end{array}\right|$$

$$G_2:\ \left|\begin{array}{lll} S_2 & \to & d_i S_2 h_i \,|\, 1 \leq i \leq n \\ S_2 & \to & c \end{array}\right|$$

Keine dieser Grammatiken ist mehrdeutig, denn die Phrasen, die sie erzeugen, unterscheiden sich alle durch die Anordnung oder das Vorhandensein von Marken.

Das Problem, ob der Durchschnitt der Sprachen $L(G_1)$ und $L(G_2)$ leer ist oder nicht, ist genau das Post'sche Problem, denn es ist über die Existenz der Gleichheit

$$d_{i_1}\ldots d_{i_k}\ c\ g_{i_1}\ldots g_{i_k} = d_{i_1}\ldots d_{i_k}\ c\ h_{i_1}\ldots h_{i_k}$$

zu entscheiden.

Betrachten wir nun die Vereinigung von $L(G_1)$ und $L(G_2)$, die durch die folgende Grammatik mit dem Axiom S erzeugt wird.

$$G_{1,2}: \left| \begin{array}{l} S \to S_1 \\ S \to S_2 \\ \quad G_1 \\ \quad G_2 \end{array} \right|$$

Das Problem, zu erkennen, ob eine Phrase f mehrdeutig ist oder nicht, besteht nun darin, zu wissen, ob sie sowohl so:

$$S \to S_1 \to (\text{über } G_1) \to f$$

als auch so:

$$S \to S_2 \to (\text{über } G_2) \to f$$

erzeugt werden kann, was noch einmal zum Post'schen Problem führt. Die Unentscheidbarkeit des allgemeinen Falls ergibt sich aus der Unentscheidbarkeit einer minimalen linearen Grammatik über einem dreielementigen Hilfsvokabular.

<u>Theorem.</u> *Das Problem der Mehrdeutigkeit von CF-Sprachen ist unentscheidbar.*

8.2.5. Inhärente Mehrdeutigkeit

Die Mehrdeutigkeit wurde bezüglich einer gegebenen Grammatik definiert.

Betrachten wir die Grammatik:

$$G_a: \left| \begin{array}{l} S \to aSa \\ S \to bSb \\ S \to aaSaa \\ S \to c \end{array} \right|$$

Jede Phrase, die zwei aufeinanderfolgende a enthält, ist mehrdeutig; in G_a erhält man sie durch zweimaliges Anwenden der ersten Regel oder einmaliges der dritten.

Die Grammatik G_m (8.2.2.) andererseits erzeugt dieselbe Sprache, ohne mehrdeutig zu sein. Wir sagen daher, daß die Sprache L_m nicht mehrdeutig ist bezüglich der Klasse der minimalen linearen Grammatiken.

Eine Frage stellt sich dann: Gibt es Sprachen, für die alle Grammatiken (einer gewissen Klasse) mehrdeutig sind? Parikh hat gezeigt, daß jede CF-Grammatik, die die Sprache

$$L_{ia} = \{a^p b^q c^r \mid p = q \quad \text{oder} \quad q = r\}$$

erzeugt, mehrdeutig ist.

Intuitiv sieht man, daß L_{ia} die Vereinigung der beiden CF-Sprachen $\{a^p b^m c^m\}$ und $\{a^n b^n c^q\}$ ist und daß die Sätze '$a^n b^n c^n$' auf zweifache Weise erzeugt werden.

8.3. MEHRDEUTIGKEITEN VON CF-SPRACHEN

8.3.0.

Das Ziel dieses Abschnittes ist es, die summarischen Angaben bezüglich der Mehrdeutigkeit zu vervollständigen. Abschnitt 8.3.1. behandelt die Charakterisierung mehrdeutiger Wörter in einer gewissen CF-Sprache und Abschnitt 8.3.2. behandelt die inhärente Mehrdeutigkeit.

8.3.1. Die Mehrdeutigkeit einer doppelten Spiegelbildsprache (ohne Marken)

8.3.1.1. Das Problem

Gegeben sei die doppelte Spiegelbildsprache L^2, die durch die Grammatik (G) mit dem Axiom S und mit Hilfe des nicht-terminalen Zeichens T über dem terminalen Alphabet $\mathfrak{A}$ erzeugt wird.

$$(G)\quad \left| \begin{array}{c} S \to TT \\ (\forall a \in \mathfrak{A})\ S \to aTA \text{ und } S \to aa \end{array} \right|$$

Wir werden zeigen, daß L^2 mehrdeutige Wörter enthält, und wir werden diese charakterisieren. Dabei werden wir das folgende Lemma (Lyndon und Schützenberger) benutzen:

---

* Lyndon und Schützenberger: The equation $a^m = b^n c^p$ in a free group. Michigan Math. J. 9 (1962), 289-298

Lemma. A, B, C *seien Wörter über* $\mathfrak{A}$. *Dann folgt aus der Voraussetzung* AB = BC *mit* $|A| \neq 0$, *daß es eine nicht-negative ganze Zahl* α *und zwei Wörter* U *und* V *gibt, derart, daß gilt:*

$$A = UV, \quad B = (UV)^{\alpha}U, \quad C = VU.$$

Beweis: Aus AB = BC folgt AAB = ABC = BCC und allgemeiner

$$(\forall \lambda \in N)\ BA^{\lambda} = BC^{\lambda}.$$

Da A nicht das leere Wort war, strebt der Grad von A^{λ} gegen unendlich für λ gegen unendlich; daraus folgt, daß dieser Grad den von B übersteigen muß.

Es gibt also $\alpha \in N$ und ein Wort U, das entweder leer ist oder linker Faktor von A, mit $B = A^{\alpha}U$. Unter Benutzung der Voraussetzung folgt $AA^{\alpha}U = A^{\alpha}UC$, also AU = UC. Setzen wir A = UV, so erhalten wir UVU = UC, VU = C.

Endlich:

$$AB = UV(UV)^{\alpha}U = (UV)^{\alpha}UVU.$$

8.3.1.2. Berechnung der mehrdeutigen Wörter

Sei $A \in L^2$ ein mehrdeutiges Wort, dann gibt es Anlaß zu der Gleichung:

$$A = W\,\tilde{W}\,X\,\tilde{X} = Y\,\tilde{Y}\,Z\,\tilde{Z} \tag{1}$$

Wir bezeichnen mit kleinen lateinischen Buchstaben den Grad des entsprechenden großgeschriebenen Buchstaben (der ein Wort darstellt). Wir können $w < y$ annehmen; es gibt also dann zwei Wörter M und N derart, daß

$$X\,\tilde{Y} = W\,\tilde{W}\,M,\ m \neq 0, \tag{2}$$

$$Y = W\,N,\ n \neq 0. \tag{3}$$

Aus (2) und (3) folgt $W\,N\,\tilde{N}\,\tilde{W} = W\,\tilde{W}\,M$, daher $N\,\tilde{N}\,\tilde{W} = \tilde{W}\,M$, mittels Spiegelung:

$$\tilde{M}\,W = W\,N\,\tilde{N}. \tag{4}$$

Anwendung des Lemmas ergibt:

$$\tilde{M} = U\,V, \tag{5}$$

$$W = (U\,V)^{\alpha}U, \tag{6}$$

$$N\,\tilde{N} = V\,U. \tag{7}$$

$N\,\tilde{N}$ ist sogar ein Palindrom geraden Grades, woraus folgt, daß V U auch eines ist. Da $\widetilde{V\,U} = \tilde{U}\,\tilde{V}$ gilt, so folgt die Bedingung:

$$V\,U = \tilde{U}\,\tilde{V}, \tag{8}$$

woraus aber nicht folgt, daß M ein Palindrom ist.

Die Konstruktion von $\tilde{M}$ ist einfach: Man nimmt ein Palindrom, faktorisiert es in V U und vertauscht dann U und V.

a) Für u = v ist $\tilde{M}$ von der Form $U\,\tilde{U}$.

b) Für u < v, $V\,U = \tilde{U}\,B\,U$, wobei B ein Palindrom ist, hat man $\tilde{M} = U\,V = U\,\tilde{U}\,B$ mit $\tilde{B} = B$.

c) Für u > v, $V\,U = V\,C\,\tilde{V}$, wobei C ein Palindrom ist, hat man $\tilde{M} = U\,V = C\,\tilde{V}\,V$ mit $\tilde{C} = C$.

Für jedes Z läßt das Wort

$$A = Y\,\tilde{Y}\,Z\,\tilde{Z} = W\,\tilde{W}\,M\,Z\,\tilde{Z} = W\,N\,\tilde{N}\,\tilde{W}\,Z\,\tilde{Z}$$

die Faktorisierung

$$(W\,N \cdot \tilde{N}\,\tilde{W})\;(Z \cdot \tilde{Z})$$

im doppelten Spiegelbild zu.

Es bleibt die Faktorisierung $(W \cdot \tilde{W})\;(X \cdot \tilde{X})$ zu beweisen.

Behandeln wir den Fall b), der übrigens a) enthält.

Wir haben $\tilde{M} = U\,V = U\,\tilde{U}\,B$ und $M = B\,U\,\tilde{U}$, also: $X\,\tilde{X} = B\,U\,\tilde{U}\,Z\,\tilde{Z}$. Die Faktorisierung ist möglich unter der notwendigen und hinreichenden Bedingung, daß $B = Z\,\tilde{Z}$. Man erhält Wörter, die wenigstens doppelt gespiegelt sind (Grad von Mehrdeutigkeit gleich oder größer 2), indem für B ein Palindrom geraden Grades und für Z und $\tilde{Z}$ die erste und zweite Hälfte genommen wird.

Im Fall c) hat man $\tilde{M} = U\,V = C\,\tilde{V}\,V$, also $X\,\tilde{X} = \tilde{V}\,V\,C\,Z\,\tilde{Z}$. Das Wort ist ein Palindrom unter der notwendigen und hinreichenden Bedingung, daß Z = V ist. Natürlich vergrößert sich der Grad der Mehrdeutigkeit durch Spezialisierung von B (oder C) und U (oder V).

<u>Beispiel.</u>

$$V = b\,a\,c\,c; \quad U = a\,b; \quad N = b\,a\,c;$$

$$a\,b\,b\,a\,c\,c = \tilde{M} = U\,V,$$

$$M = c\,c\,a\,b\,b\,a = B\,U\,\tilde{U}; \quad B = c\,c.$$

Das Wort $(W\,N\,\tilde{N}\,\tilde{W})\;(Z\,\tilde{Z})$ mit $W = (a\,b\,b\,a\,c\,c)^3\,a\,b$ hat eine zweite Faktorisierung:

$$[(abbacc)^3 ab \cdot ba(ccabba)^3]\;[(ccab \cdot bacc)].$$

8.3.2. Inhärente Mehrdeutigkeit

8.3.2.1. Das Studium der Sprache $L_1 = \{a^m\ c\ a^n | m \geq n \geq 0\}$

Erinnern wir uns, daß eine lineare Grammatik minimal ist, wenn das einzige nicht-terminale Zeichen das Axiom ist und die einzige terminale Regel $S \to c$ ist, wobei c nur in dieser Regel auftritt.

Wir werden beweisen, daß jede minimale lineare Grammatik, die L_1 erzeugt, mehrdeutig ist.

Durch Definition hat jede minimale lineare Grammatik von L_1 die Form

$$\left| \begin{array}{l} S \to a^{p_i} S a^{q_i} | 1 < i < n \\ S \to c \end{array} \right|$$

Es muß gelten $p_i \geq q_i$, anderenfalls würde die Grammatik Wörter $a^m c a^n$ mit $m < n$ erzeugen. Die Regeln sind also dann von den folgenden drei Typen:

$$S \to a^{p_k} S,\ p_k > 0$$

$$S \to a^{p_j} S\ a^{q_j},\ p_j \geq q_j > 0$$

$$S \to c$$

Da diese Regeln im besonderen die Wörter a c und a c a erzeugen, muß jede minimale lineare Grammatik notwendigerweise die Regeln

$$S \to aS, \qquad S \to aSa$$

enthalten.

Umgekehrt ist es klar, daß sie zusammen mit $S \to c$ genügen, um L_1 zu erzeugen.

Studieren wir das Verhalten der Grammatik, die sie bilden. Ist das Wort $a^m c a^n$ zu erzeugen, wenden wir λ-mal die Regel $S \to a\ S$ und μ-mal die Regel $S \to a\ S\ a$ an. Es muß gelten: $\lambda + \mu = m$ und $\mu = n$.

Der Ableitungsbaum hängt von der Ordnung ab, in der wir die Regeln anwenden. Es gibt so viele Ordnungsmöglichkeiten, wie sich n Zahlen aus m + n Zahlen wählen lassen, d.h. C_m^n. Der Mehrdeutigkeitsgrad von $a^m c a^n$ ist C_m^n.

<u>Beispiel.</u> Für $a^4\ c\ a^2$ haben wir $C_4^2 = 6$ Ableitungen:

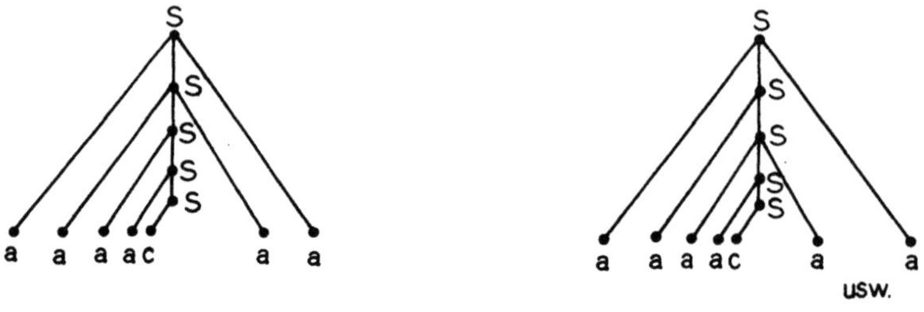

Bemerken wir noch, daß L_1 nicht inhärent mehrdeutig ist bezüglich der Klasse der CF-Grammatiken. Die Grammatik G_L, die L_1 erzeugt, ist tatsächlich nicht mehrdeutig.

G_L			
	S	→	aSa
	S	→	AT
	T	→	aT
	T	→	c
	S	→	c

Diese Eigenschaft folgt aus der Tatsache, daß G_L sequentiell ist. Wir bemerken noch einmal die wichtige Tatsache, daß *der Begriff der inhärenten Mehrdeutigkeit bezüglich der in Frage kommenden Klasse von Grammatiken betrachtet* wird.

8.3.2.2. Eine hinreichende Bedingung für die Nicht-Mehrdeutigkeit einer minimalen linearen Grammatik

Sei $\mathfrak{A}^*$ das freie über

$$\mathfrak{A} = \{x_1, \ldots, x_n\}$$

erzeugte Monoid und $\mathfrak{B}^*$ das über

$$\mathfrak{B} = \{a, b, \ldots, l\}$$

erzeugte.

Betrachten wir die Abbildung von $\mathfrak{A}^*$ in (möglicherweise auf) $\mathfrak{B}^*$, die man erhält, indem man jedes Zeichen x_i eines Wortes aus $\mathfrak{A}^*$ ersetzt durch ein gegebenes Wort $f_i \in \mathfrak{B}^*$. Man nennt diese Abbildung einen Kode, um auszudrücken, daß die Wörter von $\mathfrak{A}^*$, die man als Bilder erhält, nur eine einzige Interpretation zulassen.

Beispiel.

$$\mathfrak{A} = \{1, 2, 0\}, \qquad \mathfrak{B} = \{a, b\}$$

$$\left.\begin{array}{l} 1 \to ba \\ 2 \to baa \\ 0 \to b \end{array}\right\} \text{ ist ein Kode}$$

$$\left.\begin{array}{l} 1 \to a \\ 2 \to aa \\ 0 \to b \end{array}\right\} \text{ ist kein Kode}$$

denn es wird $11 \to aa$ und $2 \to aa$.

Unter dieser Definition ist es offenbar, daß die minimale lineare Grammatik

$$\left|\begin{array}{l} S \to f_i\ S\ g_i \mid 1 \leq i \leq N \\ S \to c \end{array}\right|$$

nicht mehrdeutig ist unter der hinreichenden Bedingung, daß wenigstens eine der Abbildungen

$$\{i \to f_i;\quad i \to g_i \mid 1 \leq i \leq N\}$$

ein Kode ist.

Durch dieselbe Definition kann man tatsächlich auf eindeutige Weise die Ableitung eines Wortes rekonstruieren. Diese hinreichende Bedingung ist nicht notwendig. Denn ohne daß die eine oder die andere Abbildung ein Kode ist, kann es passieren, daß mit Hilfe der einen oder anderen Abbildung jede Ableitung rekonstruiert werden kann.

Beispiel. Gegeben sei die Grammatik

$$\left|\begin{array}{lll} S & \to & aaSa \\ S & \to & bbSb \\ S & \to & aSbb \\ C & \to & bSaa \\ S & \to & c \end{array}\right|$$

Die Menge {aa, bb, a, b} der f_i ist gleich der Menge der g_i und ergibt keinen Kode.

Trotzdem ist die erzeugte Sprache nicht mehrdeutig. Dazu genügt es, gleichzeitig das erste und das letzte Zeichen eines Wortes zu betrachten, um die erste Regel, die angewendet wurde, zu entdecken; auf diese Weise fortfahrend, rekonstruiert man dann die Ableitung.

IX. Push-down Automaten

9.0.

Im ersten Abschnitt von Kapitel VII haben wir erklärt, daß die Klasse der rekursiv aufzählbaren Sprachen zu der Klasse der Turingmaschinen assoziiert sei. Für die Behandlung realer Sprachen muß man diesen Standpunkt einschränken und zusätzliche Hypothesen einführen. Auf diese Weise sind die CF-Sprachen nicht zu der allgemeinsten Klasse kombinatorischer Systeme (die äquivalent ist zur Klasse der Turingmaschinen) assoziiert, sondern zu einer ziemlich speziellen Klasse von Semi-Thue-Systemen. Auf ähnliche Weise gibt es eine Klasse spezifischer Automaten für CF-Sprachen. Wir werden zeigen, daß dies die Klasse der Push-down Automaten ist.

Dazu müssen wir den deterministischen Charakter, den wir bisher den Automaten auferlegt hatten, abschaffen und benutzen ab diesem Kapitel das Wort Automat als Abkürzung für "nicht-notwendig deterministischer Automat".

Für sehr präzise Beschreibungen und für die Beweise der Äquivalenz zwischen CF-Sprachen und den durch Push-down Automaten charakterisierten Sprachen verweisen wir auf die Bibliographie.

9.1. AUTOMATEN, DIE SÄTZE EINER SPRACHE AKZEPTIEREN

9.1.0.

Der Automat, den wir beschreiben werden, formalisiert auf vernünftige Weise den Begriff des "Kellerns" (Push-down-list Technik) und "Stapelns", die Programmierern wohlbekannte Begriffe sind. (Push-down Automaten werden daher auch Kellerautomaten genannt.)

9.1.1. Physikalische Beschreibung

Der Automat enthält:

1. Ein *Eingabeband (E)*, das in Felder eingeteilt ist und in beiden Richtungen potentiell unendlich lang ist.

2. Ein *Speicherband (M)*, das auf einer Seite begrenzt ist (nach Konvention auf der linken Seite), aber auf der anderen potentiell unendlich ist und das in Felder eingeteilt ist.

3. Ein aus zwei Köpfen bestehendes *Schaltwerk (A)*:
- Ein Kopf kann das Eingabeband lesen.
- Ein Kopf kann das Speicherband lesen, auf ihm etwas auslöschen und etwas schreiben.

Jeder dieser Köpfe kann das Band auf eine noch zu präzisierende Weise verschieben.

Das Eingabeband. Vor der eigentlichen Operation kann man ein Zeichen je Feld auf das Band schreiben. Dies tut man mit Hilfe des Eingabevokabulars

$$V_E = \{a_1, a_2, \ldots, a_p\}.$$

Aus Gründen der Bequemlichkeit fügt man zu diesem Vokabular ein neutrales Wort e hinzu, das einen besonderen Status einnimmt. Man erhält:

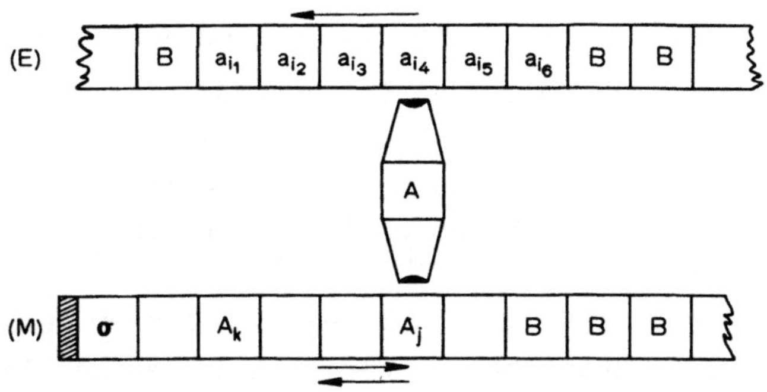

Man beachte, daß man "e" nicht mit dem leeren Wort B verwechsle. Die Sätze sind mit Hilfe von V_E auf das Band geschrieben, während der Rest des Bandes mit Leerzeichen beschrieben ist.

Vereinbaren wir noch, daß man von links nach rechts schreibt.

Das Speicherband. Der Automat schreibt auf dieses Band mit Hilfe des Vokabulars

$$V_M = \{A_1, A_2, \ldots, A_q\},$$

das V_E enthalten kann. Zu diesem Basisvokabular fügt man das neutrale Wort e hinzu, sowie ein ausgezeichnetes Zeichen σ, das vom Automaten nicht während der Operation geschrieben wird. Man definiert somit:

$$\bar{V}_M = \{e\} \cup V_m \{\sigma\}.$$

Das Schaltwerk. Das Schaltwerk besitzt eine endliche Anzahl von internen Zuständen, S_0, $S_1, \ldots, S_i, \ldots, S_j, \ldots, S_n$.

9.1.2. Funktionsweise

Um die Funktionsweise des Automaten zu beschreiben, geben wir die folgenden Definitionen:

1. Der *Grad* λ sei eine ganze Zahl, die bezüglich des Vokabulars V_M durch die Relationen:

$\lambda(\sigma) = -1;$

$\lambda(e) = 0$

$\lambda(\varphi) =$ die Anzahl der in φ enthaltenen Wörter, wenn $\varphi \in V_M^*$,

definiert wird.

2. Eine *physikalische Situation* des Automaten ist ein Tripel: (a_i, S_j, A_k), wobei a_i ein auf (E) geschriebenes Zeichen ist, das unter dem ersten Kopf steht. S_j ist der Zustand des Automaten, A_k ist ein auf (M) geschriebenes Zeichen, das unter dem zweiten Kopf steht.

3. Eine *Situation* eines Automaten ist entweder das Tripel der physikalischen Situation oder eines der Tripel, die man erhält, indem man in dem Tripel a_i oder A_k oder beide durch e ersetzt.

Hier zeigt sich nun der nicht-deterministische Charakter des Automaten.

In einer gegebenen physikalischen Situation kann er "ein Auge schließen", dasjenige, das a_i betrachtet, oder auch dasjenige, das A_k betrachtet. Er "sieht" dann das neutrale Wort.

Wenn der Automat sich in der physikalischen Situation

$$(a_i, S_j, A_k)$$

befindet, dann ist er gleichzeitig in den vier Situationen:

$$\Sigma_1 = (a_i, S_j, A_k)$$
$$\Sigma_2 = (e, S_j, A_k)$$
$$\Sigma_3 = (a_i, S_j, e)$$
$$\Sigma_4 = (e, S_j, e)$$

4. Eine *Anweisung* ist ein Quintupel der Form:

$$\Sigma \rightarrow (S_m, x),$$

wobei Σ eine Situation ist, S_m ein Zustand und wobei x e, σ oder eine Folge von Zeichen über V_M bezeichnet.

5. Ein *abstrakter (Push-down) Automat* ist eine endliche Menge von Regeln des Typs:

$$\Sigma \rightarrow (S_{m_1}, x).$$

Da der Automat nicht deterministisch ist, ist es nicht zu verhindern, daß mehrere Anweisungen von dergleichen Situation ausgehen.

Wir können nun den Verlauf einer Berechnung präzisieren.

Präzisierung einer Berechnung. Die Eingabe bei einer Berechnung besteht aus einer Folge von Zeichen über V_E, die bereits auf das Eingabeband geschrieben werden und die auf beiden Seiten von Leerzeichen begrenzt werden.

Zu Beginn der Berechnung befindet sich die Recheneinheit im Anfangszustand S_0. Der erste Lesekopf beobachtet das erste (ganz links stehende) Zeichen der gegebenen Folge. Auf dem ersten Feld des Speicherbandes (M) hat man σ geschrieben und dieses Feld unter den zweiten Kopf plaziert. Die Berechnung beginnt nun ausgehend von der physikalischen Situation (a_{i_1}, S_0, σ) und setzt sich auf folgende Weise fort.

Nehmen wir an, der Automat sei zu einer Situation Σ gelangt. Wenn es keine Regel gibt, die sich auf Σ anwenden läßt, so ist der Automat blockiert. Wenn es eine oder mehrere gibt, die sich auf Σ anwenden lassen, so wählt der Automat notwendigerweise eine von ihnen. Sei $\Sigma \rightarrow (S_m, x)$ die gewählte Anweisung. Unter der Wirkung dieser Regel

- geht das Schaltwerk in den Zustand S_m über.

- Je nachdem, ob das erste Zeichen der Situation e ist oder a_i, bewegt der Lesekopf das Band nicht oder er verschiebt es, bis er das Zeichen rechts von a_i lesen kann.

- Je nachdem, wie x beschaffen ist, bearbeitet der zweite Kopf das Band (M) auf folgende Weise:

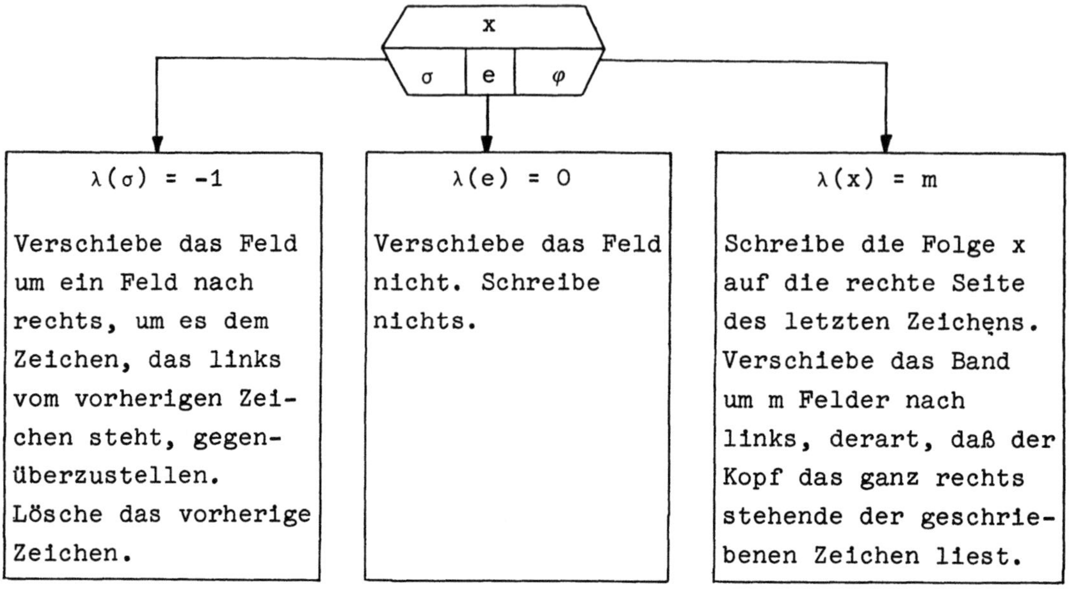

Die akzeptierte Folge. Eine Folge wird durch den Automaten *akzeptiert* genannt, wenn die Berechnung mit der Situation (B, S_0, B) endet. Eine Folge heißt *akzeptierbar*, wenn es eine Berechnung gibt, die von der Situation und den Bedingungen, die wir weiter oben beschrieben haben, ausgeht und mit (B, S_0, B) schließt. Da der Automat nicht deterministisch ist, ist es möglich, daß eine akzeptierbare Folge (Phrase) nicht akzeptiert wird im Verlauf einer speziellen Berechnung. Die Menge der durch einen Automaten akzeptierbaren Phrasen ist eine Sprache. Man sagt, der Automat akzeptiert die Sprache.

Bevor wir weiter über die Klasse der durch Push-down Automaten akzeptierbaren Sprachen sprechen werden, prüfen wir zwei Beispiele.

9.1.3. Der die Sprache L_m akzeptierende Automat

Betrachten wir die Sprache $L_m = \{x\ c\ \tilde{x} | x \in \{a, b\}^*\}$. Kann man einen Push-down Automaten konstruieren, der die Sprache L_m akzeptiert?

Die Anwesenheit der zentralen Marke c erleichtert dies. Es wird genügen, jeden vorgeschlagenen Satz noch einmal abzuschreiben, bis man zu c gelangt. Von da ausgehend, wird dieser Satz noch einmal rückwärts gelesen, wobei er Wort für Wort mit der Hälfte $\tilde{x}$ des vorgeschlagenen Satzes verglichen wird. Man löscht aus nach jedem geglückten Versuch. Wenn die vorgeschlagene Phrase korrekt ist, so ist zum Schluß das Band (M) leer, andernfalls blockiert der Automat, ohne seinen Speicher entleert zu haben.

Daher sind die folgenden Zustände vorzusehen: ein *Anfangszustand* S_0, ein *Lesezustand* S_1 und ein *Löschzustand* S_e. Man erhält die folgenden Regeln:

1. $(a, S_0, \sigma) \rightarrow (S_1, a)$ 2. $(b, S_0, \sigma) \rightarrow (S_1, b)$	Schreibe das erste Wort des Satzes noch einmal auf (M) und schalte in den Zustand S_1 um.
3. $(a, S_1, a) \rightarrow (S_1, a)$ 4. $(a, S_1, b) \rightarrow (S_1, a)$ 5. $(b, S_1, a) \rightarrow (S_1, b)$ 6. $(b, S_1, b) \rightarrow (S_1, b)$	Schreibe die Wörter des Satzes, eines nach dem anderen, noch einmal auf das Band M, verbleibe im Zustand S_1. Wenn der Teil x des Satzes gelesen wurde, dann enthält (M) den Teil x.
7. $(c, S_1, a) \rightarrow (S_e, e)$ 8. $(c, S_1, b) \rightarrow (S_e, e)$	Nachdem der "mittlere Punkt" c gelesen wurde, gehe in den Zustand S_e (löschen) über, keine Aktion auf M.
9. $(a, S_e, a) \rightarrow (S_e, \sigma)$ 10. $(b, S_e, b) \rightarrow (S_e, \sigma)$	Vergleich der zweiten Hälfte des Satzes mit dem Speicher (M) und Löschen bei Übereinstimmung.
11. $(B, S_e, \sigma) \rightarrow (S_0, \sigma)$	Löschen der Marke σ von (M).

Beispiel. Betrachte den Satz 'a b a c a b a'. Die Reihenfolge der Zustände im Automaten ist dann die folgende:

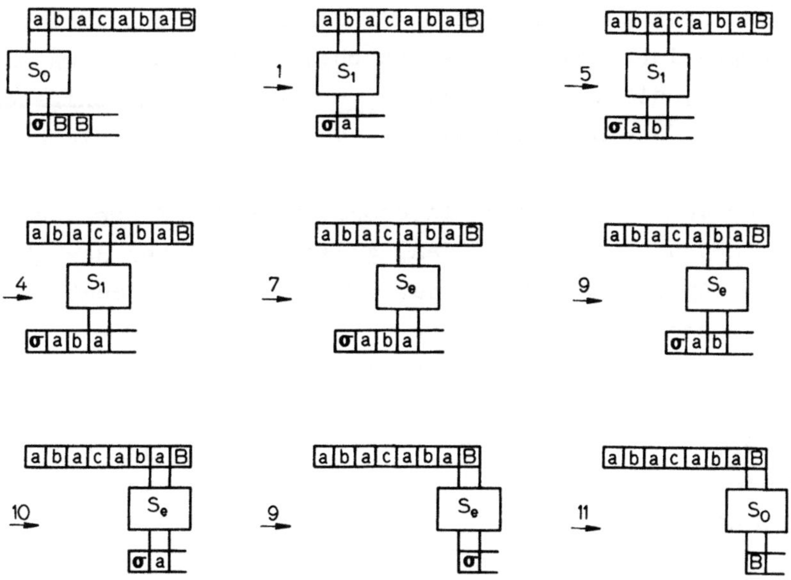

Man bemerkt, daß der konstruierte Automat deterministisch ist: Also kann auf Situationen des Typs (e, S, ...) verzichtet werden.

9.1.4. Der die Sprache L_n akzeptierende Automat

Studieren wir nun auf gleiche Weise die Sprache $L_n = \{x\,\tilde{x} \mid x \in \{a, b\}^*\}$, die sich von der vorhergegangenen durch die Abwesenheit einer zentralen Marke unterscheidet, und gehen wir beim Prüfen der Sätze genauso vor wie oben. Da das Lesen jetzt ohne Rückkehr voranschreitet und nichts mehr das Zentrum anzeigt, ist der Automat notwendig nicht-deterministisch. In jeder Position muß ein Umschalten in den Löschzustand vorgesehen werden. Ein unkorrekter Satz wird bestimmt nicht akzeptiert. Geben wir nun einen korrekten Satz ein.

Wenn das Umschalten in den Löschzustand sich in der Mitte ereignet, dann wird der Satz akzeptiert. Anderenfalls wird der Automat blockieren, oder er wird das Lesen beenden, ohne den Speicher geleert zu haben.

Wir überlassen es dem Leser, die Regeln für diesen Automaten aufzuschreiben.

9.2. SPRACHERZEUGENDE AUTOMATEN

Bis hierher haben wir betrachtet:

- einen physikalischen Apparat (Bänder und Schaltwerk),
- eine Menge von Regeln der Form: $\Sigma \to (S_m, x)$,

die das definieren, was wir einen abstrakten Automaten nennen.

Im folgenden haben wir die Regeln mit Hilfe eines physikalischen Apparates interpretiert und haben einen physikalischen Automaten erhalten, der die Sätze, die man ihm vorlegt, prüft und - in wenigstens einem möglichen Verfahren - akzeptiert, während er immer die anderen zurückweist.

Aber man kann auch eine andere Interpretation der Menge von Regeln, die einen abstrakten Automaten bilden, geben, in welcher der gleiche, etwas veränderte Apparat die Sätze derselben Sprache erzeugt.

Dieser erzeugende Automat hat interne Zustände, die denen eines prüfenden (erkennenden) Automaten entsprechen.

Er hat dasselbe Speicherband (M), aber er schreibt auf (E), anstatt von (E) abzulesen.

Der Anweisung:

$$(a_i, S_j, A_k) \to (S_m, x)$$

bezüglich des erkennenden Automaten läßt man die Anweisung:

$$(S_j, A_k) \rightarrow (a_i, S_m, x)$$

bezüglich des erzeugenden Automaten entsprechen und umgekehrt. Diese Anweisung bedeutet physikalisch:

Während der erzeugende Automat sich in der Situation (S_j, A_k) befindet, schreibt er a_i auf das Band (E) und geht in den Zustand S_m über; was den Rest betrifft, so verhält er sich über (M) wie ein erkennender Automat.

Bei Beginn setzt man voraus, daß sich der Automat im Zustand S_0 befindet und das Wort σ ganz links auf dem Band (M) steht. Der erzeugende Automat ist nur durch einen Teil der Situation bestimmt, die das Verhalten eines prüfenden Automaten bestimmt. Aber es ist klar, daß jede korrekte Berechnung eines erkennenden Automaten in eine korrekte Berechnung eines erzeugenden Automaten übersetzt werden kann und umgekehrt. Der modifizierte Automat erzeugt die durch den ersten Automaten akzeptierte Sprache. Er produziert einen korrekten Satz, wenn er ausgehend von den initialen Bedingungen zu dem Zustand S_0 zurückgelangt, wobei das Band (M) dann leer ist.

Beispiel. Überprüfen wir noch einmal die Regeln des Automaten, der die Sprache $L_m = \{x\ c\ \tilde{x}\}$ akzeptierte.

Hier ist eine neue Interpretation dieser Regeln:

1 und 2: Schreibe dasselbe Zeichen auf (E) und (M), schalte in den Zustand S_1 um.

3 - 6: Schreibe dasselbe Zeichen auf (E) und (M) und bleibe im Zustand S_1.

7 und 8: Schreibe auf (E) und die zentrale Marke und gehe in den Zustand S_e über.

9 und 10: Schreibe auf (E) das von (M) abgelesene Zeichen und kehre zu (M) zurück.

11: Angekommen bei dem initialen Zeichen σ, lösche es aus, gehe in den Zustand S_0 über; schreibe das Leerzeichen B auf E.

Zur Übung stelle der Leser die Erzeugung der Phrase 'a b a c a b a' durch einen solchen Automaten dar.

Der erzeugende Automat ist nicht deterministisch (auch dann nicht, wenn der diese Sätze erkennende Automat deterministisch ist). Dies war der Fall im vorhergegangenen Beispiel. Mehrere "reduzierte" Situationen wie (S_1, a), (S_1, b) können Anlaß geben zu verschiedenen Produktionen; diese Freiheit der Wahl erlaubt es den Automaten, den ersten Teil eines

Satzes zufällig zu erzeugen. Im zweiten Teil eines Satzes wird sein Verhalten wieder deterministisch.

Zusammenfassung. Wenn man abstrakterweise das mathematische Objekt, bestehend aus einem Vokabular V_E, einem Vokabular V_M und einer Menge von Regeln

$$\Sigma_i \rightarrow (S_{m_i}, x_i)$$

betrachtet, dann ist es gleichgültig, ob man sagt, daß dieser so definierte Automat eine Sprache akzeptiert oder erzeugt.

9.3. DIE KLASSE DER DURCH EINEN PUSH-DOWN AUTOMATEN AKZEPTIERTEN (ERZEUGTEN) SPRACHEN

9.3.0.

Wir haben zwei Beispiele gegeben, in denen man, ausgehend von einer CF-Grammatik einen Push-down Automaten konstruiert, der die Sprache L(G) akzeptiert (erzeugt). Wir wollen nun dieses Ergebnis verallgemeinern.

9.3.1. Der eine CF-Sprache akzeptierende Automat

$$V_A = \{A_i | 1 \leq i \leq m\}; \quad V_T = \{a_j | 1 \leq j \leq n\}$$

$$\text{Axiom: } S = A_1;$$

$$G: \left| \begin{array}{c} A_i \rightarrow \omega_{i,1}, \ldots, A_i \rightarrow \omega_{i,k_i} \\ 1 \leq i \leq m \end{array} \right|$$

Wir konstruieren einen Push-down Automaten. Das Eingabevokabular $\bar{V}_E$ sei V_T, vervollständigt durch e; das Speichervokabular $\bar{V}_M$ sei $V_T \cup V_E$, vervollständigt durch e und σ. Es gibt einen Anfangszustand [0], einen "vorsyntaktischen" Zustand [1] und soviele syntaktische Zustände $[A_i]$, wie es Hilfswörter A_i gibt. Die Liste der Anweisungen enthält:

1. Eine initiale Anweisung: (e, [0], σ) → ([1], S).

2. Übergangsanweisungen zu einem syntaktischen Zustand: (e, [1], A_i) → ($[A_i]$, σ), soviele, wie es syntaktische Zustände (oder Hilfswörter) gibt.

3. Produktions- (oder Analyse)anweisungen:
(e, $[A_i]$, e) $\to$ ($[1]$, ω_{i,k_i}), soviele, wie es CF-Regeln gibt.

4. Lese- (oder Kopier)anweisungen: (a_j, $[1]$, a_j) $\to$ ($[1]$, σ), soviele, wie es terminale Wörter gibt.

5. Eine finale Anweisung: (e, $[1]$, σ) $\to$ ($[0]$, σ).

Funktionsweise während der Erzeugung. Ausgehend von korrekten Ausgangsbedingungen geht der Automat in den vorsyntaktischen Zustand über, schreibt den Namen des Axioms und löscht ihn wieder, nachdem er ihn gespeichert hat, das heißt, nachdem er in den entsprechenden syntaktischen Zustand übergegangen ist. In diesem Zustand wählt er die rechte Seite irgendeiner Regel $S \to \omega_{1,k}$, schreibt sie auf das Speicherband, begibt sich über das letzte von ihm geschriebene Wort und schaltet in den vorsyntaktischen Zustand $[1]$ zurück.

Allgemeiner: Wenn der Automat auf seinem Speicherband ein linkes Element einer Regel liest, löscht er es aus, geht in den entsprechenden syntaktischen Zustand über, schreibt eine entsprechende Produktion und beginnt, während er in den vorsyntaktischen Zustand umschaltet, das letzte Wort, das er geschrieben hat, zu beobachten. Wenn der Automat dagegen ein terminales Zeichen gelesen hat, löscht er es aus und schreibt es auf das Eingabe(Ausgabe)band.

Der Prozeß geht zu Ende, wenn der Automat nach dem letzten Abschreiben das Zeichen σ ganz links vorfindet. Es ist klar, daß diese Funktionsweise äquivalent ist zu der Herstellung von Ableitungen bezüglich einer CF-Grammatik und dem Aufschreiben der so erhaltenen terminalen Zeichen (in umgekehrter Reihenfolge).

Funktionsweise beim Erkennen. Etwas weniger anschaulich vielleicht ist diese Funktionsweise durch die Doppelfunktion der Push-down Automaten garantiert.

Bemerkung: Dieser Automat ist stark nicht-deterministisch. Jedoch gibt es keine Regel (e, $[1]$, e) $\to$ ($[A_i]$, σ). Jede Annahme eines syntaktischen Zustandes ist motiviert.

Beispiel. Vergleichen wir dieses allgemeine Vorgehen mit dem Fall der Sprache L_m, die wir weiter vorn studiert haben. Die CF-Grammatik sei:

$$\left| \begin{array}{lll} S & \to & a\ S\ a \\ S & \to & b\ s\ b \\ S & \to & c \end{array} \right| ,$$

wobei

$$V_A = \{S\} \text{ und } V_T = \{a, b, c\}.$$

Es gibt nur ein Zeichen im Hilfsvokabular, das Axiom S, es gibt dann auch nur einen syntaktischen Zustand. Man findet die Regeln:

1. $(e, [0], \sigma) \to ([1], S).$

2. $(e, [1], S) \to ([S], \sigma).$

3. $(e, [S], e) \to \begin{cases} ([1], a\ S\ a) \\ ([1], b\ S\ b) \\ ([1], c). \end{cases}$

4. $\left.\begin{matrix} (a, [1], a) \\ (b, [1], b) \\ (c, [1], c) \end{matrix}\right\} \to ([1], \sigma).$

5. $(e, [1], \sigma) \to ([0], \sigma).$

Dies sind der Anzahl nach weniger Regeln als die in 9.1.3. gegebenen, die deterministisch bezüglich des Erkennens eines vorgegebenen Satzes waren.

Zu seinem eigenen Nutzen studiere der Leser, wie diese neuen Regeln aus den alten Regeln hervorgehen.

9.3.2. Die Grammatik, die eine von einem Automaten akzeptierte Sprache erzeugt

Die Konstruktion einer CF-Grammatik, die eine von einem Push-down Automaten akzeptierte Sprache erzeugt, ist möglich, aber schwieriger. Sie setzt eine vorhergehende Normalisierung der Regeln des Automaten voraus. Wir akzeptieren dieses Ergebnis ohne Beweis:

9.3.3. Theorem

Die Klasse der von Push-down Automaten erzeugten (akzeptierten) Sprachen ist identisch mit der Klasse der CF-Sprachen.

9.3.4. Übungen

1. Konstruiere mit Hilfe des allgemeinen Verfahrens einen Automaten, der die Sätze der "polnischen" Sprache akzeptiert:

$$\left|\begin{array}{lll} S & \to & C\ S\ S \\ S & \to & \neg\ S \\ S & \to & V \\ V & \to & V' \\ V & \to & p \end{array}\right|$$

2. Konstruiere einen Automaten, der die Sprache

$$\left|\begin{array}{lll} S & \to & T\ T \\ T & \to & T\ a \\ T & \to & b\ T \\ T & \to & c \end{array}\right|$$

akzeptiert.

3. Die Sprache $L = \{a^p b^q c^r | p + q \geq r\}$ ist eine CF-Sprache. Man suche dafür eine CF-Grammatik. Bestimme die Klasse, zu der sie gehört. Konstruiere einen Push-down Automaten des deterministischen Typs, der diese Sprache akzeptiert.

4. Problem. Im folgenden haben wir vorgeschlagen, einige Eigenschaften der präfixierten Bezeichnungsweise, auch "polnische" Bezeichnungsweise genannt, zu studieren. Der Einfachheit wegen bezeichnen wir jeden binären Operator mit a und jeden Operanden mit b.

Man betrachte die "polnische" Grammatik G_p, definiert durch das Axiom S, die terminalen Zeichen a und b und die Regeln

$$G_p \left|\begin{array}{lll} S & \to & a\ S\ S \\ S & \to & b \end{array}\right|.$$

G_p erzeugt eine Menge P von terminalen oder nicht-terminalen Wörtern und eine terminale Sprache L. (Es gilt dann $L \subset P$.)

1. Gegeben sei ein über dem Alphabet {S, a, b} definiertes Wort X, dann bezeichnet man mit $\alpha(X)$ den Grad von X bezüglich a, mit $\beta(X)$ den Grad von X bezüglich b und S, und durch $\gamma(X)$ den Rang von X, d.h. die Funktion

$$\gamma(X) = \alpha(X) - \beta(X).$$

<u>Beispiele.</u>

$X = a\ b^3\ a^2\ S^4$, $\alpha(X) = 3$,

$\beta(X) = 7$, $\gamma(X) = -4$.

$Y = a\ b\ a^2\ b^2\ a\ b^3$, $\alpha(Y) = 4$,

$\beta(Y) = 6$, $\gamma(Y) = -2$.

1.1. Beweise die Implikation:

$$X \in P \Longrightarrow \gamma(X) = -1.$$

1.2. Man zerlege ein Wort X in einen linken Faktor (Kopf) T und einen rechten Faktor (Schwanz) Q, der eine wie der andere Faktor seien nicht leer. Man beweise:

$$X = T\,Q \quad \text{und} \quad X \in P \Longrightarrow \gamma(T) \geqq 0,$$
$$X = T\,Q \quad \text{und} \quad X \in P \Longrightarrow \gamma(Q) \leqq -1.$$

1.3. Umgekehrt zeige man, daß, wenn für jeden "echten" Kopf von X gilt: $\gamma(T) \geqq 0$ und $\gamma(X) = -1$, dann gilt: $X \in P$.

1.4. Unter Benutzung des Ergebnisses der vorangegangenen Frage konstruiere man einen deterministischen Push-down Automaten M, der die Sprache L der Aufgabe 3 akzeptiert.

1.5. Man sagt, daß ein Push-down Automat ohne Kontrolle sei, wenn alle Anweisungen von der Form

$$(a,\ S_i,\ e) \rightarrow (S_j,\ x)$$

sind. Kann M ohne Kontrolle sein? Welche Rolle spielt (würde spielen) das Speicherband?

2. In diesem Teil betrachten wir die Struktur, die G_p der Sprache L gibt.

2.1. Erkläre, wie man den Ableitungsbaum eines Wortes aus L bestimmen kann (etwa durch aufeinanderfolgendes Gruppieren und durch Hin- und Hergehen).

Anwendung: Baum von $a^3\ b\ a\ b^2\ a\ b\ a\ b^2\ a\ b^2$. Zeige, daß G_p nicht mehrdeutig ist.

2.2. Man stelle sich die Aufgabe, einen Automaten T zu konstruieren, der versehen ist mit einem Eingabeband, einem Arbeitsband und einem Ausgabeband, und der bei Eingabe von $f \in L$ das Wort T(f) produziert, d.h. eine Übersetzung von f in eine Klammerstruktur:

a b b ergibt (b a b),
a a b b b ergibt ((b a b) a b) usw.

Studiere, ob eine solche Konstruktion möglich ist; wenn ja, realisiere sie.

3.1. Man bezeichne durch p_i ganze Zahlen größer als 1 und durch k eine feste ganze Zahl. Zeige, daß es für festes k unendlich viele Wörter aus L von der Form

$$a^{p_1} b^{p_1} a^{p_2} b^{p_2} \dots a^{p_k} b^{p_k} b$$

gibt.

3.2. Zeige, ausgehend von obigem Resultat, daß die Sprache L nicht von einer metalinearen Sprache erzeugt werden kann.

N.B. Diese Frage ist unabhängig von den vorangegangenen.

9.4. ÜBERSICHT ÜBER DIE ANWENDUNGEN VON CF-SPRACHEN

9.4.0.

Wir haben gesagt, daß die CF-Sprachen die von Push-down Automaten akzeptierten (erzeugten) Sprachen sind. Andererseits haben wir auf die Wichtigkeit der Push-down Technik beim Programmieren hingewiesen.

Diese erste Annäherung zwischen CF-Sprachen und dem Programmieren veranlaßt uns, eine Übersicht über die Anwendungen der CF-Sprachen beim Programmieren und der automatischen Informationsverarbeitung zu geben.

9.4.1. Anwendungsbeispiele

Die Bedeutung der CF-Sprachen kommt wahrscheinlich daher, daß

- sie die rekursive Einbettung von Folgen erlauben,
- das Verfahren der Erzeugung dieser Sprachen sehr intuitiv ist,
- die Algorithmen zur Erkennung von Sätzen einfach sind.

Diese wurden von vielen Forschern, die auf dem Gebiet der formalisierten Syntax arbeiten, unabhängig voneinander entdeckt.

Wir zitieren nun die wichtigsten Varianten:

- Die Backus-Normalform, eine Variante bezüglich der Bezeichnung der CF-Regeln:

$$\langle A \rangle : : = \langle B \rangle \langle C \rangle \mid n \langle D \rangle,$$

die sich schreiben läßt als

$$A \rightarrow B\ C \qquad A, B, C, D \in V_A$$
$$A \rightarrow n\ D \qquad n \in V_T.$$

- In der Linguistik: Die Modelle der unmittelbaren Konstituentenanalyse von Wells und Harris, die kategoriellen Grammatiken von Bar-Hillel, deren Äquivalenz zu den CF-Grammatiken bewiesen wurde.

- In der automatischen Sprachübersetzung: Fast alle der dort konstruierten Grammatiken sind CF-Grammatiken.

Die Mehrheit der Programmiersprachen sind so beschaffen, daß man sie syntaktisch als CF-Sprachen beschreiben kann.

9.4.2. ALGOL

Außer arithmetischen Ausdrücken enthält ALGOL noch andere Möglichkeiten der Selbsteinbettung. Unter diesen seien erwähnt:

a) die Existenz von Ableitungen

$$\langle\text{unlabelled compound}\rangle \Longrightarrow (\text{BEGIN})^n \; \langle\text{unlabelled compound}\rangle \; (\text{END})^n .$$

Also ist es syntaktisch korrekt, ein Programm mit n BEGIN am Kopf und n END am Schwanz zu haben.

b) die konditionalen Ausdrücke, wo man zwischen jedes IF und THEN ein weiteres IF ... THEN einbetten kann. Dies entspricht den Ableitungen des Typs

$$\langle\text{if clause}\rangle \Longrightarrow (\text{IF } \varphi_0)^n \; \langle\text{if clause}\rangle \; (\varphi_1 \text{ THEN } \varphi_2)^n ,$$

wobei φ_0, φ_1 und φ_2 durch die Regeln gegeben sind und verschiedene Konfigurationen haben können.

9.4.3.

FORTRAN ist auch in der Backus-Normalform dargestellt worden, d.h. in Form einer CF-Sprache. Gewisse Einschränkungen können jedoch nicht in der Backus-Normalform formalisiert werden.

9.4.4. LISP (McCarthy)

Wir können eine CF-Grammatik für alle S-Funktionen angeben, die die Basis des LISP-Systems sind.

Es ist leicht zu verifizieren, daß die Grammatik, die wir geben, den Regeln der Definition entspricht.

Wir geben Regeln zum Aufzählen der S-Darstellungen, welche die fundamentalen Listenstrukturen von LISP sind. Wir berücksichtigen nicht Operatoren wie LAMBDA, LABEL, QUOTE, die sehr eng mit der Programmierung des Systems verbunden sind. Wir definieren:

$V_T = \{A, \ldots, Z, 0, 1, \ldots, 9, (,) \;,\; , \}$

$V_A = \{C_a$ (Zeichen), S_a (Atom), S_e (S-Ausdruck),

P_r (Prädikat), E_c (Konditionalausdruck), P_a (Paar), S_f (S-Funktion), S_r (S-Darstellung)}.

Die Regeln sind:

$$S_r \to \begin{Bmatrix} S_f \\ P_r \\ S_e \end{Bmatrix} \qquad P_r \to \begin{Bmatrix} (\mathrm{ATOM}, S_e) \\ (\mathrm{EQ}, S_e, S_e) \\ E_c \end{Bmatrix}$$

$$S_f \to \begin{Bmatrix} E_c \\ (\mathrm{CAR}\ S_r) \\ (\mathrm{CDR}\ S_r) \\ (\mathrm{CONS}, S_r, S_r) \end{Bmatrix} \qquad S_e \to \begin{Bmatrix} (S_e \,.\, S_e) \\ S_a \end{Bmatrix} \qquad S_a \to \begin{Bmatrix} C_a\, S_a \\ C_a \end{Bmatrix}$$

$$P_a \to \begin{Bmatrix} (P_r, S_r) \\ (P_r, S_r), P_a \end{Bmatrix} \qquad C_a \to \begin{Bmatrix} A \\ \vdots \\ Z \\ 0 \\ 1 \\ \vdots \\ 9 \end{Bmatrix}$$

$$E_c \to (\mathrm{COND}, P_a)$$

Die Eigenschaften der Selbsteinbettung sind durch die Regeln evident, sie erlauben die rekursiven Definitionen der Listen.

9.4.5.

Die Unentscheidbarkeitstheoreme, die wir zitierten, haben gewisse praktische Konsequenzen, die schon von verschiedenen Autoren erkannt wurden.

Die Unentscheidbarkeit der Äquivalenz zweier Grammatiken bedeutet, daß es kein allgemeines Verfahren gibt, das erlaubt, bei zwei vorgegebenen Grammatiken zu sagen, ob sie beide die gleiche Sprache erzeugen oder nicht. Man kann erwarten, daß der Vergleich von Familien von Sprachen, die so nahe verwandt sind wie die verschiedenen Versionen von FORTRAN oder ALGOL, schwierig zu vollziehen ist. In jedem besonderen Fall muß man Verfahren oder vielmehr Heuristiken finden, die nur angenäherte Antworten geben. Die gleichen Bemerkungen gelten für das Problem der Mehrdeutigkeit einer Sprache.

X. Die Sprachen von Kleene und endliche Automaten

10.0.

Die von Kleene definierten und beim Bilden eines einfachen Neuronenmodells studierten regulären Sprachen (auch finite-state languages genannt) haben auf dem Gebiet der Schaltkreiskonstruktion viele Anwendungen und zahlreiche Ergebnisse hervorgebracht. In einer anderen Form sind diese Sprachen von Markoff, der ihre linguistische Bedeutung erkannte, entdeckt worden. Kürzlich hat Shannon diese Fragen unter dem gleichen probabilistischen Standpunkt wie Markoff wieder aufgegriffen. Er hat ihnen Anwendungen in natürlichen Sprachen gegeben und hat eine besondere Klasse von Automaten definiert: die endlichen Automaten.

10.1. DIE K-GRAMMATIKEN

Wir werden hier diejenigen allgemeinen Eigenschaften der Sprachen von Kleene studieren, in denen nur logische Begriffe auftreten, und werden nicht die probabilistischen Anwendungen behandeln. Wir werden mehrere Definitionen geben oder Varianten dieser Definitionen und ihre Äquivalenz zeigen. Obwohl die K-Sprachen spezielle CF-Sprachen sind, erscheint es interessanter und aufschlußreicher, ihre Eigenschaften unabhängig von den CF-Sprachen darzustellen.

10.1.1. Definition

Die *Grammatiken von Kleene* - oder auch K-Grammatiken -, die *K-Sprachen* über dem Alphabet $V = V_A \cup V_T$ definieren (wobei $V_A = \{A_i | 1 \leq i \leq n\}$, A_1 das Axiom und $V_T = \{a_j | 0 \leq j \leq m\}$ sind), haben Regeln der Form:

$$(r) \quad A_i \rightarrow a_j A_k \qquad \text{als auch} \qquad (l) \quad A_i \rightarrow A_k a_j .$$

Jede Grammatik enthält eine endliche Anzahl von Regeln der Form (r) oder (l), wobei das *oder* exklusiv ist. Darüber hinaus besitzt sie die lexikographischen oder terminalen Regeln:

$$A_i \rightarrow a_j.$$

Den Pfeil interpretiert man als "wird umgeschrieben".

<u>Beispiel.</u>

$$V = \{P, Q\} \cup \{a, b\}, \text{ Axiom } P$$

$$(\mathrm{Gr}): \left|\begin{array}{lcl} P & \rightarrow & a\,P \\ P & \rightarrow & a\,Q \\ Q & \rightarrow & b\,Q \\ Q & \rightarrow & b \end{array}\right|.$$

Diese Grammatik zählt die Sprache auf, die gebildet wird durch eine aus a bestehende Folge, gefolgt von einer aus b gebildeten Folge:

$$\{a^m b^n | n,m \geqq 0\}.$$

Die gleiche Sprache läßt sich beschreiben durch die Grammatik:

$$(\mathrm{Gl}): \left|\begin{array}{lcl} P & \rightarrow & P\,b \\ P & \rightarrow & Q\,b \\ Q & \rightarrow & Q\,a \\ Q & \rightarrow & a \end{array}\right|$$

Mit Hilfe der Grammatik (Gr) leiten wir die Phrase $a^3\ b^2$ ab:

$$P \rightarrow aP \rightarrow aaP \rightarrow aaaQ \rightarrow aaabQ \rightarrow aaabb.$$

Bemerkung: Die endlichen Sprachen sind K-Sprachen. Eine Menge von N Sätzen: $f_1, f_2, \ldots, f_N$ kann durch eine Grammatik G beschrieben werden, die nur terminale Regeln besitzt:

$$(G) = \{P \rightarrow f_i | 1 \leqq i \leqq n\}.$$

10.1.2. Grammatikalische Beschreibungen

Wie die CF-Grammatiken zählen die K-Grammatiken Baumstrukturen auf.

<u>Beispiel.</u> Für den Satz aaabb, abgeleitet durch (Gr), erhalten wir die Struktur:

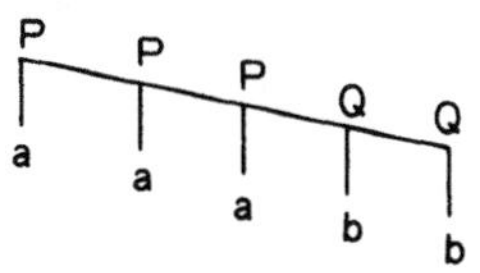

Diese Struktur wird zu einer Klammerstruktur:

(a (a (a (b (b))))).
P P P Q Q

Eine Struktur derart, daß gilt:

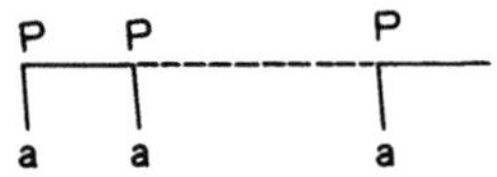

heißt rechts-rekursiv.

Wenn wir (G1) benutzen, um aaabb abzuleiten, erhalten wir diese Strukturen:

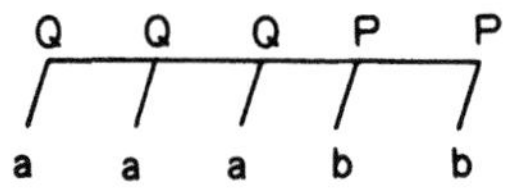

(((((a)a)a)b)b)
PPQQQ

die links-rekursiv heißen.

10.2. DIE ENDLICHEN AUTOMATEN

10.2.0.

So, wie wir den CF-Sprachen die Push-down Automaten zugeordnet haben, werden wir den K-Grammatiken sehr spezielle Maschinen, *die endlichen Automaten*, zuordnen.

10.2.1. Beschreibung

Ein endlicher Automat kann nur eine endliche Anzahl von Zuständen $S = \{S_j\}$ annehmen. Er hat einen Lesekopf, der ein in Felder eingeteiltes Band beobachtet, dessen sämtliche Felder ein Element des Vokabulars $V = \{a_i | 0 \leq i \leq n\}$ enthalten, wobei das Zeichen a_0 die Rolle des neutralen Elementes spielt.

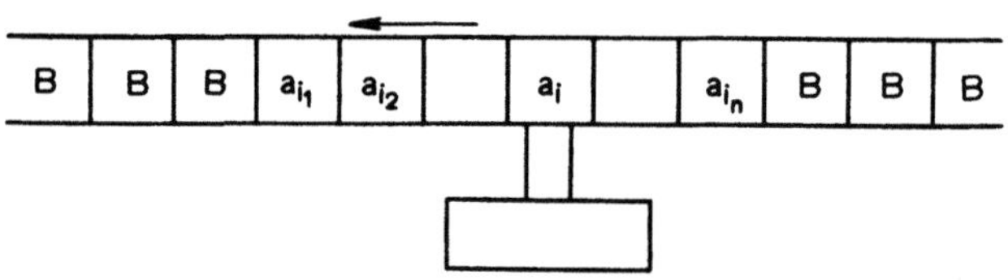

Einer der Zustände $S_0 \in \{S_j\}$ ist ausgezeichnet und heißt Anfangszustand.

10.2.2. Funktionsweise

Intuitiv kann man die Funktionsweise der Maschine so darstellen: Eine Folge $\alpha \in V^*$ wird auf das Band geschrieben, und man kann annehmen, daß links und rechts von der Folge α das Zeichen B in den Feldern steht. Der Automat beginnt im Zustand S_0 zu arbeiten, wobei der Lesekopf das ganz links stehende Zeichen von α liest. Dann schaltet der Automat in einen anderen Zustand um und verschiebt das Band um ein Feld nach links. Diese Transitionen sind bestimmt durch die Regeln (μ) der Form:

$$(a_i, S_j) \rightarrow (S_k),$$

von denen es endlich viele gibt und wobei (a_i, S_j) die Situation der Automaten ist und S_k der Zustand, den der Automat im folgenden Schritt einnimmt. Wenn sich der Automat in einer Situation (a_{i_1}, S_{j_1}) befindet, für die es keine Regel (μ) gibt, dann blockiert er. Wenn der Automat, nachdem er "gerechnet" hat, sich in der Situation (B, S_0) befindet, dann sagt man, er hat (α) akzeptiert. Die durch diese Klasse von Automaten akzeptierten Sprachen sind die K-Sprachen.

Beispiel. Der Automat, der die Sprache

$$\{a^m b^n | n,m > 0\}$$

$$(a, S_0) \rightarrow S_1$$
$$(a, S_1) \rightarrow S_1$$
$$(b, S_1) \rightarrow S_2$$
$$(b, S_2) \rightarrow S_2$$
$$(B, S_2) \rightarrow S_0$$

akzeptiert.

10.2.3. Verschiedene Varianten

Es gibt in der Literatur einige Varianten dieser Definition (Varianten bezüglich der Bezeichnungsweise). Die wichtigsten:

- Das neutrale Element kann als Marke genommen werden, oder man eliminiert es.

- Anstatt am Ende der Berechnung in den Anfangszustand S_0 zurückzukehren, kann der Automat einen Endzustand S_f einnehmen oder einen der möglichen Endzustände der Maschine: $\{S_f\} \subset \{S_j\}$.

- Anstatt die Transitionen durch Regeln (μ) zu definieren, kann man eine *Transitionstafel* oder eine Transitionsfunktion auf dem Modell

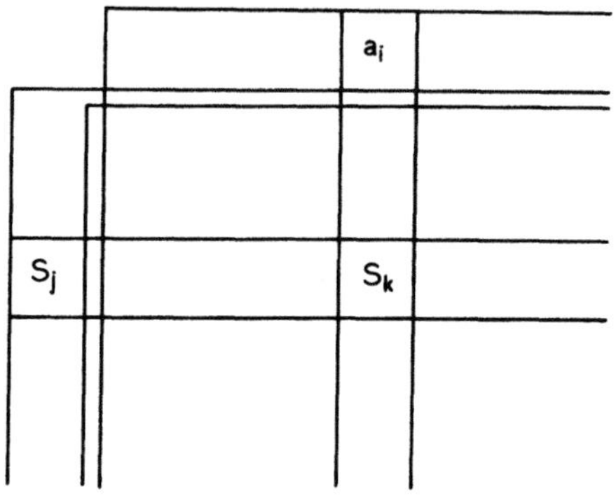

definieren.

Beispiel. Nehmen wir das bereits gegebene Beispiel der Sprache $a^m b^n$, dann erhalten wir die Tafel:

	a	b	B
S_0	S_1		
S_1	S_1	S_2	
S_2		S_2	S_0

Wir werden die Transitionsfunktion schreiben als $M(a_i, S_j)$, sie ist auf einer Teilmenge von $V \times S$ definiert und hat als Bildbereich S. Wenn der Automat nicht deterministisch ist, dann hat M als Bildbereich die Menge der Teilmengen von S. Wir erweitern jetzt M auf den Definitionsbereich $V^* \times S$, indem wir für $\varphi \in V^*$, $\varphi = \varphi_1 a_i$

$$M(\varphi, S_j) = M(\varphi_1, M(a_i, S_j))$$

setzen.

10.2.4. Darstellung durch einen Graphen

Jedem Automaten kann man einen Graphen auf folgende Weise zuordnen: Jedem Zustand ordnet man einen Knotenpunkt zu, jeder Transitionsregel $(a_i, S_j) \to S_k$ ordnet man einen orientierten Bogen von S_j nach S_k zu, der das Etikett a_i trägt.

Beispiel. Für unser Beispiel erhalten wir:

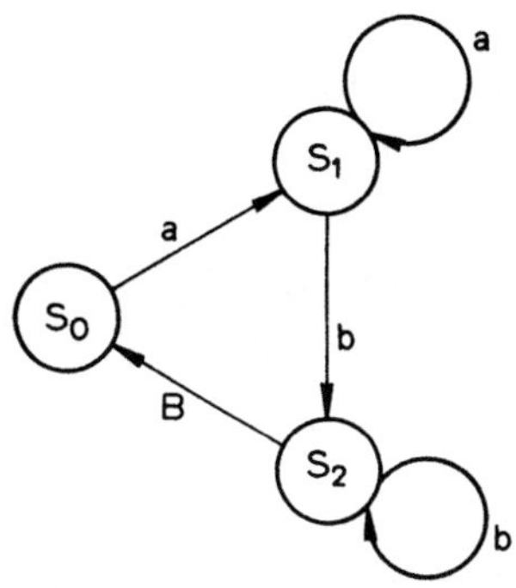

Auf gleiche Weise können wir jeder Grammatik einen Graphen zuordnen, indem wir die nicht terminalen Zeichen als Knotenpunkte nehmen und die nicht terminalen Regeln als orientierte Bögen. Den terminalen Regeln können wir einen gerichteten Bogen zuordnen, der auf ein spezielles Zeichen R gerichtet ist.

Beispiel. Für obiges Beispiel erhalten wir:

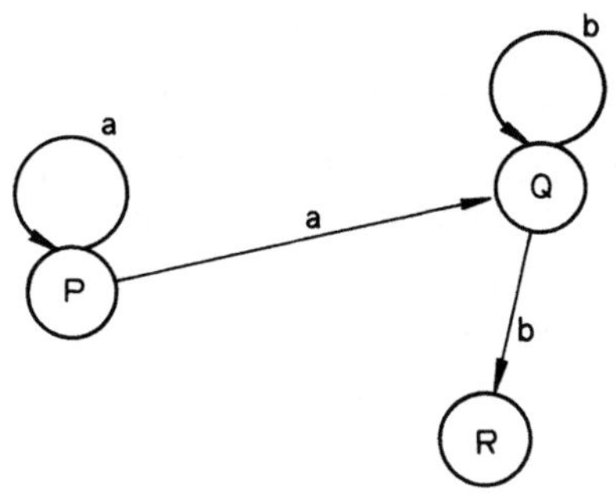

Beim Betrachten des Graphen eines Automaten wird klar, daß die Funktionen der Erzeugung von Sätzen und des Erkennens von Sätzen gleich sind. Es genügt, den Pfeilen eine verschiedene Interpretation zu geben:

a) Erzeugung: Beim Übergang vom Zustand S_j in den Zustand S_k *schreibt* der Automat a_i auf das anfangs leere Band und verschiebt es um ein Feld nach links.

b) Erkennung: Um vom Zustand S_j in den Zustand S_k übergehen zu können, muß der Automat a_i auf dem Band lesen und es um ein Feld nach links verschieben.

Die Ähnlichkeiten zwischen den Regeln der Grammatik und denen des Automaten genügen fast zum Beweis der Äquivalenz dieser Definitionen. Diese Äquivalenz wird offensichtlich, wenn man folgende Vereinbarung trifft:

- Die Regeln der Grammatik haben alle die Form $A_i \rightarrow a_j A_k$, und für die terminalen Regeln schreibe man: $A_i \rightarrow a_j R$, wobei R ein spezielles Zeichen ist: $R \notin V_A$ und A_1 das Axiom sei.

Dieser Grammatik kann man den folgenden Automaten zuordnen.

- Das Alphabet sei V_T.
- Die Zustände seien die Zeichen von $V_A \cup \{R\}$.
- Der Anfangszustand sei A_1, der Endzustand R.
- Die Transitionsregeln seien $(a_j, A_i) \rightarrow A_k$ für jede Regel der Grammatik $A_i \rightarrow a_j A_k$.

Jedes durch diese Grammatik erzeugte Wort wird von diesem Automaten akzeptiert. Umgekehrt kann man von einem Automaten ausgehend auf ebenso einfache Weise eine äquivalente Grammatik konstruieren.

10.3. WEITERE KLASSEN ENDLICHER AUTOMATEN

10.3.1. Nicht-deterministische Automaten

Sei A ein durch seine Zustände S definierter Automat, wobei S die Anfangszustände $\{S_0\}$ und die Endzustände $\{S_f\}$ enthält, und seine Transitionsfunktion sei M (a_i, S_j), die als Definitionsbereich $V \times S$ und S als Bildbereich besitzt. Wenn es zu jedem Paar (a_i, S_j) höchstens ein Element M (a_i, S_j) gibt, dann heißt der Automat *deterministisch*. Gibt es mehrere mögliche Transitionen, dann heißt er nicht-deterministisch, und die Transitionsfunktion M (a_i, S_j) hat $\mathfrak{P}(S)$, die Menge der Teilmengen von S, zum Bildbereich. Betrachten wir nun einen endlichen Automaten B, der ausgehend von A auf folgende Weise konstruiert ist: Die Menge der Zustände sei die Menge der Teilmengen von S, hier mit T bezeichnet. Die Menge der Anfangszustände sei $\{T_0\} = \{S_0\}$, $\{T_f\}$ sei die Menge der Teilmengen von S, die wenigstens ein S_f enthalten. Das Bild M (a_i, T_j) der Transitionsfunktion sei die Menge der M (a_i, S_j), derart daß $S_j \in T_j$. Dieser Automat B ist deterministisch; man zeigt, daß er in der Tat äquivalent zu A ist. Dieses Ergebnis zeigt, daß man jedem nicht-deterministischen Automaten einen äquivalenten deterministischen zuordnen kann. A priori könnte man der Meinung sein, daß diese allgemeinen Automaten in der Lage seien, andere Sprachen als K-Sprachen zu definieren, aber es ist nicht so.

10.3.2. Links und rechts verschiebbare Automaten

Eine weitere Verallgemeinerung des Begriffs endlicher Automaten besteht darin, daß man beliebige Verschiebungen des Bandes zuläßt im Gegensatz zur einen Richtung, in der sich das Band bisher nur verschieben durfte. Auf diese Weise kann das Band beim Beobachten eines Feldes rückwärts und ein anderes Zeichen lesen, dann wieder vorwärts gehen usw., bis es ganz links bei dem zu akzeptierenden Wort angekommen ist.

Formal ausgedrückt, die Transitionsfunktion wird die Bewegung des Bandes bestimmen, sie wird auf der Produktmenge $S \times \{L,R\}$ definiert. S ist dabei die Menge der Zustände, L und R bedeuten dabei, daß das Band ein Feld nach links oder rechts verschoben wird.

Man zeigt, daß diese Verallgemeinerung die Klasse der akzeptierten Sprachen nicht verändert. Sie bleibt die Klasse der K-Sprachen, das heißt, jedem links und rechts verschiebbarem Automaten kann man einen zu ihm äquivalenten gewöhnlichen Automaten zuordnen.

10.3.3. K-definite Automaten

Eine von Kleene eingeführte beschränkte Klasse von Automaten wird durch Automaten gebildet, deren Zustand eindeutig bestimmt ist durch die k letzten akzeptierten Zeichen eines Wortes, wobei k im voraus festgelegt ist. Man kann entscheiden, ob ein Wort zu einer durch einen solchen Automaten erzeugten Sprache gehört, indem man nur die letzten k-Zeichen des Wortes prüft.

Ein Beispiel für einen endlichen Automaten, der nicht k-definit ist (bei beliebigem k):

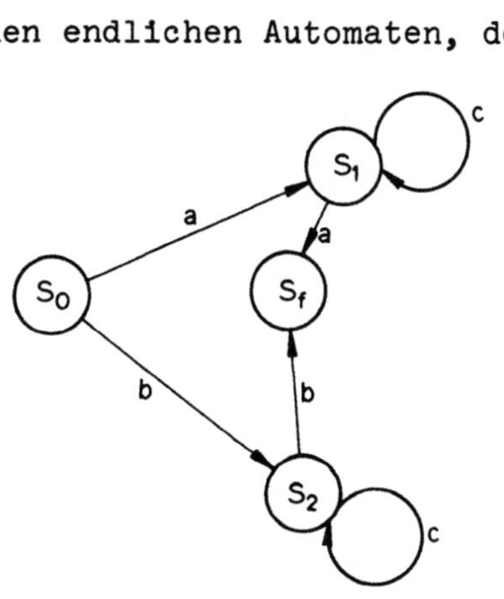

Dieser Begriff ist bei gewissen Studien über natürliche Sprachen benutzt worden, beim Studium von Wörtern mit k Zeichen. Man nimmt eine Matrix, deren Zeilen aus Folgen von k Zeichen der in Frage kommenden Sprachen bestehen. Die Spalten entsprechen den Zeichen dieser Sprache. Die Wahrscheinlichkeit, daß ein Zeichen, dargestellt durch eine Spalte, das k+1-ste Zeichen eines gewissen mit k Zeichen beginnenden Wortes ist, wird am Schnittpunkt der Spalte mit der Zeile eingetragen. Die Erzeugung eines Wortes durch einen k-definiten Automaten, der durch diese Matrix dargestellt ist, geschieht auf folgende Weise: Wenn der Automat sich in dem Zustand befindet, der der ganz rechts stehenden Folge von k Zeichen des Wortes $a_{i_1} a_{i_2} \dots a_{i_k}$ entspricht, dann erzeugt er ein Zeichen als Funktion der k Zeichen und geht in den Zustand, der der Folge $a_{i_2} a_{i_3} \dots a_{i_k} a_{i_1}$ entspricht, über.

10.4. ABSCHLUSSEIGENSCHAFTEN. CHARAKTERISIERUNG VON KLEENE

10.4.0.

Wir werden zeigen, daß die Klasse der K-Sprachen eine Boole'sche Algebra bildet.

10.4.1. Vereinigung

Derselbe Beweis wie für CF-Sprachen.

10.4.2. Komplementbildung

Wir betrachten eine K-Grammatik (G) über $V_T = \{a_i\}$ mit dem Axiom A_0 und den Regeln $A_i \to a_j\ A_k$, wobei $a_0 = E \in V_T$, $V_A = \{A_j | 0 \leq j \leq n\}$. Wir werden dieser Grammatik eine K-Grammatik ($\bar{G}$) zuordnen, die über $V_T = \{a_i\}$, $\bar{V}_A = \{B_j | 0 \leq j \leq n + 1\}$ definiert ist, als Axiom B_0 hat und die das Komplement von L (G) bezüglich V_T^* erzeugt:

(1) Jeder Regel $A_j \to a_i A_k$ $(i \neq 0)$ ordnet man zu: $B_j \to a_i B_k$.

(2) Jedem Tripel (A_j, a_i, A_k) $(i \neq 0)$, derart daß es keine Regel $A_j \to a_i A_k$ in (G) gibt, ordnen wir die Regel $B_j \to a_i\ B_{n+1}$ zu.

Darüber hinaus enthält ($\bar{G}$) die Regeln:

(3) $B_{n+1} \to a_0 B_0$, $B_{n+1} \to a_j B_{n+1}$ für $j \geq 1$.

(4) $B_j \to B_0$, wenn es keine Regel $A_j \to A_0$ in G gibt.

Die Regeln (1) und (4) schließen L(G) von $L(\bar{G})$ aus, indem sie die Sätze von L(G) "verlängern". Die Regeln (2) erlauben Folgen zu erzeugen, die nicht in L(G) liegen. Die Regeln (3) erlauben ausgehend von B_{n+1} die Erzeugung irgendwelcher Folgen. Hieraus folgt, daß der Durchschnitt zweier K-Sprachen eine K-Sprache ist.

10.4.3.

Durch die gleiche, bei den CF-Sprachen angewendete Methode zeigt man, daß das Produkt zweier K-Sprachen eine K-Sprache ist, daß die Operationen ~ und * auf eine K-Sprache angewendet eine K-Sprache erzeugen. Diese Ergebnisse werden durch das folgende Theorem verstärkt.

Theorem von Kleene. *Die Klasse der K-Sprachen ist die kleinste Klasse der Sprachen, die die endlichen Sprachen enthält und die abgeschlossen ist bezüglich der Vereinigung, des Produktes und* * .

10.4.4. Entscheidungsverfahren

Einige der Fragen, die sich uns bezüglich der Turingmaschinen und der Push-down Automaten gestellt haben, können auch bezüglich der endlichen Automaten gestellt werden.

Hier sind sie entscheidbar:

Es gibt Algorithmen, die erlauben zu entscheiden, ob oder ob nicht

- ein endlicher Automat eine nichtleere Sprache akzeptiert,
- ein endlicher Automat eine unendliche Sprache akzeptiert,
- zwei endliche Automaten äquivalent sind.

10.4.5. Die Charakterisierung von Kleene

Das Theorem von Kleene erlaubt es, eine einfache rekursive Definition von K-Sprachen zu geben, die übrigens verwandt ist mit den Graphen von Automaten oder Grammatiken.

Gegeben sei ein Vokabular V; wir werden als ersten Schritt

darstellende Ausdrücke

von Folgen aus V^* definieren.

1) Eine endliche Folge aus V^* ist ein darstellender Ausdruck.

2) Wenn X_1 und X_2 darstellende Ausdrücke sind, dann ist X_1X_2 ein darstellender Ausdruck.

3) Wenn die X_i: $1 \leq i \leq n$ darstellende Ausdrücke sind, dann ist $(X_{i_1},\ldots,X_{i_m})^*$ ein darstellender Ausdruck, $i_k \in \{1,\ldots,n\}$.

Diese Ausdrücke stellen auf folgende Weise Mengen von Folgen aus V^* dar:

1) Eine endliche Folge aus V^* stellt die gleiche Folge aus V^* dar.

2) Wenn X_1 die Menge der Folgen Σ_1 und X_2 die Menge der Folgen Σ_2 darstellt, dann stellt X_1X_2 die Menge aller Folgen $\varphi_1\varphi_2$ dar, derart daß $\varphi_1 \in \Sigma_1$ und $\varphi_2 \in \Sigma_2$ ist.

3) Wenn die X_i: $1 \leq i \leq n$ die Menge der Folgen Σ_i: $1 \leq i \leq n$ darstellen, dann stellt $(X_{i_1},\ldots,X_{i_m})^*$ die Menge der Folgen $\varphi_{i_1}\varphi_{i_2}\ldots\varphi_{i_m}$ dar, derart daß $\varphi_{i_k} \in \Sigma_{i_k}$, $i_k \in \{1,2,\ldots n\}$.

In diesem letzten Fall kann man $m > n$ haben, außerdem können Wiederholungen beliebiger Anzahl irgendwelcher φ_i aus Σ_i auftreten, wobei die Verknüpfung der φ_i in beliebiger Anordnung vollzogen werden kann. Jede K-Sprache kann durch eine Menge von darstellenden Ausdrücken beschrieben werden.

Beispiel.

- a b stellt die Sprache dar, die durch das einzige Wort a b gebildet wird.
- $(a)^*$ stellt die Sprache $\{a^n | n \geq 0\}$ dar.
- $(a)^*$ $(b)^*$ stellt die Sprache $\{a^p\ b^q | p, q \geq 0\}$ dar.
- $(a, b)^*$ stellt das über $\{a, b\}$ definierte freie Monoid dar.

Es ist möglich, diesen Ausdrücken auf folgende Weise Graphen zuzuordnen:

Darstellende Ausdrücke	Graphen
a	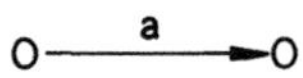
ab	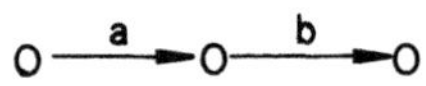
$(a)^*$	
$(a)^*b(b)^*$	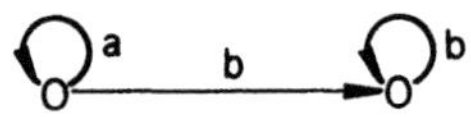
$a_1(a_2,a_3(a_4,a_5)^*a_6,a_7)^*a_8$	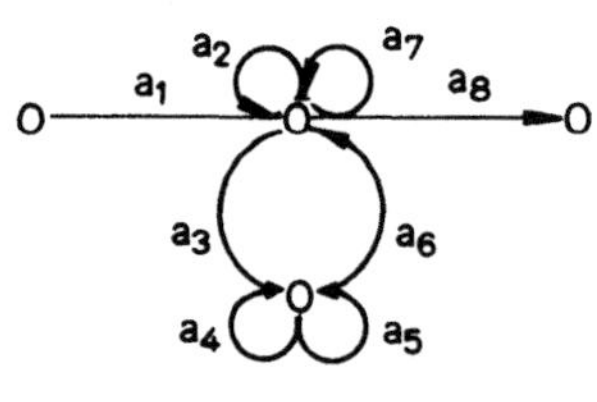

Ausgehend von diesen Graphen kann man systematisch zu dem Graphen der Automaten und der Grammatiken übergehen und umgekehrt. Das heißt, die Definitionen von K-Sprachen durch darstellende Ausdrücke und durch endliche Automaten sind äquivalent.

10.5. K-SPRACHEN UND CF-SPRACHEN

10.5.1. Selbsteinbettung

Die spezielle Natur der K-Sprachen leitet sich aus der Tatsache ab, daß eine K-Sprache immer von einer Grammatik erzeugt werden kann, die keine selbsteinbettenden Hilfszeichen enthält, wohingegen es gewisse CF-Sprachen gibt, deren sämtliche Grammatiken *selbsteinbettend* sind.

Betrachten wir die Sprache $L = \{a^n\ b^n | n > 0\}$, die durch die CF-Grammatik

$$\left| \begin{array}{l} S \rightarrow a\ S\ b \\ S \rightarrow a\ b \end{array} \right|$$

erzeugt wird. Wir werden zeigen, daß sie nicht durch eine K-Grammatik erzeugt werden kann.

Da L unendlich ist, muß die K-Grammatik notwendigerweise eine Ableitung des Typs $A_i \Longrightarrow xA_i$ besitzen, x kann nur von der Form a^p sein. Dann muß es in der Grammatik Ableitungen

$$A_i \Longrightarrow y\ A_j \qquad y = a^q\ b^r \qquad q, r \geqq 0$$

$$A_j \Longrightarrow z\ A_j \qquad z = b^m$$

geben. Dann erzeugt diese Grammatik die Wörter $a^p\ b^q$ mit $p \neq q$.

Eine K-Sprache kann durch eine selbsteinbettende Grammatik erzeugt werden. Aber wir können uns fragen, ob man bei vorgegebener CF-Grammatik entscheiden kann, ob sie eine K-Sprache erzeugt oder nicht. Die Antwort auf diese Frage ist nein. Dies folgt aus dem Problem der Bestimmung des Durchschnittes zweier CF-Sprachen.

10.6. EINSEITIGE ENDLICHE TRANSDUKTOREN

10.6.1. Beispiel

$\mathfrak{A}$ sei ein endlicher Automat. Wenn wir ihn mit einem Ausgabeband versehen, auf welches bei jedem Schritt ein Zeichen des Ausgabealphabets $V_s = \{b_i\}$ geschrieben wird, dann erhalten wir einen neuen Automaten $\mathfrak{T}$, der zur Klasse der einseitigen endlichen Transduktoren gehört.

Die Funktionsweise von $\mathfrak{T}$ ist präzisiert durch Regeln des Typs:

$$(a_i, S_j) \rightarrow (S_k, b_l).$$

Wenn der Transduktor $\mathfrak{T}$ ein Wort mit Hilfe seines endlichen Automaten $\mathfrak{A}$ akzeptiert hat, dann liefert er auch eine Übersetzung (Transduktion) in $\{b_i\}^*$. Dieses Wort heißt Bild der Transduktion von f und wird bezeichnet durch

$$\mathfrak{T}(f).$$

Der Automat $\mathfrak{T}$ kann durch ein Diagramm, dessen Knoten den Zuständen entsprechen, dargestellt werden. Wenn es eine Regel $(a_i, S_j) \rightarrow (S_k, b_l)$ gibt, dann wird sie durch einen mit (a_i, b_l) etikettierten von S_i nach S_j gerichteten Pfeil dargestellt. In dieser Darstellung erscheint es klar, daß die Menge der Transduktionen der von $\mathfrak{T}$ akzeptierten Wörter eine K-Sprache ist.

Andererseits erhält man durch Vertauschen von a_i und b_l Regeln:

$$(b_l, S_j) \rightarrow (S_k, a_i),$$

die den zu $\mathfrak{T}$ inversen Transduktor $\mathfrak{T}^{-1}$ bilden. Der inverse Transduktor wird durch ein Diagramm dargestellt, in welchem die Pfeile mit (b, a) anstelle von (a, b) etikettiert sind.

10.6.2. Allgemeine Definition

Allgemein versteht man unter einem *einseitigen endlichen Transduktor* einen Automaten $\mathfrak{T}$ mit

1. einem Eingabealphabet $V_E = \{a_1, \ldots\}$ und einem Ausgabealphabet $V_S = \{b_1, \ldots\}$, die beide wenigstens zwei Zeichen enthalten;

2. eine endliche Menge von Zuständen $\Sigma = \{S_0, \ldots\}$;

3. eine Transferabbildung: $\Sigma \times V_E \rightarrow \Sigma$;

4. eine Ausgabeabbildung: $\Sigma \times V_E \rightarrow V_S^*$.

Man läßt den Transduktor in einem Zustand, etwa S_0, beginnen, der als Anfangszustand betrachtet wird. Er liest das erste Zeichen eines Wortes $f = a_{i_1} a_{i_2} \ldots a_{i_n}$, geht über in den dem Paar (S_0, a_{i_1}) entsprechenden Zustand, und er schreibt das Zeichen (oder die Folge), die diesem Paar entspricht. Dann liest er das Zeichen a_{i_2} usw.

Die Benennung einseitig ist aus der Tatsache abgeleitet, daß die Transduktion in einem einzigen von links nach rechts vollzogenen Lesevorgang stattfindet. Der Transduktor blockiert, wenn er zu einer Situation gelangt, zu der es keine Regel gibt. Wenn er aber das Einlesen beendet, so beendet er gleichzeitig die Transduktion.

10.6.3. Transduktion einer CF-Sprache

Betrachten wir nun eine CF-Grammatik G und einen einseitigen endlichen Transduktor $\mathfrak{T}$. Stellen wir uns zur Aufgabe, die Natur der durch $\mathfrak{T}$ transduktierten Sprachen $\mathfrak{T}(\Lambda)$, wobei $\Lambda = L(G)$ sei, zu bestimmen.

Man bemerkt sofort, daß $\mathfrak{T}$ den Durchschnitt von Λ mit der von $\mathfrak{T}$ akzeptierten maximalen K-Sprache akzeptiert. Wenn dieser Durchschnitt leer ist, hat man $\mathfrak{T}(\Lambda) = \{e\}$ (der von uns betrachtete Transduktor kann bei leerer Eingabe keine nicht-leere Folge ausgeben).

Für den Fall, daß der Durchschnitt sich nicht zum leeren Wort reduziert, werden wir zeigen, daß $\mathfrak{T}(\Lambda)$ eine CF-Sprache ist, und wir werden für sie eine CF-Grammatik G' angeben.

Sei $V_A = \{A_i | 0 \leq i \leq n\}$ das Hilfsvokabular von G, A_0 sei das Axiom, $V_T = \{a_i\}$; $\{S_k\}$ sei die Menge der Zustände des Transduktors $\mathfrak{T}$, S_0 sei der Anfangszustand, $\{S_f\}$ seien die Endzustände. Die Regeln von G' seien wie folgt definiert:

Das Axiom sei ein neues Zeichen A_0', die anderen nicht-terminalen Zeichen seien von der Form (S_i, α, S_j), wobei S_i und S_j Zustände von $\mathfrak{T}$ sind und α ein terminales oder nicht-terminales Zeichen ist, das von G benutzt wird.

Weitere Regeln:

1. $A_0' \to (S_0, A_0, S_i)$ sei eine Regel für alle i.

2. Wenn $A_m \to \alpha_1 \ldots \alpha_h$ eine Regel von G ist, für alle i, j, $\beta_1, \ldots, \beta_{h-1}$, enthält G' die Regeln:
$(S_j, A_m, S_j) \to (S_i, \alpha_1, S_{\beta_1}) (S_{\beta_1}, \alpha_2, S_{\beta_2}) \ldots (S_{\beta_{h-1}}, \alpha_h, S_j)$.

3. Wenn $(a_j, S_p) \to (S_q, b_l)$ eine Regel von $\mathfrak{T}$ ist, dann enthält G' die Regel: $(S_f, a_j, S_q) \to b_l$.

4. Damit die nicht-terminalen Zeichen sicherlich auf der linken Seite der Regeln erscheinen, vereinbaren wir, daß G' die Regeln

$$(S_i, a, S_j) \to (S_i, a, S_j)\, a$$

für alle a, i, j, die nicht durch 3 behandelt wurden, enthält.

Sei L die von $\mathfrak{T}$ akzeptierte K-Sprache.

A) $f \in L$ und $f \in \Lambda \Longrightarrow \mathfrak{T}(f) \in L(G')$. Sei $f = a_{i_1} \ldots a_{i_k}$, $f \in \Lambda$ impliziert die Existenz einer Transduktionsberechnung:

$$(a_{i_1}, S_0) \to (S_{n_1}, b_{i_1}), \ldots (S_{n_{k-2}}, a_{i_k}) \to (S_f, b_{i_k}),$$

$$\text{also} \quad \mathfrak{T}(f) = b_{i_1} b_{i_2} \ldots b_{i_k}.$$

$f \in L$ impliziert die Existenz einer Ableitung $A_0 \Rightarrow f$. $A_0 \Rightarrow a_{i_1} \ldots a_{i_k}$, also eine Ableitung:
$A_0' = (S_0, A_0, S_f) \Rightarrow (S_0, a_{i_1}, S_{n_1})\,(S_{n_1}, a_{i_2}, S_{n_2}) \ldots (S_{n_{k-1}}, a_{i_k}, S_f)$.
Wegen Regel 4:

$$A_0' \Rightarrow b_{i_1} b_{i_2} \ldots b_{i_k} = \mathfrak{T}(f),$$

worauf folgt:

$$\mathfrak{T}(f) \in L(G').$$

B) $g \in L(G') \Longrightarrow \mathfrak{T}^{-1}(g) \in L \cap \Lambda$.
Wenn $g = b_{i_1} \ldots b_{i_k}$, dann ist $\mathfrak{T}^{-1}(g) = a_{i_1} \ldots a_{i_k}$. Wir haben

$$A_0' = (S_0, A_0, S_f) \Longrightarrow g = b_{i_1} b_{i_2} \ldots b_{i_k}.$$

Jedes b_α ist Resultat einer Regel $(S_i, a_\alpha, S_j) \to b_\alpha$ mit der Bedingung $(a_\alpha, S_i) \to (S_j, b_\alpha)$, also $\mathfrak{T}^{-1}(g) \in \Lambda$, was unser Ergebnis beweist.
In dem Sonderfall, in welchem der Transduktor nur die Eingangsphrase $(a_i, S_j) \to (S_k, a_i)$ wieder aufschreibt, haben wir als Resultat:

Theorem. *Der Durchschnitt einer CF-Sprache und einer K-Sprache ist eine CF-Sprache.*

Diese Ergebnisse, die wir nur für sehr eingeschränkte Transduktoren bewiesen haben (bijektive Abbildung zwischen Ein- und Ausgabealphabet), sind auch allgemeiner gültig. Wir erwähnen hier einfach, daß dieses Resultat für die Sprachen von Schützenberger gültig ist.

Theorem von Jungen-Schützenberger. *Der Durchschnitt einer algebraischen Sprache mit einer rationalen Sprache ist eine algebraische Sprache.*

Übung. Zeige, daß man jeder über V definierten K-Sprache einen Graphen zuordnen kann derart, daß jeder Knoten Anfangsknoten von genau Card (V) Bögen ist, deren jeder mit einem verschiedenen Element von V etikettiert ist.

XI. Durch Gleichungssysteme definierte Sprachen

11.1. ABBILDUNGEN, DEREN DEFINITIONSBEREICHE UND BILDBEREICHE SPRACHEN SIND

11.1.0. Operationen

Wir haben bezüglich der Sprachen gewisse Operationen definiert:

1. die mengentheoretische Vereinigung $L \cup M$, eine kommutative und assoziative Operation;

2. die Multiplikation $L\ M$, indem man das kartesische Produkt bildet und dann die Komponenten eines jeden Paares verkettet:

$$L\ M = \{x\ y \mid x \in L,\ y \in M\}.$$

Diese Operation ist nicht kommutativ, aber sie ist assoziativ wie die Verkettung von Wörtern, aus der sie abgeleitet ist.

Man wird bemerken, daß die Multiplikation distributiv ist bezüglich der Vereinigung:

$$L\ (L_1 \cup L_2) = L\ L_1 \cup L\ L_2.$$

Da wir diese Operationen auf der Klasse der Sprachen definiert haben, sind wir nun in der Lage, die Begriffe Variable, formaler Ausdruck und Funktion einzuführen.

11.1.1. Variablen und Ausdrücke

Wenn wir eine Familie von Sprachen betrachten: $\{L_1, L_2, \ldots,\}$, so werden wir immer voraussetzen, daß sie über dem gleichen terminalen Vokabular V_T definiert sind und daß ein einziges Hilfsvokabular V_A existiert, das fähig ist, alle Grammatiken zu beschreiben. Unter einer

Sprache verstehen wir immer eine wohldefinierte Menge von terminalen Phrasen.

Sprachvariablen. Wir betrachten nun *Sprachvariablen*, das heißt Variablen $\mathfrak{L}$, $\mathfrak{M}$, $\mathfrak{N}$, die Werte auf einer Familie von Sprachen annehmen können.

Beispiel. Wir arbeiten in der Klasse der CF-Sprachen und führen eine Variable $\mathfrak{L}$ ein. Ein $\mathfrak{L}$ zuzuschreibender "linguistischer Wert" kann zum Beispiel

$$\mathfrak{L} = L_m = \{x\ c\ \tilde{x} \mid x \in \{a, b\}^*\}$$

sein.

Formale Ausdrücke. Unter Benutzung der Konstanten t, a, ..., die feste terminale Phrasen sind, der Variablen $\mathfrak{L}$, $\mathfrak{M}$, $\mathfrak{N}$,... und der Operationszeichen können wir formale Ausdrücke schreiben wie:

$$t\,\mathfrak{L};\quad t\,\mathfrak{L} \cup a;\quad \mathfrak{L}\,a\,\mathfrak{M} \cup a\,\mathfrak{L}\,t;\ \ldots$$

die einen "linguistischen" Wert annehmen, wenn man den Variablen definierte "linguistische" Werte zuschreibt.

Beispiel. Die Konstante t sei die terminale Folge 'ab'. Wir betrachten nun den Ausdruck t $\mathfrak{L}$.

1. Ordnen wir der Variablen den Wert L = {art, fahrt, leisten} zu, die eine endliche aus drei terminalen Folgen bestehende Sprache ist, dann nimmt t $\mathfrak{L}$ den "linguistischen" Wert L' = {abart, abfahrt, ableisten} an, der eine andere endliche aus drei terminalen Folgen bestehende Sprache ist.

2. Ordnen wir $\mathfrak{L}$ den Wert L_m zu, wobei $L_m = \{x\ c\ \tilde{x} \mid x \in \{a, b\}^*\}$

$$\{abc,\quad abaca,\quad abbcb,\quad ababcba,\quad \ldots\}$$

zum Wert, die man erhält, indem man alle Folgen von L_m mit dem Präfix a b versieht.

Ausdrücke erster Art. Wir nennen einen *formalen Ausdruck* einen Ausdruck erster Art, um anzuzeigen, daß er ausgehend von terminalen Konstanten und Sprachvariablen nur mit Hilfe der Operationen Vereinigung und Produkt gebildet wurde. Die Ordnung der Monome ist dabei nicht von Bedeutung.

Beispiel. In dem vorhergegangenen Beispiel ist der Ausdruck $a b \mathfrak{L} \cup a \mathfrak{M} \cup \mathfrak{M} b a \mathfrak{L}$ ein Ausdruck erster Art in den beiden Variablen $\mathfrak{L}$ und $\mathfrak{M}$, der aus drei Monomen zusammengesetzt ist.

11.1.2. Funktionen und Gleichungen

Es ist klar, daß eine Gleichung äquivalent ist zu einer gewissen Funktion. Wenn jede Variable eine Familie von Sprachen beschreibt, dann beschreiben die Werte, die von dem Ausdruck angenommen werden, eine wohlbestimmte Familie von Sprachen.

Man definiert eine Abbildung von der Menge der "Argumente" auf die Menge der angenommenen Werte, oder genauer eine Funktion, deren Definitionsbereich eine Familie von Sprachen ist und deren Wertebereich eine Familie von Sprachen ist.

Wenn wir einer Sprachvariablen $\mathfrak{L}$ einen linguistischen Wert L geben, dann wollen wir zunächst die Sprache L allein vom mengentheoretischen Standpunkt aus betrachten. Insbesondere sind die Phrasen von L mit keiner Beschreibung versehen.

Beispiel. Das Alphabet sei {a, b, c}, und wir betrachten die Klasse der linearen Sprachen als Definitionsbereich. Dann ist der auf diesem Bereich definierte Ausdruck $\mathfrak{L}\mathfrak{M}\mathfrak{L} \cup \mathfrak{M} a \mathfrak{M}$ eine Funktion mit "linguistischen" Werten.

Gleichungen. Um die Funktionen zu bezeichnen, die wir definieren werden, benutzen wir die klassischen Bezeichnungen der Funktionentheorie, nämlich: $y = f(\mathfrak{L}, \mathfrak{M}, \ldots)$. Wenn man einige der Werte von y, $\mathfrak{L}$, ... als bekannt und andere als unbekannt betrachtet, so erhält man *Gleichungen*, deren *Unbekannte* Sprachen sind, Gleichungen, die man zu lösen versucht.

Umgekehrt kann man bei vorgegebener Sprache versuchen, gewisse interessante Gleichungen zu bilden, deren Lösung diese Sprache ist.

Wir werden zunächst diese neuen Begriffe in einem Spezialfall studieren.

11.1.3. Die zur Spiegelbildsprache L_m gehörende Gleichung

Betrachten wir über dem terminalen Alphabet {a, b, c} die durch die Grammatik:

$$\left|\begin{array}{lll} S & \rightarrow & a\,S\,a \\ S & \rightarrow & b\,S\,b \\ S & \rightarrow & c \end{array}\right|$$

definierte Sprache L_m und die durch den Ausdruck a $\mathfrak{L}$ a definierte Funktion. Wenn man $\mathfrak{L}$ den Wert L_m zuschreibt, dann hat die Funktion die Sprache a L_m a als Wert, letztere ist eine Untersprache von L_m. Sie umfaßt genau alle Folgen, die mit a beginnen (und enden).

Betrachten wir nun den Ausdruck a $\mathfrak{L}$ a $\cup$ b $\mathfrak{L}$ b, die hierdurch definierte Funktion hat als Wert für $\mathfrak{L} = L_m$ die Sprache L_m, der das Wort c entzogen wurde. Es ist dann klar, daß gilt:

$$L_m = a\,L_m\,a \cup b\,L_m\,b \cup c.$$

Die Sprache L_m ist also *eine* Lösung der Gleichung:

$$\mathfrak{L} = a\,\mathfrak{L}\,a \cup b\,\mathfrak{L}\,b \cup c.$$

11.1.4. Auflösung der erhaltenen Gleichung

Aber man kann sich fragen, ob die Sprache L_m (über dem Alphabet {a, b, c}) die einzige Lösung obiger Gleichung ist. Versuchen wir also, diese Gleichung, die wir mit $\mathfrak{L} = f(\mathfrak{L})$ bezeichnen, zu lösen.

Wenn die Bedeutung der rechten Seite vorgegeben ist, dann ist es klar, daß jede Lösung notwendigerweise das Monogramm c enthält, also die Sprache $L_1 = \{c\}$. L_1 enthaltend, muß jede Lösung notwendigerweise

$$L_2 = a\,L_1\,a \cup b\,L_1\,b \cup c = \{aca,\ bcb,\ c\}$$

enthalten. L_2 enthaltend, muß jede Lösung notwendigerweise

$$\begin{aligned} L_3 &= a\,L_2\,a \cup b\,L_2\,b \cup c \\ &= a\{aca,\ bcb,\ c\}a \cup b\{aca,\ bcb,\ c\}b \cup c \\ &= \{aacaa,\ abcba,\ bacab,\ bbcbb,\ aca,\ bcb,\ c\}. \end{aligned}$$

enthalten.

Allgemeiner sieht man, daß L notwendigerweise die Mengen

$$L_1 = \{c\}, \quad L_2 = f(L_1), \ \ldots, \ L_n = f(L_{n-1}), \ \ldots$$

enthält, die durch ein rekursives Vorgehen erhalten wurden und deren jede in der vorangegangenen enthalten ist.

Die Folgen, die man bei einer gewissen Stufe erhält, werden nicht bei einer der folgenden Stufen verändert. Unter diesen Bedingungen kann man ganz streng beweisen (und es ist anschaulich klar), daß die Folge der Mengen L_n eine Menge definiert, die der induktive Limes dieser Folge ist und die man darstellt durch $\lim\limits_{n\rightarrow\infty} L_n$.

Es ist klar, daß dieser Limes nichts anderes ist als die Spiegelbildsprache, von der man ausgegangen ist. Daher erscheint diese Sprache als minimale Lösung dieser Gleichung. Von dem Standpunkt aus, den wir eingenommen haben, ist es korrekt, sie die Lösung zu nennen.

Bezeichnungsvarianten. Um die vorangegangene Gleichung des Typs $\mathfrak{L} = f(\mathfrak{L})$ zu lösen, haben wir $L_1 = \{c\}$ betrachtet. Die Konstante c kann man erhalten, indem man annimmt, daß es eine Menge ω gibt, die ein Annulator der Verkettung ist. Setzt man $L_0 = \omega$, so erhält man:

$$f(L_0) = \{a\ \omega\ a \cup b\ \omega\ b \cup c\} = c = L_1,$$

wodurch man die Schreibweise des rekursiven Vorgehens vereinheitlicht.

11.1.5. Induzierte Strukturierung

Wir haben zu Anfang dieses Kapitels daran erinnert, daß die Multiplikation von Sprachen wie die Verkettung von Wörtern assoziative Operationen sind. Bei drei vorgegebenen Sprachen L_1, L_2, L_3 gilt:

$$(L_1L_2)L_3 = L_1(L_2L_3),$$

daher kann man die Klammern weglassen.

Wenn man jedoch die Klammern oder andere an ihrer Stelle benutzte Zeichen beibehält, so bewahrt man den Weg, auf dem die erhaltenen Wörter entstanden sind.

Nehmen wir an, daß jede der Sprachen L_1, L_2, L_3 durch die Aufzählung der zu ihnen gehörenden Folgen gegeben sei:

$$L_1 = \{x_1, x_2, \ldots, x_i, \ldots\}$$
$$L_2 = \{y_1, y_2, \ldots, y_j, \ldots\}$$
$$L_3 = \{z_1, z_2, \ldots, z_k, \ldots\}.$$

Wenn man L_1L_2 gebildet hat und dann $(L_1L_2)L_3$, so gibt es in der so erhaltenen Sprache die Folge $x_iy_jz_k$, deren Entstehung durch $((x_iy_j)z_k)$ gekennzeichnet ist. Andererseits erhält man, wenn man (L_2L_3) und dann $L_1(L_2L_3)$ gebildet hat, dieselbe Folge $x_iy_jz_k$, deren Entstehung durch $(x_i(y_jz_k))$ gekennzeichnet ist. Desgleichen enthält die Sprache a L_1 die Folge a x_i, gekennzeichnet durch $(a)(x_i)$.

Wir nehmen uns daher vor, die bei der Lösung der Gleichung $\mathfrak{L} = f(\mathfrak{L})$ induzierte Strukturierung auch darzustellen.

Beispiel einer strukturierten Lösung. Lösen wir auf diese Weise die Gleichung:

$$\mathfrak{L}_0 = \omega$$
$$\mathfrak{L}_1 = \{a\,\omega\, a \cup b\,\omega\, b \cup c\} = \{(c)\}$$
$$\mathfrak{L}_2 = \{a\,(c)\,a \cup b\,(c)\,b \cup c\}$$
$$= \{(a\,(c)\,a), (b\,(c)\,b), (c)\}$$
$$\mathfrak{L}_3 = \{a\,\{(a\,(c)\,a), (b\,(c)\,b), (c)\}\ a,\ b\,\{(a\,(c)\,a), (b\,(c)\,b), (c)\}, (c)\}$$
$$= \{(a\,(a\,(c)\,a)\,a), (a\,(b\,(c)\,b)\,a), (b\,(a\,(c)\,a)\,b),$$
$$(b\,(b\,(c)\,b)\,a), (a\,(c)\,a), (b\,(c)\,b), (c)\},$$

usw.

Indem wir Klammern benutzen, die jedes Wort abgrenzen, sobald es gebildet ist, und die Distributivität der Multiplikation von Sprachen bezüglich der Vereinigung anwenden, machen wir eine Strukturierung der Sprache sichtbar.

Im vorliegenden Beispiel erkennt man, daß diese Strukturierung identisch ist mit der, die durch die CF-Grammatik bei der Erzeugung von L_m entsteht, nämlich: $S \to a\ S\ a$, $S \to b\ S\ b$, $S \to c$. Auf der Stufe von L_2 entsteht die folgende Beschreibung:

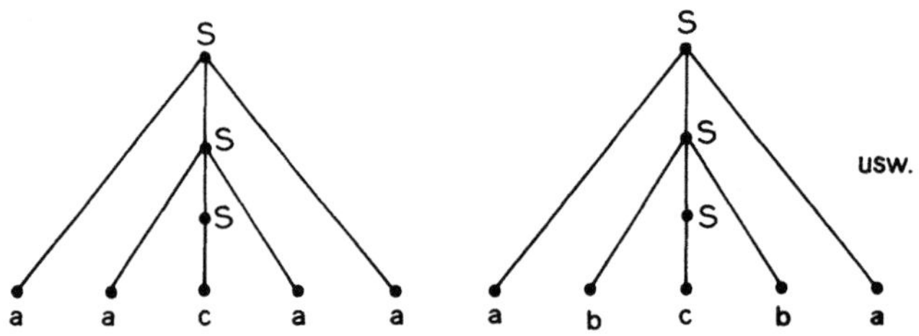

Das Nichtvorhandensein von Etiketten erklärt sich aus der Tatsache, daß man hier nur ein einziges nicht-terminales Zeichen hat.

Aber es ist klar, daß das Interesse an der Strukturierung im Falle mehrdeutiger Grammatiken noch größer ist. Da die vorangegangene Grammatik es nicht war, werden wir jetzt mit einer Grammatik experimentieren, die die erzeugten Ausdrücke mit Hilfe eines binären Operators beschreibt.

11.1.6. Beispiel einer mehrdeutigen Grammatik

Wir betrachten die CF-Grammatik:

$$V_A = \{S\}; \qquad V_T = \{a,\ b\};$$

$$\left| \begin{array}{lll} S & \to & S\ a\ S \\ S & \to & b \end{array} \right| .$$

Bis auf die Ableitung S → b, beginnen alle anderen Ableitungen mit

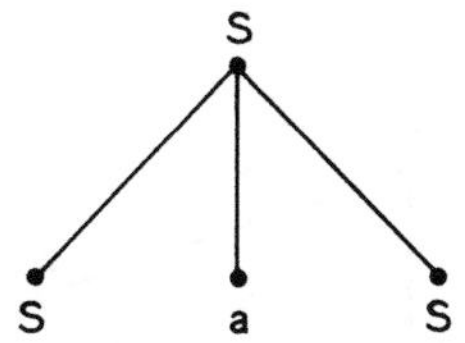

und jedes S, das man erhält, ist Kopf einer Ableitung für diese Sprache. Dadurch wird die Gleichung

$$\mathfrak{L} = \mathfrak{L}\ a\ \mathfrak{L} \cup b$$

verifiziert, die wir nun unter Beachtung der entstandenen Strukturierung lösen werden.

Man erhält nacheinander:

$$\begin{aligned}
&\mathfrak{L}_0 = \omega \\
&\mathfrak{L}_1 = \{\omega\ a\ \omega \cup b\} = \{(b)\} \\
&\mathfrak{L}_2 = \{\{(b)\}\ a\ \{(b)\} \cup b\} = \{((b)\ a\ (b)), (b)\} \\
&\mathfrak{L}_3 = \{\{((b)\ a\ (b)), (b)\}\ a\ \{((b)\ a\ (b)), (b)\} \cup b\} \\
&\quad = \{(((b)\ a\ (b))\ a\ ((b)\ a\ (b))),\ (((b)\ a\ (b))\ a\ (b)), \\
&\qquad ((b)\ a\ ((b)\ a\ (b))), ((b)\ a\ (b)), (b)\},
\end{aligned}$$

usw.

Wenn man die Klammern wegläßt, so erhält man für L_3:

$$\mathfrak{L}_3 = \{b\ a\ b\ a\ b\ a\ b,\quad b\ a\ b\ a\ b,\quad b\ a\ b\ a\ b,\quad b\ a\ b,\quad b\}.$$

Man bemerkt, daß man die Folge b a b a b a zweimal erhalten hat. Vom mengentheoretischen Standpunkt aus genügt ein Exemplar in der Aufzählung.

Vom Standpunkt der Strukturierung entspricht das erste Glied der Ableitung:

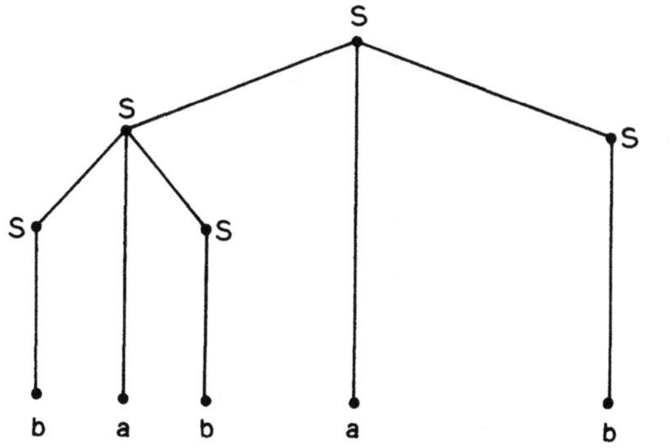

also der Beschreibung:

$$(((b)\ a\ (b))\ a\ (b));$$

während sich das zweite Glied durch eine dazu symmetrische Ableitung

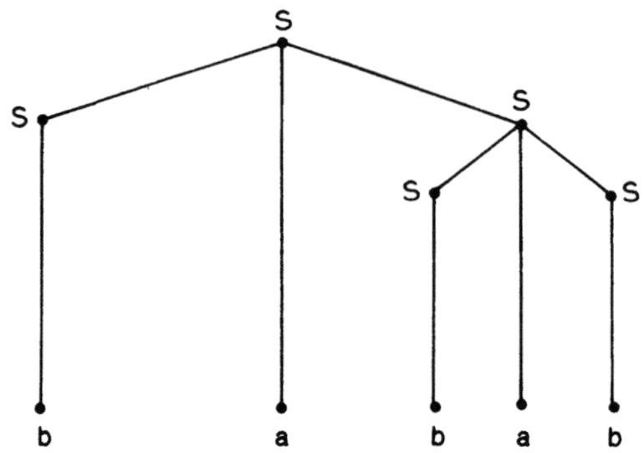

beschreiben läßt, der der Ausdruck: ((b) a ((b) a (b))) entspricht.

Man erhält dieselbe (bis auf einige Details) zur Baumstruktur äquivalente Klammerung.

Dieses Ergebnis läßt sich erklären und verallgemeinern. In der Tat entspricht der Menge $\mathfrak{L}_1$, die man erhält, indem man die nicht-konstanten Monome annulliert, die Ableitung:

(1)

Die Menge $\mathfrak{L}_2$ macht von neuem von $\mathfrak{L}$ a $\mathfrak{L}$ Gebrauch und führt dadurch zur Möglichkeit, an die nicht-terminale Ableitung:

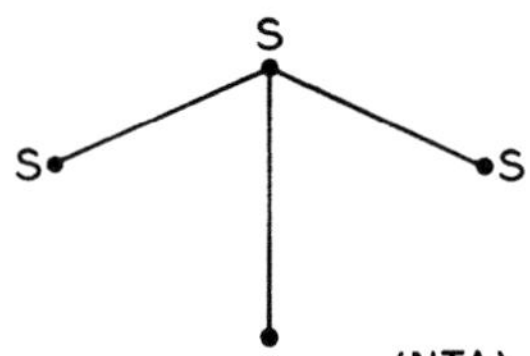

(NTA)

die bereits gefundene terminale Ableitung:

(1)

anzuhängen. Dadurch erhält man:

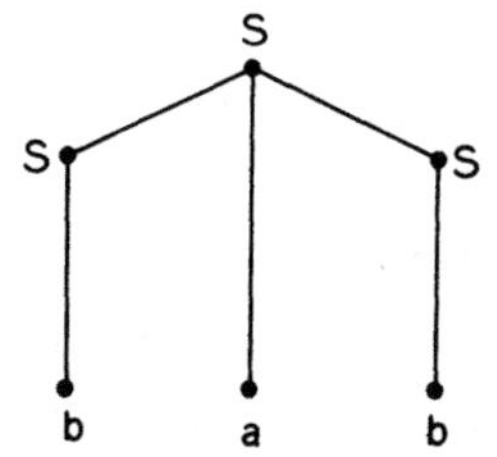

(2)

Die Menge $\mathfrak{L}_3$ führt wiederum die nicht-terminale Ableitung (NTA) ein mit der Möglichkeit, an S den Unterbaum (1) oder (2) anzuhängen.

Die Klammerung durch eckige Klammern übersetzt diesen Prozeß und ist daher zur gewöhnlichen Klammerung äquivalent.

Schlußfolgerung. Ausgehend von einem rein mengentheoretischen Standpunkt sind wir mit Fragen der Struktur und der Mehrdeutigkeit konfrontiert worden. Zum einen haben wir daher die bisherigen Begriffe und Bezeichnungsweisen zu revidieren, zum anderen können wir jetzt auch eine Rechtfertigung für die Einführung der formalen Potenzreihen geben. Vorher werden wir noch durch Gleichungssysteme definierte Sprachen betrachten.

11.1.7. Gleichungssysteme, die einer CF-Grammatik zugeordnet sind

G sei eine CF-Grammatik. Wir werden nun die bisher als Spezialfälle vorgetragenen Ideen verallgemeinern.

Um uns die Bezeichnungsweise zu erleichtern, nehmen wir an, daß das Hilfsvokabular nur drei Zeichen enthält: das Axiom S und zwei nicht-terminale Zeichen A und B. Man überzeugt sich leicht, daß diese Vereinfachung in keiner Weise die Allgemeinheit unserer Betrachtungen einschränkt.

Weiterhin setzen wir ausdrücklich voraus, daß die Grammatik weder eine Regel des Typs $A \to E$ (E: leeres Wort) noch eine Regel des Typs $A \to B$ noch irgendein nicht-terminales Zeichen, das in der terminalen Stufe unproduktiv ist, enthält.

Man weiß, daß die Elimination solcher Regeln oder Zeichen nicht die Erzeugungsstärke einer Grammatik beeinflußt und die syntaktische Beschreibung nicht (oder nur ganz wenig) verändert. Wenn wir die Produktionen bezüglich ihrer linken Seiten klassifizieren, so erhalten wir:

$$S \to \Phi_1, \quad S \to \Phi_2, \ldots, S \to \Phi_k;$$
$$A \to \Psi_1, \quad A \to \Psi_2, \ldots, A \to \Psi_l;$$
$$B \to \Theta_1, \quad B \to \Theta_2, \ldots, B \to \Theta_m;$$

wobei die Φ, Ψ, Θ Folgen über dem Vokabular $V = V_A \cup V_T$ sind. Den nichtterminalen Zeichen S, A und B ordnen wir in dieser Reihenfolge die Sprachvariablen $\mathfrak{L}$, $\mathfrak{A}$ und $\mathfrak{B}$ zu.

In den Folgen Φ, Ψ und Θ ersetzen wir jedes Auftreten eines nichtterminalen Zeichens durch das Auftreten der entsprechenden Variablen.

Dann bilden wir die Vereinigung der Φ, wodurch wir einen Ausdruck f erhalten, die Vereinigung der Ψ, die g, und die der Θ, die den Ausdruck h ergibt. Zum Schluß betrachten wir das Gleichungssystem:

$$(\sigma)\quad \begin{cases} \mathfrak{L} = f(\mathfrak{L}, \mathfrak{A}, \mathfrak{B}) \\ \mathfrak{A} = g(\mathfrak{L}, \mathfrak{A}, \mathfrak{B}) \\ \mathfrak{B} = h(\mathfrak{L}, \mathfrak{A}, \mathfrak{B}). \end{cases}$$

Beispiel.

1. Für die Sprache $S \to a\,S\,a$, $S \to b\,S\,b$, $S \to c$ erhalten wir die Gleichung

$$\mathfrak{L} = a\,\mathfrak{L}\,a \cup b\,\mathfrak{L}\,b \cup c,$$

die wir bereits im vorangegangenen Abschnitt studiert haben.

2. Für die Grammatik

$$V_A = \{S, A, B\}; \qquad V_T = \{a, b, c, d\};$$

S	→	A B
A	→	S c
B	→	d B
A	→	a
B	→	b

erhält man das System:

$$\begin{aligned} &\mathfrak{L} = \mathfrak{A}\,\mathfrak{B} \\ &\mathfrak{A} = \mathfrak{L}\,c \cup a \\ &\mathfrak{B} = d\,\mathfrak{B} \cup b. \end{aligned}$$

Wie wir für die einzelnen Gleichungen im vorangegangenen Abschnitt gezeigt haben, überträgt das System (σ) die Stabilität der Sprache L bezüglich der Transformation:

$$\begin{aligned} &\mathfrak{L} \to f(\mathfrak{L}, \mathfrak{A}, \mathfrak{B}) \\ &\mathfrak{A} \to g(\mathfrak{L}, \mathfrak{A}, \mathfrak{B}) \\ &\mathfrak{B} \to h(\mathfrak{L}, \mathfrak{A}, \mathfrak{B}) \ , \end{aligned}$$

die nur die einzelnen Produktionen der Grammatik G einsetzt. Man erwartet also, L in der Lösung des Systems zu finden. Bemerken wir noch in diesem Zusammenhang, daß $\mathfrak{L}$ auf nicht ausgezeichnete Weise auftritt. Die Variablen $\mathfrak{A}$ und $\mathfrak{B}$ spielen analoge Rollen.

Sie entsprechen denjenigen Sprachen, die man erhält, wenn man dieselben Regeln beibehält, aber als Axiome A oder B nimmt. Tatsächlich ist die Unbekannte des Systems ein Tripel von Sprachen (L_S, L_A, L_B), das S, A und B als Axiome besitzt.

Um dieses System zu lösen, geht man wie in Abschnitt 11.1.5. vor. Da jede Lösung notwendigerweise auf der rechten Seite die Konstante enthält, geht man von dem Anfangstripel

$$(\mathfrak{L}_0 = \omega \quad \mathfrak{A}_0 = \omega \quad \mathfrak{B}_0 = \omega)$$

aus und bildet sukzessiv die Tripel, die die Lösung enthalten müssen:

$$\begin{array}{lll} [\mathfrak{L}_1 = f(\mathfrak{L}_0, \mathfrak{A}_0, \mathfrak{B}_0); & \mathfrak{A}_1 = g(\mathfrak{L}_0, \mathfrak{A}_0, \mathfrak{B}_0); & \mathfrak{B}_1 = h(\mathfrak{L}_0, \mathfrak{A}_0, \mathfrak{B}_0)] \\ \quad \cdots & \quad \cdots & \quad \cdots \\ [\mathfrak{L}_n = f(\mathfrak{L}_{n-1}, \mathfrak{A}_{n-1}, \mathfrak{B}_{n-1}); & \mathfrak{A}_n = \cdots\cdots\cdots\cdots ; & \mathfrak{B}_n = \cdots\cdots\cdots\cdots] \\ \quad \cdots & \quad \cdots & \quad \cdots \end{array}$$

Man erhält als induktiven Limes ein einzelnes Tripel, die minimale Lösung des Systems. Sie fällt notwendigerweise mit den Sprachen, deren Axiome S, A und B sind und die von den Regeln der Grammatik G erzeugt werden, zusammen.

11.1.8. Die Lösung eines Systems; Beispiel

Wir betrachten das System aus 11.1.7.:

$$\begin{aligned} \mathfrak{L} &= \mathfrak{A}\mathfrak{B} \\ \mathfrak{A} &= \mathfrak{L}c \cup a \\ \mathfrak{B} &= d\mathfrak{B} \cup b. \end{aligned}$$

Die während des Lösungsweges entstehenden Klammerungen werden aufgezeichnet. Die verschiedenen Klammertypen, die dabei benutzt werden, indizieren wir mit dem Namen des linken Gliedes, also $\mathfrak{L}$, $\mathfrak{A}$, $\mathfrak{B}$. Zur Vereinfachung der Schreibweise schreiben wir 1, 2 und 3 anstelle von $\mathfrak{L}$, $\mathfrak{A}$, $\mathfrak{B}$. Man erhält also aufeinanderfolgend:

$$\begin{aligned} &\mathfrak{L}_0 = \omega \\ &\mathfrak{A}_0 = \omega \\ &\mathfrak{B}_0 = \omega, \\ &\mathfrak{L}_1 = \{_1\, \omega\, \omega\} = \omega \\ &\mathfrak{A}_1 = \{_2\, \omega\, c \cup a\} = \{_2\, a\} \\ &\mathfrak{B}_1 = \{_3\, d\, \omega \cup b\} = \{_3\, b\}, \end{aligned}$$

$$\mathfrak{L}_2=\{_1\{_2 a\}\{_3 b\}\}=\{_1({}_1({}_2 a)({}_3 b))\}$$
$$\mathfrak{A}_2=\{_2\,\omega\, c\cup a\}=\{_2 a\}$$
$$\mathfrak{B}_2=\{_3\, d\,\omega\cup b\}=\{_3 b\},$$

$$\mathfrak{L}_3=\{_1\{_2 a\}\{_3 b\}\}=\{_1({}_1({}_2 a)({}_3 b))\}$$
$$\mathfrak{A}_3=\{_2\{_1({}_1({}_2 a)({}_3 b))\}c\cup a\}=\{_2({}_2({}_1({}_1({}_2 a)({}_3 b)))c),a\}$$
$$\mathfrak{B}_3=\{_3 d\{_3 b\}\cup b\}=\{_3({}_3 d({}_3 b)),b\},$$

$$\mathfrak{L}_4=\{_1\{_2({}_2({}_1({}_1({}_2 a)({}_3 b)))c),a\}\{_3({}_3 d({}_3 b)),b\}\}$$
$$=\{_1({}_2({}_2({}_1({}_1({}_2 a)({}_3 b)))c)({}_3({}_3 d({}_3 b)))),$$
$$({}_2({}_2({}_1({}_1({}_2 a)({}_3 b)))c)({}_3 b)),({}_1({}_2 a)({}_3 d({}_3 b))),({}_1({}_2 a)({}_3 b))\}$$

$\mathfrak{A}_4=$ usw.
$\mathfrak{B}_4=$ usw.

Man erhält somit eine Klammerstrukturbeschreibung der Sprachen, die man ausgehend von S, A, B und mittels der betrachteten CF-Grammatik erzeugt.

Betrachten wir diese Beschreibung parallel zu der durch die CF-Grammatik direkt gegebenen. In der ersten Ebene finden wir die Ableitungen:

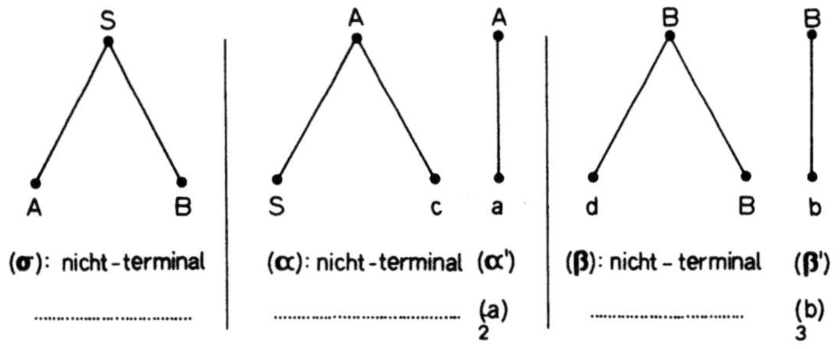

In der zweiten Ebene sind die Ableitungen (α') und (β') an die Knoten A und B des nicht-terminalen Baumes (σ) angehängt.

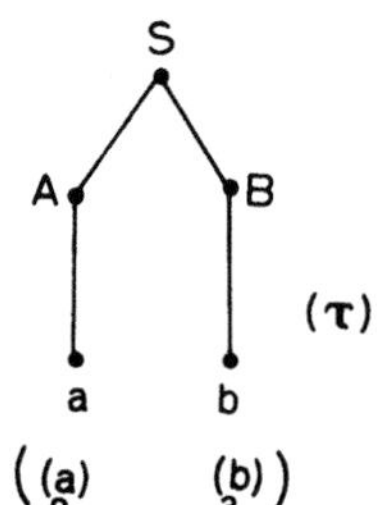

In der dritten Ebene erhalten wir in der Sprache mit dem Axiom A den folgenden Baum durch Anhängen des Baumes τ an den Baum im Knoten S.

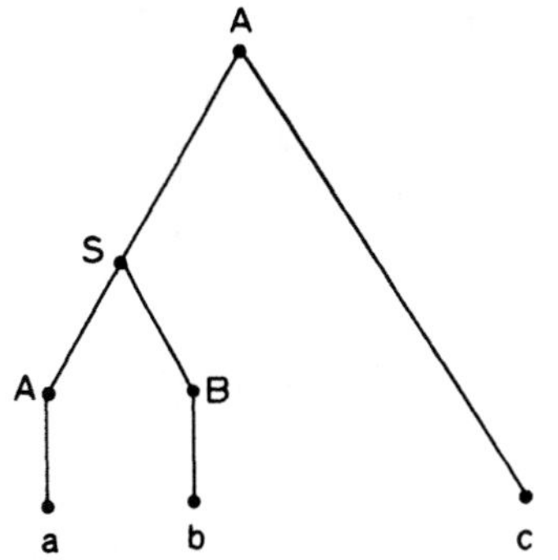

Dem entspricht:

$$\left(_2 \left(_1 (_2 a) \quad (_3 b)\right) \qquad c\right)$$

Gleichfalls erhalten wir, indem wir im Knoten B des nicht-terminalen Baumes (β) den terminalen Baum (β') anhängen, den folgenden Baum:

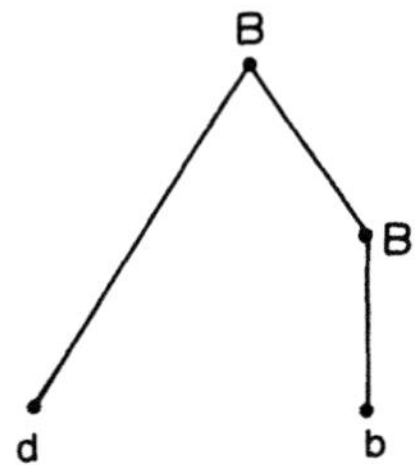

$$\left(_3 d \qquad (_3 b)\right)$$

In der vierten Ebene in der Sprache mit dem Axiom S befinden sich alle Bäume, die man erhält, wenn man an die Knoten A und B des Baumes (σ):

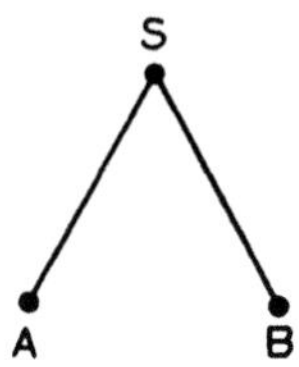

alle bisher entwickelten terminalen Bäume der Knoten A und B anhängt.

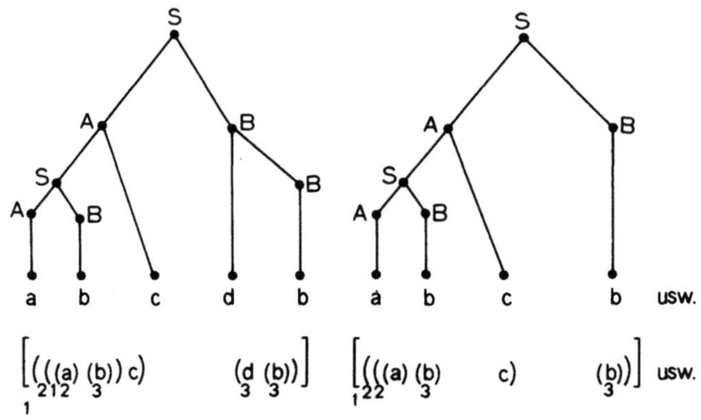

Diese beiden Klammerstrukturen fallen somit zusammen. Die Erklärung dafür ist, daß man bei jeder Iteration in der Lösung neue fundamentale Ableitungsbäume einführt, an deren nicht-terminale Knoten man die bisher erhaltenen terminalen Bäume anhängen kann. Die Beschreibung bleibt gleich, ob man die Bäume von "unten nach oben" konstruiert, wie in der Lösung, oder von "oben nach unten", wie sie entstehen, wenn man sich direkt durch die Regeln der Grammatik führen läßt.

11.1.9. Zusammenfassung

Jeder CF-Grammatik kann man ein System von Gleichungen zuordnen, wobei die Anzahl der Gleichungen gleich der Anzahl der nicht-terminalen Zeichen ist. Jede Gleichung ist vom Typ:

$$\mathfrak{L} = f(\mathfrak{A}, \mathfrak{B}, \mathfrak{C}, \ldots),$$

wobei f ein Ausdruck erster Art ist. Die Lösung des Systems ist eine geordnete Menge von Sprachen. Jede dieser Sprachen besitzt als Produktionen die der CF-Grammatik und als Axiom eines der nicht-terminalen Zeichen.

Kürzer sagt man, daß diese geordnete Menge von Sprachen eine gegebene Grammatik verifiziert.

Die Klasse der CF-Sprachen und die Klasse der durch Gleichungssysteme über dem von uns betrachteten Raum definierten Sprachen sind identisch. Außerdem macht man beim Lösen die Strukturierung der Wörter sichtbar.

Dies veranlaßt uns, den rein mengentheoretischen Standpunkt, den wir anfangs einnahmen, zu verlassen.

Wir werden Folgerungen dieser letzten Bemerkung im nächsten Abschnitt entwickeln.

11.2. SPRACHEN UND FORMALE POTENZREIHEN

11.2.0.

Die mehr "algebraische" Art, die aufeinanderfolgenden Sprachen L_0, L_1 ... L_n, ... zu beschreiben und dabei auch die Grade von Mehrdeutigkeit zu beachten, motiviert die Einführung von Polynomen, deren Monome immer Folgen dieser Sprachen und deren Koeffizienten ganze positive Zahlen sind.

Wenn die Sprache, die die Lösung ist, nicht endlich ist, dann enthalten die Polynome eine immer größer werdende Anzahl von Monomen ansteigenden Grades.

Trotzdem werden die Monome eines gewissen Grades von einer gewissen Stufe ab nicht mehr berücksichtigt; dieses erlaubt uns, zum induktiven Limes überzugehen, um formale Potenzreihen zu erhalten.

Um Sprachen von diesem neuen Standpunkt aus zu studieren, geben wir a priori diejenigen Definitionen, die sich durch die vorangegangenen Studien erfahrungsgemäß anbieten. Wir werden unsere Betrachtungen etwas verallgemeinern, indem wir als Koeffizienten die ganzen Zahlen zulassen. Die Fruchtbarkeit dieser Erweiterung wird sich später ausführlich zeigen.

11.2.1. Potenzreihen

Sei $V_T = \{a_i | 1 \leq i \leq n\}$ das terminale Vokabular. Die Menge der endlichen Folgen, die man über einem solchen Vokabular bilden kann, ist abzählbar.

Jeder Folge $x \in V_T^*$ ordnen wir durch ein Verfahren (r) eine ganze Zahl zu. Mit anderen Worten: Wir geben eine Abbildung (r) von V_T^* nach Z an:

$$(r): x \longrightarrow \langle r, x \rangle \in Z.$$

Ausgehend von dieser Abbildung können wir die Potenzreihe r definieren:

$$r: = \sum_x \langle r, x \rangle \, x,$$

wobei das Monom x die ihm zugeordnete ganze Zahl $\langle r, x \rangle$ zum Koeffizienten hat.

<u>Beispiel.</u> Sei $V_T = \{a, b\}$. Wenn wir die Monome nach ansteigendem Grad und Monome gleichen Grades lexikographisch anordnen, so erhalten wir:

E, a, b, a a, a b, b a, b b, a a a, a a b, a b a, ...

Bei einem gegebenen Monom addieren wir 1 zu seinem Grad, nehmen das Ergebnis modulo 3 und die so erhaltene Zahl als Koeffizient.

Wir erhalten so die Potenzreihe:

$$r = 1\,E + 2\,a + 2\,b + 0\,a\,a + 0\,a\,b + 0\,b\,a + 0\,b\,b + 1\,a\,a\,a + 1\,a\,a\,b + 1\,a\,b\,a + \ldots$$

Es ist erlaubt, die Monome, deren Koeffizient Null ist, wegzulassen.

Man nennt eine Potenzreihe charakteristisch, wenn (r) eine Abbildung von V_T^* auf {0,1} ist, oder anders ausgedrückt, wenn r eine charakteristische Funktion ist.

Übrigens ist es wenigstens im Prinzip erlaubt, jeder Potenzreihe die *charakteristische Potenzreihe* zuzuordnen, die man erhält, indem man dem Koeffizienten Null den Wert 0 und den Koeffizienten, die ungleich null sind, den Wert 1 zuordnet.

Zu vorgegebener Potenzreihe r bildet die Menge der Folgen, die mit einem Koeffizienten, der ungleich Null ist, versehen sind, eine Sprache L, die man die *Stütze der Potenzreihe* r nennt. Man schreibt dafür:

$$L = St(r).$$

11.2.2. Operationen über Potenzreihen

Versehen mit einer Addition und einer Multiplikation, trägt die Menge der Potenzreihe die Struktur eines Ringes. Die Addition wird auf übliche Weise definiert. In der Summe der Reihen r und r': r + r' bildet man die Koeffizienten einer Folge durch Addition der Koeffizienten homologer Folgen:

$$\langle r + r', x\rangle = \langle r, x\rangle + \langle r', x\rangle.$$

Multiplikation. Die Multiplikation definiert man wie üblich. Man muß nur die Nichtkommutativität beachten. Man kann die Faktoren nur verketten, wenn dies in der gegebenen Reihenfolge (d.h. ohne Permutationen) geschieht.

Im Produkt zweier Potenzreihen, bezeichnet durch r r', ist der Koeffizient $\langle r\,r', x\rangle$ die Summe der Teilprodukte $\langle r_i, y\rangle\,\langle r'_j, z\rangle$, für die $y\,z = x$ gilt.

Wir überlassen dem Leser die detaillierten Beweise bezüglich der Ringstruktur.

Multiplikation mit einer ganzen Zahl. Der Ring der Potenzreihen läßt Z als Operatorenbereich zu. Man definiert dann $n \cdot r$, indem man $n\langle r, x\rangle$ bildet.

11.2.3. Topologische Begriffe

Wir präzisieren nun den Übergang von den Polynomen zu den Potenzreihen und den Begriff der Umgebung. Wir nennen eine Potenzreihe r äquivalent modulo Grad n zu einer Potenzreihe r' und schreiben dafür:

$$r \equiv r' \pmod{\deg n},$$

wenn gilt: $(\deg x \leq n) \Longrightarrow \langle r, x\rangle = \langle r', x\rangle$.

Nehmen wir an, es sei eine unendliche Folge von Potenzreihen r_1, r_2, ... gegeben, derart daß für alle n und alle n' größer als n gilt: $r_n \equiv r_{n'}$. In diesem Fall ist der Limes der Folge r_1, r_2 ... wohldefiniert. Es ist der Limes der Folge von Polynomen, die man erhält, indem man die r_n des Grades größer als n wegläßt.

Auf diese Weise kann man den Ring der Potenzreihen mit einer Topologie versehen.

11.2.4. Potenzreihen mit positiven Koeffizienten

Außer der Tatsache, daß die Potenzreihen, deren Koeffizienten positiv oder gleich Null sind, einen Halbring bilden, sind die folgenden wichtigen Eigenschaften ihrer Stützen anzugeben.

Addition. Der Koeffizient $\langle r + r', x\rangle$, Summe zweier nicht-negativer ganzer Zahlen, ist von Null verschieden, wenn die eine oder die andere dieser Zahlen ungleich Null ist.

Für positive Potenzreihen ist die Stütze der Summe die Vereinigung der Stützen.

Multiplikation. Wenn die Stütze von r die Folge y und die Stütze von r' die Folge z enthält, dann enthält die Stütze von r r' die Folge y z. (Die Monome können sich nicht reduzieren.) Umgekehrt gilt: Wenn die Stütze von r r' eine Folge x enthält, so gibt es wenigstens ein Paar (y, z) von Folgen, derart daß y z = x gilt. Folgerung:

Für positive Potenzreihen ist die Stütze des Produkts gleich dem Produkt der Stützen (Produkt als Produkt von Sprachen).

11.2.5. Positive Potenzreihen und CF-Grammatiken

Der Leser wird gewiß bemerkt haben, daß die Potenzreihen mit positiven ganzzahligen Koeffizienten es auf begrifflich einfache Weise gestatten, die Berechnungen zu beschreiben, die wir angestellt haben, um die einer CF-Grammatik zugeordneten Gleichungssysteme zu bilden und zu lösen.

Wir vereinbaren jetzt, daß die Variablen $\mathfrak{L}$, $\mathfrak{A}$, $\mathfrak{B}$ nicht mehr Sprachen im rein mengentheoretischen Sinn, sondern formale Potenzreihen darstellen.

Jeder Potenzreihe entspricht eine Stütze, die eine Sprache ist, und es gibt Koeffizienten, die angeben, ob ein Wort in dieser Sprache auftritt, und die den Grad seiner Mehrdeutigkeit angeben:

0, wenn das Wort nicht erzeugt wird,
1, wenn das Wort einmal erzeugt wird,
2, wenn das Wort zweimal auf verschiedene Weise erzeugt wird, usw.

Das einer CF-Grammatik zugeordnete System schreibt sich immer wie folgt:

$$\begin{aligned}\mathfrak{L}&=f(\mathfrak{L},\mathfrak{A},\mathfrak{B},\ldots)\\ \mathfrak{A}&=g(\mathfrak{L},\mathfrak{A},\mathfrak{B},\ldots)\\ \mathfrak{B}&=h(\mathfrak{L},\mathfrak{A},\mathfrak{B},\ldots)\end{aligned}$$

wobei f, g, h Polynome sind, deren Koeffizienten gleich 1 sind.

Die bereits gegebene Methode bleibt auch für dieses System gültig. Die sukzessiven Approximationen:

$$(\mathfrak{L}_0,\mathfrak{A}_0,\mathfrak{B}_0,\ldots),\ (\mathfrak{L}_1,\mathfrak{A}_1,\mathfrak{B}_1,\ldots),$$

sind spezielle formale Potenzreihen, Polynome.

Modulo ihrem Grad sind diese Polynome äquivalent zu der gesuchten Lösung, die sie im Sinne eines induktiven Limes approximieren. Der Leser kann zur Übung die vorangegangenen Beispiele in der neuen Bezeichnungsweise wiederholen. Wir geben nun ein für sich selbst interessantes Beispiel.

Beispiel. Wir haben den Fall der Grammatik:

$$\left|\begin{array}{l} S \rightarrow S\,a\,S \\ S \rightarrow b \end{array}\right|$$

behandelt, die mehrdeutig ist. Andererseits ist die Grammatik

$$\left|\begin{array}{l} S \rightarrow a\,S\,S \\ S \rightarrow b \end{array}\right|,$$

die der polnischen Bezeichnungsweise entspricht, nicht mehrdeutig. Man erwartet also, eine charakteristische Reihe zu finden, und erhält die Gleichung:

$$\mathfrak{L} = a\,\mathfrak{L}\mathfrak{L} + b$$

die man löst:

$$\begin{aligned}
\mathfrak{L}_0 &= \omega \\
\mathfrak{L}_1 &= b \\
\mathfrak{L}_2 &= a(b)(b) + b = a\,b^2 + b \\
\mathfrak{L}_3 &= a\,[a(b)(b)+b]\,[a(b)(b)+b] \\
&= a\,[a(b)(b)]\,[a(b)(b)] + a\,[b]\,[a(b)(b)] \\
&\quad + a\,[a(b)(b)]\,[b] + a\,[b]\,[b] + b;
\end{aligned}$$

und ohne Klammern:

$$L_3 = a^2\,b^2\,a\,b^2 + a\,b\,a\,b^2 + a^2\,b^3 + a\,b^2 + b$$

usw.

Diese Potenzreihe ist charakteristisch.

Schlußfolgerung. Die CF-Grammatiken führen zu Gleichungssystemen, deren rechte Seiten Polynome mit Koeffizienten gleich 1 sind. Die CF-Sprachen sind die Stützen von positiven Potenzreihen, die man als Lösungen des Systems erhält. Die Koeffizienten geben den Grad der Mehrdeutigkeit an.

Zur weiteren Betrachtung bleibt die Frage, ob man den Potenzreihen mit nicht notwendig positiven Koeffizienten eine linguistische Interpretation geben kann.

Wir werden diese Frage in einem späteren Kapitel anschneiden, das den algebraischen Sprachen gewidmet ist.

11.2.6. Übungen

1. Man betrachte die durch eine normale Grammatik definierte Sprache L_m.

$$V_A = \{S, A, B\}; \quad V_T = \{a, b, c\}$$

S	→	a A
S	→	b B
S	→	c
A	→	S a
B	→	S b

Man bilde das dazu assoziierte System, löse es durch formale Potenzreihen, studiere ihre Strukturierung und vergleiche sie mit der bereits gegebenen.

2. Man betrachte die Grammatik:

$$\left| \begin{array}{lll} S & \rightarrow & S\,S \\ S & \rightarrow & a \\ S & \rightarrow & b \end{array} \right|$$

mit dem Axiom S und den terminalen Zeichen a und b und löse die Gleichung, die man erhält. Betrachte dabei die Strukturierung und die Mehrdeutigkeiten.

Gib eine Regel zur Behandlung der Grade der Mehrdeutigkeit an.

3. Man betrachte die Grammatik:

$$\left| \begin{array}{lll} S & \rightarrow & S\,a\,S \\ S & \rightarrow & b \end{array} \right|$$

Zeige, daß die formale Potenzreihe, die die Lösung ist, den allgemeinen Ausdruck

$$\frac{1}{n+1}\, C_{2n}^{n}\, (a\ b)^n a$$

hat.

XII. Kontext-sensitive Grammatiken. Linear beschränkte Automaten

12.1.1. Linguistische Motivation

Betrachten wir eine einfache nach dem folgenden Schema konstruierte Phrase: NP_1 V NP_2 (Nominalphrase Subjekt, Verb, Nominalphrase Objekt).

Wenn NP_1 und NP_2 zu einer besonderen Klasse von Namen, etwa von Lebewesen oder von abstrakten Begriffen usw., gehören, so ist die Klasse der Verben, die man zwischen NP_1 und NP_2 vorfindet, durch diesen Kontext eingeschränkt. Ähnliche Situationen sind reichlich in natürlichen und künstlichen Sprachen vorhanden.

Daher ist man interessiert, diese Situationen, wie im folgenden ausgeführt, zu formalisieren.

12.1.2. Kontext-sensitive Grammatiken

Eine *kontext-sensitive Grammatik* ist definiert durch:

1. ein endliches Alphabet V, das Vereinigung zweier disjunkter Alphabete V_A (Hilfsalphabet) und V_T (Terminalalphabet) ist;

2. ein Axiom $S \in V_A$;

3. Produktionen der Form $\varphi_1 A \varphi_2 \to \varphi_1 \omega \varphi_2$, $A \in V_A$; $\varphi_1, \varphi_2, \omega \in V^*$; ω nicht leer.

Eine Regel wird wie folgt interpretiert: In dem Kontext, wobei φ_1 links und φ_2 rechts steht, wird das nicht-terminale Zeichen A substituiert durch ω.

Es ist noch zu bemerken, daß die CF-Grammatiken zu dieser Klasse gehören, wobei φ_1 und φ_2 leer sind, daher die Bezeichnung kontext-freie (engl. context-free; Abkürzung: CF) Grammatik.

Für die kontext-sensitiven Grammatiken schreiben wir kürzer: CS-Grammatik.

12.1.3. Eine unmittelbare Eigenschaft

Die Annahme, daß ω nie leer ist, führt zu der Tatsache, daß jede CS-Grammatik ein besonderes Semi-Thue-System ist, in dem die Produktionen:

$$P\ \varphi_1\ A\ \varphi_2\ Q\ \rightarrow\ P\ \varphi_1\ \omega\ \varphi_2\ Q$$

die zusätzliche Bedingung des nicht-absteigenden Grades erfüllen. Wir werden nun eine Umkehrung untersuchen.

12.1.4. Nicht-absteigende Gradbedingung

Betrachten wir über dem Alphabet $V = V_A \cup V_T$ ein Semi-Thue-System, dessen Produktionen

$$P\ g_i\ Q\ \rightarrow\ P\ \bar{g}_i\ Q$$

die Ungleichung

$$|\bar{g}_i| \geqq |g_i|$$

erfüllen (nicht-absteigende Gradbedingung).

Jede Regel kann durch eine Folge von kontext-sensitiven Regeln ersetzt werden:

$$\varphi_1\ A\ \varphi_2\ \rightarrow\ \varphi_1\ \omega\ \varphi_2$$

wobei

$$g_i = \alpha_1 \ldots \alpha_k$$

$$\bar{g}_i = \beta_1 \ldots \beta_k \ldots \beta_{k+q}$$

$$q \geqq 0; \qquad \alpha_i,\ \beta_i \in V.$$

Wir führen k neue Hilfszeichen $\gamma_1, \ldots, \gamma_k$ ein und betrachten die Regeln:

$$\alpha_1\ \alpha_2 \ldots \alpha_k \rightarrow \gamma_1\ \alpha_2 \ldots \alpha_k$$

$$\gamma_1\ \alpha_2 \ldots \alpha_k \rightarrow \gamma_1\ \gamma_2 \ldots \alpha_k$$

$$\ldots\ldots\ldots\ldots\ldots\ldots\ldots\ldots$$

$$\gamma_1\ \gamma_2 \ldots \gamma_{k-1}\ \alpha_k \rightarrow \gamma_1 \ldots \gamma_k$$

$$\gamma_1\ \gamma_2 \ldots \gamma_k \rightarrow \beta_1\ \gamma_2 \ldots \gamma_k$$

$$\ldots\ldots\ldots\ldots\ldots\ldots\ldots\ldots$$

$$\beta_1\ \beta_2 \ldots \beta_{k-1}\ \gamma_k \rightarrow \beta_1 \ldots \beta_{k+q}$$

Im Fall, daß g_i irgendein $\alpha_i \in V_T$ enthält, ist es erlaubt, neue Hilfszeichen A_i mit $A_i \to \alpha_i$ einzuführen. Durch diese Abänderung werden alle Regeln zu Regeln des Typs:

$$\varphi_1 \; A \; \varphi_2 \;\to\; \varphi_1 \; \omega \; \varphi_2 .$$

Andererseits ist es klar, daß der Menge dieser Regeln die Regel $g_i \to \bar{g}_i$ folgt und daß die Erzeugungsstärke nicht vergrößert wird. Folglich ist eine Semi-Thue-Grammatik, die die nicht-absteigende Gradbedingung erfüllt, äquivalent zu einer kontext-sensitiven Grammatik.

Zusammenfassend gilt:

Theorem. *Die Klasse der CS-Grammatiken ist gleich der Klasse der Semi-Thue-Grammatiken mit nicht-absteigender Gradbedingung.*

12.1.5. Rekursivität der erzeugten Sprachen

Satz. *Jede Grammatik mit nicht-absteigender Gradbedingung erzeugt eine rekursive Sprache.*

Beweis: Bei vorgegebenem Alphabet X ist die Behauptung wahr, wenn alle Ungleichungen echte Ungleichungen in den Produktionen sind.

Nehmen wir nun an, es gäbe Produktionen, die den Grad bewahren. Die Menge der von n Zeichen durch G erzeugten Wörter ist gleich der endlichen Kardinalzahl N(n) mit $N(n) \leqq [\mathrm{card}(X)]^n$. Ausgehend von einem Wort mit n Zeichen, bilden wir alle Ableitungen, die nicht den Grad vergrößern. In jeder von ihnen erreichen wir nach N + 1 Schritten oder sogar früher ein bereits abgeleitetes Wort mit n Zeichen; das heißt, wir haben eine Schleife gebildet. Indem wir das Entstehen solcher Schleifen verbieten, erhalten wir nur die brauchbaren Ableitungen. Zu vorgegebenem m ist es klar, daß die Menge der brauchbaren Ableitungen, die Wörter f mit $|f| \leqq m$ erzeugen, eine Menge mit endlicher Kardinalzahl ist. Der Satz ist somit bewiesen.

Beispiel einer kontext-sensitiven Grammatik.

$V_A = \{S, B, C\}, \quad V_T = \{a, b, c\}.$

S sei das Axiom.

G	S	$\to$	a S B C
	S	$\to$	a b C
	C B	$\to$	B C
	a B	$\to$	a b
	b B	$\to$	b b

$$L(G) = \{a^n b^n c^n \mid n \in N\}$$

12.2. LINEAR BESCHRÄNKTE AUTOMATEN

12.2.1. Definition

Ein *linear beschränkter Automat (Abkürzung LB-Automat)* setzt sich zusammen aus einem Schaltwerk, einem Lese- und Schreibkopf und einem Band. Er benutzt ein Alphabet V, das durch eine spezielle Marke, die nur zum Einrahmen des zu untersuchenden Wortes benutzt wird, vervollständigt ist.

Das Schaltwerk enthält eine endliche Menge von Zuständen S_j, unter denen ein Anfangszustand S_0 und eine Teilmenge Φ der Endzustände ausgezeichnet sind.

Der Lese- und Schreibkopf führt die Operationen aus, die durch eine endliche Menge von Anweisungen des Typs

$$(a_i, S_j) \rightarrow (S_k, a_l, M)$$

geregelt werden.

Eine Anweisung wird wie folgt interpretiert: Wenn das vom Band gelesene Zeichen a_i ist und sich das Schaltwerk im Zustand S_j befindet, so geht das Schaltwerk in den Zustand S_k über und der Lese- und Schreibkopf ersetzt a_i durch a_l und begibt sich ein Feld weiter nach rechts für M = + 1, ein Feld nach links für M = - 1 und bleibt über dem gegenwärtigen Feld für M = 0. Wenn a_i die spezielle Marke # ist, dann ist a_l auch die spezielle Marke #.

12.2.2. Die Berechnung

Gegeben sei ein in # eingeschlossenes Wort. Der Automat rechnet dann wie folgt:

1. Zu Beginn befindet sich das Schaltwerk im Zustand S_0, während der Lesekopf die ganz links stehende Marke beobachtet.
2. Der Automat wendet die Anweisungen an.
3. Wenn der Lese- und Schreibkopf die rechte Marke erreicht und das Schaltwerk sich in einem der Endzustände befindet, dann ist das Wort akzeptiert. Andernfalls ist es abgelehnt. Dies gilt bei deterministischen ebenso wie nicht-deterministischen Automaten.

12.2.3. Die von einem LB-Automaten akzeptierten Sprachen

Die von LB-Automaten akzeptierten Sprachen geben zu folgendem Satz Anlaß:

Satz. *$\mathfrak{A}$ sei LB-Automat. Dann ist es möglich, eine kontext-sensitive Grammatik* G *zu konstruieren, derart daß* L(G) = L($\mathfrak{A}$) *gilt.*

Beweis: Um G zu konstruieren, nehmen wir als terminales Alphabet das von $\mathfrak{A}$ und als Hilfsalphabet die Menge

$$V_A^G = \{A_{ij}, S, T, \#\},$$

wobei

1. A_{ij} der Situation (a_i, S_j) zugeordnet ist,
2. S das Axiom von G ist,
3. T ein neues Hilfszeichen ist,
4. # die zum Einrahmen der Wörter bestimmte Marke ist.

Die Regeln von G beziehen sich auf die Situationen von $\mathfrak{A}$. Sie führen in umgekehrter Richtung die Berechnungen von $\mathfrak{A}$ aus, d.h. von rechts nach links. Sie lassen sich in drei Typen einteilen.

I. G erzeugt Wörter des Typs:

$$\varphi_T A_{if},$$

wobei $\varphi_T \in V_T^*$ und A_{if} der terminalen Situation (a_i, S_f) entspricht.

$A \to A\ A_{if}$ für jede terminale Situation (a_i, S_f);

$\left.\begin{array}{l} A \to A\ a_i \\ A \to a_i \end{array}\right\}$ für jedes a_i.

II. Die Regeln dieses Typs bearbeiten die durch I erzeugten Folgen. Sie produzieren ein terminales Wort genau dann, wenn es eine Berechnung des Automaten $\mathfrak{A}$ gibt, durch die dieses Wort akzeptiert wird. Die Berechnung endet am Kopf des Wortes in der Situation (a_i, S_0) oder A_{i0}.

1. Einer Anweisung $(a_i, S_j) \to (S_k, a_l, +1)$ entsprechen die Regeln $a_l A_{rk} \to A_{ij} a_r$ für jedes $a_l \in V_T$.

2. Einer Anweisung $(a_i, S_j) \to (S_k, a_l, -1)$ entsprechen die Regeln $A_{rk} a_l \to a_r A_{ij}$ für jedes $a_l \in V_T$.

3. Einer Anweisung $(a_i, S_j) \to (S_k, a_l, 0)$ entspricht die Regel $A_{lk} \to A_{ij}$.

III. Die Regeln dieses Typs erlauben, die Ableitungen zu beenden. Sie sind:

$$\# A_{i0} \to \# a_i.$$

Es ist klar, daß L(G) = L($\mathfrak{A}$) ist. Die konstruierte Grammatik G ist kontext-sensitiv, aber von einer besonderen Art: Die Wörter, die in ihren Regeln erscheinen, sind vom Grade 2 oder 1.

12.2.4. Kontext-sensitive Grammatiken und LB-Automaten

Umgekehrt ist es möglich, zu zeigen, daß man jeder CS-Grammatik einen LB-Automaten zuordnen kann, der diese Sprache akzeptiert. Zu diesem Zweck reduziert man die Grammatik zu einer Grammatik, die nur Regeln folgenden Typen besitzt:

$$\left|\begin{array}{lll} A\ B & \rightarrow & C\ D \\ A & \rightarrow & C \\ S & \rightarrow & E\ F \end{array}\right|$$

mit der einschränkenden Ergänzung: Wenn S das Axiom ist und wenn S → E F eine Regel ist, dann ist E = S. Zusammenfassend hat man das folgende Theorem:

Theorem von Kuroda-Landweber. *Die Klasse der durch CS-Grammatiken erzeugten Sprachen ist äquivalent zur Klasse der Sprachen, die von nichtdeterministischen LB-Automaten akzeptiert werden.*

12.2.5. Eigenschaften der durch CS-Grammatiken erzeugten Sprachen

Die Haupteigenschaft der in diesem Kapitel studierten Sprachen ist durch den folgenden Satz gegeben:

Satz. *Die Klasse der durch deterministische LB-Automaten akzeptierten Sprachen ist eine Boole'sche Algebra.*

G.H. Matthews hat eine gewisse Anzahl von Spezialfällen studiert, in denen die Hilfszeichen im Inneren der Wörter zusammengefaßt sind (im Verlauf einer Ableitung) und Anfang und Ende der Wörter terminale Zeichen sind. Die Sprachen, die durch diese Grammatiken erzeugt werden, sind CF-Sprachen.

Entscheidungsprobleme. Die meisten Entscheidungsprobleme sind rekursiv unlösbar für kontext-sensitive Sprachen. Unter anderem gilt dies auch für das Entscheidungsproblem, ob eine von einer kontext-sensitiven Grammatik erzeugte CF-Sprache leer, endlich oder unendlich ist.

Nichtsdestoweniger sind diese Probleme von Interesse für den Fall, in dem man die Ableitungen als Bäume darstellen kann, die mit komplexeren Einschränkungen versehen sind als die bei CF-Sprachen auftretenden.

12.3. KLASSIFIKATION DER AUTOMATEN

12.3.1. Linear beschränkter Speicher

Die Bezeichnung linear beschränkter Automat (LB-Automat) geht auf J. Myhill zurück und wird gerechtfertigt durch die Ermittlung des Speichervolumens, das im Laufe einer Berechnung benötigt wird.

In den vorangegangenen Kapiteln haben wir drei große Klassen von Automaten studiert, nämlich: Turingmaschinen, Push-down Automaten und endliche Automaten.

Um die zur Akzeptierung eines Wortes nötigen Berechnungen auszuführen, verfügt die Turingmaschine über eine unbegrenzte Anzahl von Feldern zum Speichern einer unbegrenzten Anzahl von Zeichen.

Ein endlicher Automat jedoch benutzt niemals mehr als eine bestimmte endliche Anzahl von Speicherelementen, die alle im Schaltwerk untergebracht sind. (Das Band wird nur zum Lesen benutzt.) Was den Push-down Automaten anbelangt, so benutzt dieser, während er rechnet, Zwischenergebnisse, die er auf das Arbeitsband gespeichert hat. Die Länge des benötigten Bandes kann nicht ein für allemal numerisch berechnet werden, denn sie ist eine Funktion der Länge des eingegebenen Wortes f, aber man kann diese Funktion einfach nach oben abschätzen.

Sei $n = |f|$ und $k = |x|$, wobei x das längstmögliche Wort ist, das mittels einer Anweisung geschrieben werden kann. Dann ist kn offenbar die obere Grenze für die Anzahl der auf dem Speicherband benötigten Felder.

Es empfiehlt sich, zu diesem variablen Teil eine feste Zahl k' hinzuzufügen, entsprechend der Möglichkeit des Schaltwerks, eine Reihe von Anweisungen und Zuständen zu speichern.

Da $kn + k'$ eine lineare Funktion ist, gehören die Push-down Automaten zur Klasse der LB-Automaten. Sie besitzen jedoch spezielle Einschränkungen, da

1. ihr Eingabeband sich nur in einer Richtung verschiebt,
2. ihr Speicherband mit einer Push-down Struktur versehen ist (starke Einschränkung).

Gemäß der gegebenen Beschreibung kann ein LB-Automat eine beliebige Anzahl von Feldern benutzen, in die er die Zeichen des eingegebenen Wortes hineinschreibt. Diese Anzahl ist höchstens gleich n. Außerdem gibt es eine feste Zahl, die ein Maß ist für die zur Speicherung der Anweisungen und Zustände benötigten Speicherelemente. Diese nach oben abschätzende Funktion ist linear.

Man kann sich Varianten dieses Automaten ausdenken, die eine nach oben abschätzende Funktion für die Speichergröße in der allgemeinen Form kn + k' besitzen.

12.3.2. Hierarchie der Automaten

Das Kriterium des zu einer Berechnung nötigen Speichervolumens gibt eine erste hierarchische Klassifikation der Automaten.

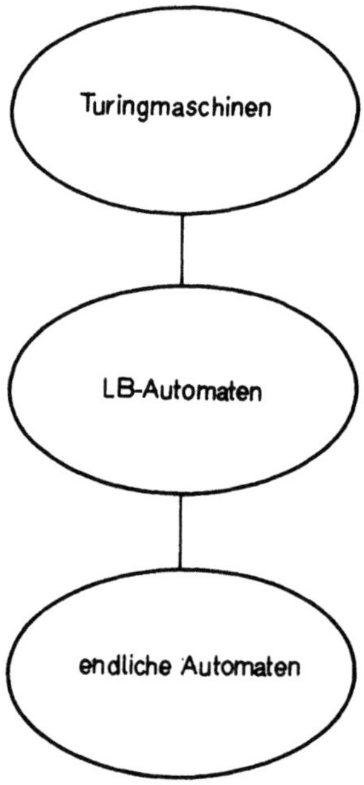

Um diese erste Klassifikation zu verfeinern und insbesondere die Push-down Automaten auf natürliche Weise einzuführen, ist es nötig, den Begriff der Berechnung so zu verfeinern, daß man nicht nur die Speichergröße, sondern auch die Struktur des während einer Berechnung benötigten Speichers berücksichtigt.

Auf diese Weise fortfahrend, kann man Unterklassen von Automaten definieren.

Eine andere Richtung, in die sich die Theorie entwickelt, ist die der "Real Time" Automaten.

Wir haben gesehen, daß die Funktionsweise des Push-down Automaten dazu führt, diejenigen Daten zu zerstören, die sich zwischen dem oberen Ende des Speichers und der aufzusuchenden Stelle befinden.

Unter Benutzung von Anweisungen des Typs (e, S_j, A_k) ergibt sich die Möglichkeit, den Speicher unabhängig von den Eingaben zu benutzen.

Wenn die Löschungsbedingung und die Möglichkeit, Eingaben nicht zu beachten, nicht erfüllt sind, so erhält man einen "Real Time" Automaten von Yamada.

Ein weiteres wichtiges Kriterium ist die deterministische oder nichtdeterministische Natur des Automaten. Sie erlaubt die Definition von Unterklassen.

In diesem Zusammenhang erinnern wir daran, daß die Standard-CF-Sprachen von deterministischen Automaten akzeptiert werden, während dies nicht für allgemeinere CF-Sprachen gilt. Der Grund dieser Tatsache ist in dem Homomorphismus, der erstere Sprache in letztere abbildet, zu suchen.

12.4. ÜBUNGEN

12.4.1.

Konstruiere LB-Automaten, die die Sprachen

$$\{a^n b^n a^n \mid n > 0\}$$

$$\{x\ c\ x \mid x \in \{a, b\}^*\}$$

akzeptieren. Sind diese Automaten deterministisch?

12.4.2.

Zeige, daß man mit Hilfe kontext-sensitiver Regeln Permutationen ausführen kann. Zum Beispiel: Ist eine Sprache $\{x\ c\ y\}$ durch eine Grammatik G gegeben, so kann man eine Grammatik G' konstruieren, derart daß

$$L(G') = \{y\ c\ x\}$$

gilt.

12.4.3.

Gegeben seien zwei LB-Automaten $\mathfrak{A}_1$ und $\mathfrak{A}_2$. Konstruiere einen LB-Automaten, der die Sprache $L(\mathfrak{A}_1) \cup L(\mathfrak{A}_2)$ akzeptiert. Dieselbe Frage für die Sprache $L(\mathfrak{A}_1) \cap L(\mathfrak{A}_2)$.

Man kann den gesuchten Automaten $\mathfrak{A}$ konstruieren, indem man wie folgt vorgeht: Man schreibe neben jedes vorgeschlagene Wort f das Wort f', das man erhält, indem man f kopiert und die Zeichen von f mit einem Strich versieht. Dann wird ein Teil von $\mathfrak{A}$ (der zu $\mathfrak{A}_1$ identisch ist) verifizieren, ob f durch $\mathfrak{A}_1$ akzeptiert wird, während ein anderer Teil von $\mathfrak{A}$ (der bis auf die Striche zu $\mathfrak{A}_2$ identisch ist) verifiziert, ob f' von $\mathfrak{A}_2$ akzeptiert wird.

Dritter Teil. Die algebraische Betrachtungsweise

XIII. Monoidhomomorphismen

13.0.

In diesem Kapitel werden einige Begriffe der Algebra entwickelt, die dann im folgenden oft benutzt werden.

13.1. (BELIEBIGE) MONOIDE

13.1.1. Das neutrale Element

Wir haben die Definition eines Monoids im Paragraphen 2.1.3. gegeben. Der Leser wird bemerkt haben, daß ein Monoid notwendigerweise ein neutrales Element zuläßt. Im allgemeinen ist es für uns von Vorteil, anzunehmen, daß jede Halbgruppe ein neutrales Element besitzt.

Ist eine Halbgruppe $\mathbf{M}$ gegeben, die kein neutrales Element besitzt, so genügt es, ihr ein neues Element E hinzuzufügen, für das gilt:

$$(\forall X \in \mathbf{M})[E\ X = X\ E = X];$$
$$E\ E = E.$$

Man erhält auf diese Weise ein Monoid - die Assoziativität läßt sich leicht nachweisen. Dieses Monoid, das die Halbgruppe enthält, läßt E als neutrales Element zu.

13.1.2. Der natürliche Homomorphismus

Sei $\mathbf{M} = \{A, B, C \ldots\}$ ein Monoid und $\mathfrak{R}$ eine Äquivalenzrelation auf $\mathbf{M}$, die links- und rechtsverträglich mit der inneren Komposition von $\mathbf{M}$

ist - kurz: eine Kongruenz. Wie uns aus dem ersten Kapitel in Erinnerung ist, zerlegt die Äquivalenzrelation $\mathfrak{R}$ das Monoid **M** in disjunkte Teilmengen, die die Quotientenmenge $\mathbf{M}/\mathfrak{R}$ bilden und deren Elemente $\bar{A}$, $\bar{B}$, $\bar{C}$, ... ein neues Monoid bezüglich der induzierten Verknüpfung bilden. Wir haben ein Beispiel angegeben, bei dem $\mathfrak{R}$ eine Äquivalenz im Sinne Thues war.

Betrachten wir die natürliche (oder kanonische) Abbildung ψ, die zu der Äquivalenzrelation $\mathfrak{R}$ assoziiert ist. ψ bildet jedes Element $A \in \mathbf{M}$ auf seine Klasse $\bar{A}$ bezüglich $\mathfrak{R}$ ab. Ist $\mathfrak{R}$ eine Kongruenz, dann gilt:

$$\left[A \xrightarrow{\psi} \bar{A} \ \& \ B \xrightarrow{\psi} \bar{B}\right] \Longrightarrow \left[A\ B \xrightarrow{\psi} \bar{A}\ \bar{B} = \overline{A\ B}\right].$$

Das Bild einer Verknüpfung ist gleich der Verknüpfung der Bilder. Man nennt ψ den zu $\mathfrak{R}$ assoziierten *natürlichen Homomorphismus*.

<u>Beispiel.</u> **M** sei das freie Monoid über dem Alphabet

$$\mathfrak{A} = \{a, b, c\}.$$

$\mathfrak{R}$ sei die Relation, die der Gleichheit der Grade entspricht. Das leere Wort tritt hier in der Klasse 0 auf, die Monogramme in der Klasse 1 usw.

$\mathfrak{A}^*/\mathfrak{R}$ ist isomorph zu dem Monoid, das aus den nicht-negativen ganzen Zahlen besteht, wobei als Verknüpfung die Addition gewählt sei. Diese Situation führt zu viel allgemeineren Betrachtungen.

13.1.3. Allgemeine Definitionen

Seien **M** und **M'** zwei Monoide und φ eine Abbildung von **M** in **M'** (eventuell auf **M'**). Man nennt φ einen Homomorphismus von **M** in **M'** (eventuell auf **M'**), wenn diese Abbildung mit der inneren Komposition der beiden Monoide verträglich ist:

$$\left[A \xrightarrow{\varphi} A' \ \& \ B \xrightarrow{\varphi} B'\right] \Longrightarrow \left[A\ B \xrightarrow{\varphi} A'\ B'\right].$$

Wir bezeichnen mit $\mathbf{M}'_1$ das Bild der Abbildung φ: $\mathbf{M}'_1 = \varphi(\mathbf{M})$. Wir betrachten die Relation $\mathfrak{R}$ auf **M**: $A_1\ \mathfrak{R}\ A_2 :\Longleftrightarrow \varphi(A_1) = \varphi(A_2)$, d.h. A_1 und A_2 haben dasselbe Bild unter der Abbildung φ. Diese Relation ist ganz gewiß eine Äquivalenzrelation, sie zerlegt **M** in disjunkte Teilmengen (Äquivalenzklassen). Wir bezeichnen mit $\bar{A}$, $\bar{B}$, $\bar{C}$ ... die Äquivalenzklassen der Elemente A, B, C ... Einerseits existiert eine natürliche Abbildung ψ von **M** auf $\mathbf{M}/\mathfrak{R}$, die jedem Element $A \in \mathbf{M}$ seine Klasse $\bar{A} \in \mathbf{M}/\mathfrak{R}$ zuordnet. Andererseits existiert eine bijektive Abbildung θ von $\mathbf{M}/\mathfrak{R}$ auf die Bildmenge $\varphi(\mathbf{M}) = \mathbf{M}'_1$. Der Klasse $\bar{A}$ entsprechen alle Elemente, die A' als Bild haben und umgekehrt.

Das, was wir bisher gesagt haben, wäre auch im Falle, daß φ nur eine einfache Abbildung ist, gültig. Ziehen wir jetzt auch in Betracht, daß φ ein Homomorphismus ist.

Seien A_1 und A_2 zwei Elemente der Klasse $\bar{A}$, die unter der Abbildung φ das gemeinsame Bild A' haben; seien B_1 und B_2 Elemente der Klasse $\bar{B}$, die B' als Bild unter φ haben. Dann gilt, da φ ein Homomorphismus ist:

$$\begin{aligned}\varphi(A_1\, B_1) &= \varphi(A_1)\;\;\varphi(B_1) = A'\, B'\\ &= \varphi(A_2)\;\;\varphi(B_2) = \varphi(A_2\, B_2).\end{aligned}$$

Die Produkte $A_1\, B_1$ und $A_2\, B_2$ haben das gleiche Bild unter φ und sind deshalb Elemente derselben Äquivalenzklasse bezüglich $\mathfrak{R}$. Die Klasse, in der das Produkt der beiden Elemente liegt, hängt nur von den Klassen der beiden Elemente (nicht von den Elementen selbst) ab.

<u>Theorem.</u> *Jedem Homomorphismus φ von einem Monoid $\mathbf{M}$ in (oder auf) ein anderes Monoid kann man eine Kongruenz $\mathfrak{R}$ zuordnen, die durch die Gleichheitsrelation auf dem Bild von φ definiert wird.*

Mit der Kongruenz $\mathfrak{R}$ befinden wir uns wieder in der in 13.1.2. beschriebenen Situation. Es gibt einen natürlichen Homomorphismus von $\mathbf{M}$ auf $\mathbf{M}/\mathfrak{R} = \bar{\mathbf{M}}$, das ein Monoid ist.

Die bijektive Abbildung θ von $\bar{\mathbf{M}}$ nach $\mathbf{M}'_1 = \varphi(\mathbf{M})$ ist verträglich mit der Monoidkomposition:

$$[A' \underset{\theta^{-1}}{\overset{\theta}{\rightleftarrows}} \bar{A} \;\&\; B' \underset{\theta^{-1}}{\overset{\theta}{\rightleftarrows}} \bar{B}] \Rightarrow [A'B' \underset{\theta^{-1}}{\overset{\theta}{\rightleftarrows}} \bar{A}\bar{B}].$$

θ ist ein Isomorphismus. Man erhält das folgende Diagramm:

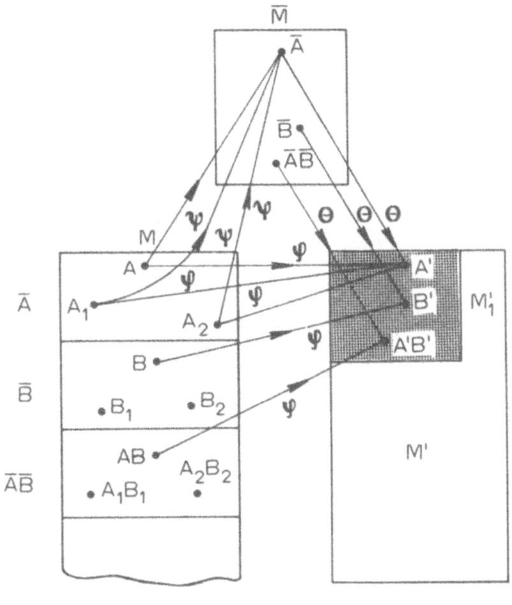

13.1.4. Klassifikation der Homomorphismen

Wir behalten die im vorangegangenen Abschnitt eingeführten Bezeichnungen bei. Wenn man durch ergänzende Hypothesen den Charakter der Abbildung φ präzisiert, so gelangt man zu folgenden Definitionen:

1. φ ist nicht surjektiv. Wenn es Elemente aus **M'** gibt, die nicht Bilder irgendwelcher Elemente aus **M** sind, dann hat man eine echte Inklusion $\mathbf{M'}_1 \subset \mathbf{M'}$.

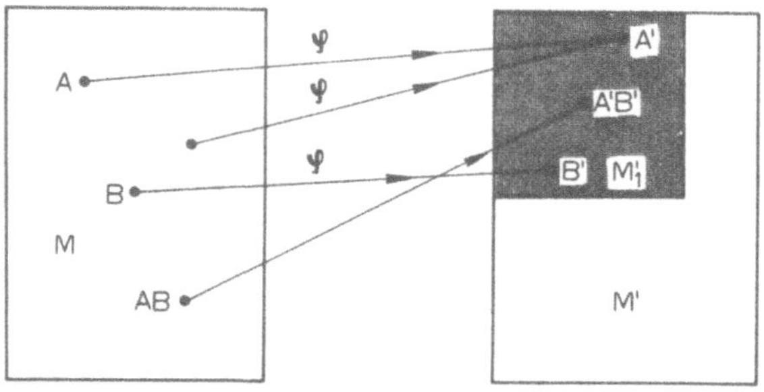

2. φ ist surjektiv. Wenn man jedes Element von **M'** mindestens einmal als Bild eines Elements aus **M** erhält, dann gilt die Gleichung $\mathbf{M'} = \mathbf{M'}_1$ und man nennt φ einen Homomorphismus von **M** auf **M'**, oder auch einen *Epimorphismus*.

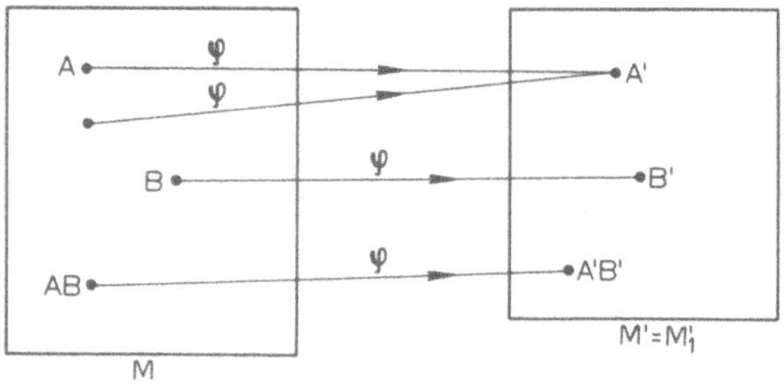

3. φ ist injektiv. Wenn jedes Bild A' nur Bild eines einzigen Elementes A aus **M** ist, dann nennt man φ einen *Monomorphismus* von **M** in **M'**.

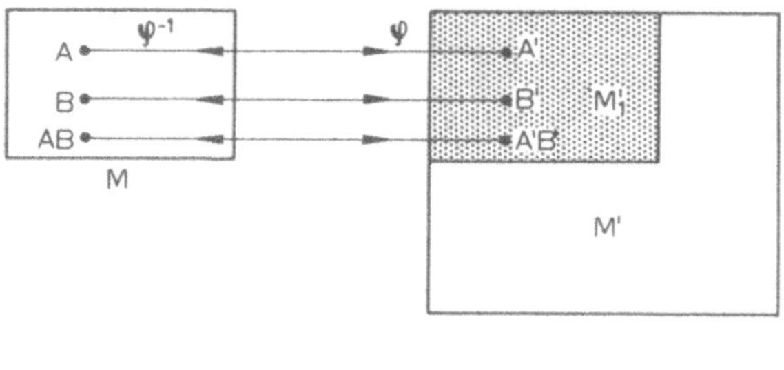

4. φ ist bijektiv. Wenn man jedes Element von **M'** als Bild genau eines Elementes von **M** erhält, dann sagt man, φ ist ein *Isomorphismus* von **M** auf **M'**.

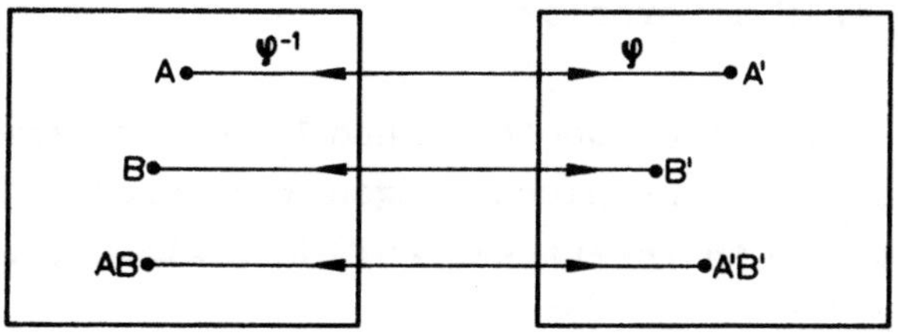

Beispiele.

1. **M** sei das freie Monoid über dem Alphabet $\mathfrak{A}$ und **M'** sei das endliche Monoid (in diesem Fall die Gruppe) {p, i}, definiert durch die Tafel:

*	p	i
p	p	i
i	i	p

Man erhält einen Epimorphismus von **M** auf {p, i}, indem man die Wörter ungeraden Grades auf i und die geraden Grades auf p abbildet.

2. **M** sei das Monoid der nicht-negativen Zahlen, versehen mit der Addition. **M'** sei das freie Monoid über {a, b}. Man erhält einen Monomorphismus von **M** in **M'**, indem man die Null auf das leere Wort abbildet, 1 auf a, 2 auf aa, n auf a^n.

Der Fall, in dem **M** mit **M'** zusammenfällt

Wenn der Homomorphismus φ das Monoid **M** in (eventuell auf) sich selbst abbildet, so nennt man ihn *Endomorphismus* anstelle von Homomorphismus und *Automorphismus* anstelle von Isomorphismus. Aber um eine bijektive Abbildung von **M** auf eine seiner Teilmengen, die mit der Monoidstruktur verträglich ist, zu bezeichnen, benutzt man weiter die Bezeichnung Monomorphismus.

Beispiel. **M** sei das freie Monoid über {a, b}. Jedem Wort ordnet man das Wort zu, das man erhält, indem man die Vorkommen der einzelnen Zeichen verdoppelt: a gibt aa, abb gibt aabbbb usw. Diese Abbildung ist bijektiv und mit der Verkettung verträglich. Geht man nicht so vor, wenn man ein Wort buchstabiert und jeden Buchstaben wiederholt?

13.1.5. Der Kern eines Homomorphismus

Wir setzen voraus, daß die Monoide **M** und **M'** ein neutrales Element besitzen, E und E'. (Wenn nicht, fügen wir welche hinzu.) Sei φ ein Homomorphismus von **M** in (eventuell auf) **M'**, wir setzen $\varphi(E) = E_1$.

Da φ ein Homomorphismus ist, gilt:

$$\varphi(E\,A) = \varphi(E)\,\varphi(A) = E_1\,\varphi(A)$$

$$\varphi(A\,E) = \varphi(A)\,\varphi(E) = \varphi(A)E_1,$$

aber E A = A E = A, wegen der Neutralität von E. Also:

$$E_1\,\varphi(A) = \varphi(A)E_1 = \varphi(A).$$

Folglich ist E_1 neutrales Element bezüglich der Bildmenge des Monoids $\mathbf{M}_1$. Aber man kann nicht ohne weiteres daraus schließen, daß $E_1 = E$ ist (siehe Übung 2.4.4.).

Man kann behaupten, daß $E_1 = E'$, wenn man weiß, daß $E' \in \mathbf{M'}_1$ (zum Beispiel in dem Fall, in dem der Homomorphismus ein Endomorphismus ist). Es gilt dann folglich in $\mathbf{M'}_1$:

$E'\,E_1 = E_1$ wegen der Neutralität von E',

$E'\,E_1 = E'$ wegen der Neutralität von E_1,

woraus folgt $E_1 = E'$.

Im folgenden werden wir voraussetzen, daß $E_1 = E'$ ist, es sei denn, daß wir das Gegenteil bemerken.

In der Gruppentheorie nennt man *Kern des Gruppenhomomorphismus* φ (Abbildung von einer Gruppe **G** in (auf) eine Gruppe **G'**) die Menge der Elemente, deren Bild unter φ das neutrale Element ist. Ein klassisches Ergebnis dieser Theorie ist, daß der Kern eine ausgezeichnete Untergruppe ist und den Homomorphismus vollständig bestimmt.

Wenn es sich um Monoide handelt, so ist die Situation komplizierter. Es ist unmöglich (im allgemeinen), ausgehend von einer einzigen Äquivalenzklasse einen Homomorphismus zu rekonstruieren.

Es gibt keinen Hinderungsgrund, die Klasse, zu der das neutrale Element des Urbildmonoids gehört, weiterhin Kern eines Homomorphismus zu nennen. Obwohl der Begriff nur in der Gruppentheorie gebraucht wird, bleibt er für uns wichtig und wir werden ihn noch oft gebrauchen. Die Rolle, die der Kern in einem solchen Fall spielt, hängt von der Rolle des neutralen Elementes im Bildmonoid ab, und letztlich ist es das Bild, worauf es uns ankommt.

13.2. EINER SPRACHE ZUGEORDNETE KONGRUENZEN UND ÄQUIVALENZEN

13.2.1. Kongruenz durch gute Kontexte

Sei $\mathfrak{A}$ ein Alphabet, $\mathfrak{A}^*$ das freie Monoid über $\mathfrak{A}$, $\Lambda \subset \mathfrak{A}^*$ eine Sprache und $M \in \mathfrak{A}^*$ ein beliebiges Wort. Es können dann zwei Wörter $A \in \mathfrak{A}^*$ und $B \in \mathfrak{A}^*$ existieren, derart daß AMB zu Λ gehört. In diesem Fall nennen wir das geordnete Paar (A, B) einen guten Kontext für M bezüglich Λ.

<u>Beispiele.</u> Sei $\mathfrak{A} = \{a, b, c\}$. Die Sprache Λ sei die Spiegelbildsprache $\Lambda = \{X\, c\, \tilde{X} | X \in \{a, b\}^*\}$. Für das Wort a c ist (b, ab) ein guter Kontext bezüglich Λ.

Die Menge der guten Kontexte enthält alle Kontexte der Form $(X, a\, \tilde{X})$ und besteht nur aus solchen.

Für das Wort a c a besteht die Menge der guten Kontexte aus Elementen der Form $(X, \tilde{X})$, die speziell den guten Kontext (E, E) enthält (E leeres Wort).

Für das Wort a c c b gibt es keinen guten Kontext bezüglich Λ, die Menge der guten Kontexte für dieses Wort ist leer.

Wenn die Menge der guten Kontexte den leeren Kontext, d.h. (E, E), enthält, so ist diese Menge nicht leer!

Wir werden nun auf dem freien Monoid $\mathfrak{A}^*$ eine Relation $\equiv_\Lambda$ definieren. Wir setzen $M \equiv_\Lambda P$, wenn die Menge der guten Kontexte für M bezüglich Λ gleich der Menge der guten Kontexte für P bezüglich Λ ist.

In anderen Worten besagt die Relation $\equiv_\Lambda$: Entweder gibt es keinen guten Kontext für M noch für P - oder es gibt gute Kontexte für M und P. Jeder gute Kontext für P ist guter Kontext für M und umgekehrt.

Wir können dafür kürzer schreiben:

$$[M \equiv_\Lambda P] \Leftrightarrow (\forall X \in \mathfrak{A}^*), (\forall Y \in \mathfrak{A}^*)[XMY \in \Lambda \Leftrightarrow XPY \in \Lambda].$$

<u>Beispiel.</u> Sei $\mathfrak{A} = \{a, b\}$ und $\Lambda = \{a\,a\,a,\ a\,b\,a\}$. Es ist dann $a \equiv_\Lambda b$, wobei die Menge der guten Kontexte die Menge $\{(a, a)\}$ ist. Es gilt $a\,a\,a \equiv_\Lambda a\,b\,a$, wobei die Menge der guten Kontexte die Menge $\{(E, E)\}$ ist. Es ist $b\,a\,b \equiv_\Lambda b\,b\,b$, wobei die Menge der guten Kontexte die leere Menge $\emptyset$ ist.

Es ist klar, daß $\equiv_\Lambda$ eine Äquivalenzrelation ist. Untersuchen wir nun ihr Verhalten bezüglich der Verkettung. Angenommen, es gelte:

$$P \equiv_\Lambda M.$$

Vergleiche für beliebige A und B die Wörter A M B und A P B. Jedem Kontext (X, Y), der für A M B und A P B gut oder nicht gut ist, kann man den Kontext (XA, BY) für M und P zuordnen. Es gilt daher (die Klammern dienen nur der Zusammenfassung):

$$\begin{aligned} X\,(A\;M\;B)\;Y \in \Lambda &\Longleftrightarrow (X\;A)\;M\;(B\;Y) \in \Lambda \\ &\Longleftrightarrow (X\;A)\;P\;(B\;Y) \\ &\Longleftrightarrow X\;(A\;P\;B)\;Y. \end{aligned}$$

Jeder Kontext, der gut ist für A M B, ist gut für A P B und umgekehrt. Wenn es keinen guten Kontext für das eine Wort gibt, so gibt es auch keinen guten Kontext für das andere Wort. Somit:

$$P \equiv_\Lambda M \Longrightarrow A\;P\;B \equiv_\Lambda A\;M\;B.$$

Die Relation $\equiv_\Lambda$ ist daher eine Kongruenz. Wir nennen sie die Kongruenz durch gute Kontexte bezüglich Λ.

Beispiel.

$$\mathfrak{A} = \{a, b\}; \qquad \Lambda = \{a^m b^n a^p \mid 1 \leq m,\ 1 \leq n,\ 0 \leq p\}.$$

Die Wörter, die nicht zu Λ gehören, haben entweder ein Anfangssegment der Form b^r, $1 \leq r$ oder ein Anfangssegment der Form $a^m b^n a^p b^r$, $1 \leq m$, $1 \leq n$, $1 \leq p$, $1 \leq r$. Sie gehören alle in dieselbe Äquivalenzklasse, die der leeren Menge von guten Kontexten entspricht. Die Wörter von Λ können in zwei Klassen eingeteilt werden: diejenige der $a^m b^n$, mit den Kontexten $(a^x, b^y a^z)$, und diejenige der $a^m b^n a^p$, $1 \leq p$, mit den Kontexten (a^x, a^z). Man sieht, daß Λ die Vereinigung der Klasse ist.

Die Relation $\equiv_\Lambda$ zerlegt $\mathfrak{A}^*$ in disjunkte Teilmengen und definiert eine Quotientenmenge $\mathfrak{A}^*/\equiv_\Lambda$, die, versehen mit einer durch die Verkettung in $\mathfrak{A}^*$ induzierten inneren Komposition, ein Monoid ist.

Sei $M \in \Lambda$ und $M \equiv_\Lambda P$, so leitet man daraus ab, daß der Kontext (E, E), der für M gut ist, auch für P gut ist, woraus folgt: $P \in \Lambda$. Zusammen mit dem Wort M, enthalten in Λ, enthält Λ die ganze Klasse von M.

Theorem. *Bezüglich der Kongruenz durch gute Kontexte, die sie definiert, ist eine Sprache Λ eine Vereinigung von Klassen.*

Beispiel. Siehe vorheriges Beispiel.

13.2.2. Eine Eigenschaft dieser Kongruenz

Wir werden nun das folgende Theorem beweisen:

Theorem. *Jede auf $\mathfrak{A}^*$ definierte Kongruenz, derart daß Λ eine Vereinigung der durch sie definierten Klassen ist, ist feiner als $\equiv_\Lambda$ (oder gleich $\equiv_\Lambda$).*

Sei $\mathfrak{R}$ eine solche Kongruenz, zeigen wir, daß $A \mathfrak{R} B$ impliziert $A \equiv_\Lambda B$. Es gilt in der Tat:

$$[A \mathfrak{R} B \;\&\; X A Y \in \Lambda] \Longrightarrow [X A Y \mathfrak{R} X B Y \;\&\; X A Y \in \Lambda],$$

da Λ als Vereinigung von Klassen X B Y enthält, wenn es X A Y enthält.

Wenn es irgendeinen guten Kontext für A gibt, dann ist er auch ein guter Kontext für B, derart daß $A \mathfrak{R} B$ gilt. Wenn es keinen guten Kontext für das eine gibt, wird es auch keinen guten Kontext für das andere geben. q.e.d.

13.2.3. Äquivalenz durch gute Endwörter

Wenn man von der Kongruenz $\equiv_\Lambda$ ausgeht und in dem den Kontext bildenden Paar das linke (rechte) Wort durch das leere Wort E ersetzt, erhält man eine Äquivalenz durch gute Endwörter (beziehungsweise Anfangswörter).

Da diese Begriffe wichtig sind, werden wir sie im Detail ohne Benutzung der Kongruenz $\equiv_\Lambda$ darstellen. Sei Λ eine Sprache, d.h. Teilmenge des freien Monoids $\mathfrak{A}^*$. Wir betrachten ein Wort $M \in \mathfrak{A}^*$. Es ist möglich, daß man durch Verkettung von M von rechts mit einem Wort $X \in \mathfrak{A}^*$ ein Wort M X aus Λ ($M X \in \Lambda$) erhält. In diesem Fall nennen wir X ein gutes Endwort für M bezüglich Λ.

Beispiel. Sei $\mathfrak{A} = \{a, b, c\}$ und Λ die Spiegelbildsprache $A\, c\, \tilde{A}$, wobei A ein über dem Alphabet {a, b} geschriebenes Wort ist. Für das Wort a a b c gibt es genau ein gutes Endwort: b a a. Für das Wort a a b ist jedes Wort der Form $B\, c\, \tilde{B}$ b a a ein gutes Endwort ($B \in \{a, b\}^*$).

Für das Wort a a b c b a a ist nur das leere Wort ein gutes Endwort. Für das Wort a a b c b b gibt es kein Wort, das ein gutes Endwort ist; die Menge der guten Endwörter für dieses Wort ist leer.

Wenn das leere Wort E ein gutes Endwort für A ist, so ist die Menge der guten Endwörter für A nicht leer.

Definieren wir nun zwischen den Wörtern von $\mathfrak{A}^*$ die folgende Relation:
$A \mathfrak{J}_\Lambda B :\Longleftrightarrow$ A und B haben dieselbe Menge von guten Endwörtern bezüglich Λ.

Diese Relation, die offenbar eine Äquivalenzrelation ist, ist verifizierbar für genau zwei Fälle:

1. Weder A noch B besitzen gute Endwörter.
2. Jedes gute Endwort von A ist gut für B und umgekehrt.

Nehmen wir an, für A und B gelte $A \mathfrak{J}_\Lambda B$ und sei $C \in \mathfrak{A}^*$ ein beliebiges Wort. Wir betrachten die Wörter A C und B C. Wenn die Menge der guten Endwörter für A und die der für B leer ist, dann ist diese Menge für die Wörter A C und B C auch leer. Wenn X ein gutes Endwort für A C ist (d.h. $A\,C\,X \in \Lambda$), so ist C X ein gutes Endwort für A. Da es ein gutes Endwort für A ist, ist es auch ein gutes Endwort für B, und es gilt $B\,C\,X \in \Lambda$, folglich ist X ein gutes Endwort für B C.

Dies beweist, daß die Relation $\mathfrak{J}_\Lambda$ von rechts mit der Verkettung verträglich ist. Indem man die Anfänge von Wörtern betrachtet, erhält man eine analoge Relation $\mathfrak{I}_\Lambda$, die mit der Verkettung von links verträglich ist. Es ist leicht zu sehen, daß Λ eine Vereinigung von Klassen bezüglich $\mathfrak{J}_\Lambda$ ist. In der Tat folgt aus $M \in \Lambda$, daß die Menge der guten Endwörter für M das leere Wort enthält. Jedes zu M bezüglich $\mathfrak{J}_\Lambda$ äquivalente Wort hat E als gutes Endwort, also liegt es in Λ. Wenn Λ ein Wort enthält, dann enthält es die ganze Klasse dieses Wortes.

Zusammenfassend erhalten wir den folgenden Satz.

Satz. *Eine gegebene Sprache $\Lambda \subset \mathfrak{A}^*$ definiert auf $\mathfrak{A}^*$ eine Äquivalenzrelation $\mathfrak{J}_\Lambda$ durch gute Endwörter (gute Anfangswörter), die von rechts (links) verträglich ist mit der Verkettung. Die Sprache Λ selbst ist eine Vereinigung von Klassen bezüglich $\mathfrak{J}_\Lambda$ (resp. $\mathfrak{I}_\Lambda$).*

13.2.4. Eine Eigenschaft der Relation $\mathfrak{J}_\Lambda$

Die Relation $\mathfrak{J}_\Lambda$ besitzt also die beiden folgenden Eigenschaften:

1. Sie ist von rechts mit der Verkettung verträglich.
2. Λ ist eine Vereinigung von Klassen bezüglich dieser Relation.

Es ist nun leicht einzusehen, daß jede Relation, die diese beiden Eigenschaften besitzt, feiner oder gleich $\mathfrak{J}_\Lambda$ ist.

Sei $\mathfrak{R}$ eine solche Relation, dann zeigen wir, daß $A\,\mathfrak{R}\,B$ impliziert $A\,\mathfrak{J}_\Lambda B$. Es gilt:

$$[A\mathfrak{R}B \,\&\, AC \in \Lambda] \Rightarrow [AC\mathfrak{R}BC \,\&\, AC \in \Lambda],$$

da $\mathfrak{R}$ von rechts mit der Verkettung verträglich ist. Weiter gilt:

$$[AC\mathfrak{R}BC \,\&\, AC \in \Lambda] \Rightarrow [AC \in \Lambda \,\&\, BC \in \Lambda].$$

Wenn Λ A C enthält, dann enthält es als Vereinigung von Klassen auch B C.

Wenn es gute Endwörter für A gibt, so sind es auch gute Endwörter für B, derart daß A $\mathfrak{R}$ B gilt und umgekehrt. Und wenn es kein gutes Endwort für das eine gibt, dann gibt es auch kein gutes Endwort für das andere. q.e.d.

Theorem. *Die Äquivalenzrelation durch gute Endwörter bezüglich einer Sprache Λ ist die kleinste der von rechts mit der Verkettung verträglichen Äquivalenzrelation, derart daß Λ eine Vereinigung von Klassen ist.*

13.3. BEGRIFFE DER KODIERUNG

13.3.1. Definitionen

Seien X und Y zwei endliche Alphabete, deren jedes wenigstens zwei Zeichen enthält. Dann nennt man jeden Monomorphismus von Y* in X* eine Kodierung. Wie jeder Homomorphismus ist ein Monomorphismus durch die Bilder der Erzeuger von Y*, d.h. die Zeichen von Y, gegeben. Die Menge der Bilder von Y ist der Kode, der die Kodierung erlaubt.

Beispiel. Sei Y = {x, y, z, t} und X = {0, 1}. Für jedes der Bilder von x, y, z, t nehmen wir der Reihe nach 00, 01, 10, 11 (d.h. die ersten vier binären "Zahlen"). Es ist klar, daß wir so einen Monomorphismus von Y* in X* definieren. Wenn ein Wort von X* Bild eines Wortes von Y* ist, so ist es nur Bild dieses Wortes. Zum Beispiel läßt sich 11 01 01 01 00 dechiffrieren in t y y y x.

Überläßt man die Auswahl der Bilder von Y dem Zufall, so erhält man auch einen Homomorphismus, der nicht notwendig ein Monomorphismus ist.

Beispiel. Die Alphabete seien wie im vorherigen Beispiel gewählt. Als Bilder von x, y, z, t nehmen wir der Reihe nach 0, 1, 10, 11 (d.h. die ersten vier ganzen Zahlen binär dargestellt). Dann ist 10 Bild von z als auch von y x: d.h. es ist nicht mehr eindeutig dechiffrierbar.

Folglich ist {00, 01, 10, 11} ein Kode, während {0, 1, 10, 11} kein Kode ist.

Die algebraische Theorie der Kodierungen hat die Charakterisierung derjenigen Teilmengen von X*, die Kodes sind, zur Aufgabe, das heißt, derjenigen Teilmengen, die ein freies Untermonoid erzeugen, das zu einem Untermonoid von Y* isomorph ist. Wenn A ein Kode ist, so nennen wir A* die Menge der Botschaften.

13.3.2. Eine notwendige und hinreichende Eigenschaft für Kodierungen

Eine notwendige und hinreichende Eigenschaft für $A \subset X^*$, ein Kode zu sein, ist die Bedingung:

$$(L)(\forall f\in X^*)[(A^*f\cap A^*\neq\emptyset \,\&\, fA^*\cap A^*\neq\emptyset) \Rightarrow (f\in A^*)].$$

Beweis: Um den Satz (L) $\Longleftrightarrow$ (A ist ein Kode) zu beweisen, werden wir äquivalent (A ist kein Kode) $\Longleftrightarrow$ $\neg$(L) beweisen.

1. (A ist kein Kode) $\Longrightarrow$ $\neg$(L):

Wenn A kein Kode ist, dann gibt es in A* eine Menge von Wörtern, die sich auf zwei Arten lesen lassen. Und in dieser Menge gibt es eine Untermenge von Wörtern minimalen Grades, die diese Eigenschaft besitzen.

Sei

(1) $$m = a_{i_1} \ldots a_{i_n} = a_{j_1} \ldots a_{j_p}$$

ein solches Wort. Aus der Minimalität von m folgt $a_{i_1} \neq a_{j_1}$. Dann kann man ohne Beschränkung der Allgemeingültigkeit annehmen, daß $|a_{i_1}|<|a_{j_1}|$ gilt, woraus folgt:

(2) $$a_{j_1} = a_{i_1}h, \quad h \in X^*, \quad |h| \neq 0.$$

Aus (1) und (2):

$$a_{i_2} \ldots a_{i_n} = h\, a_{j_2} \ldots a_{j_p}.$$

Aus (2) folgt jedoch $A^*\, h\cap A^* \neq \emptyset$, aus (3) $h\, A^* \cap A^* \neq \emptyset$, wohingegen aus (3) zusammen mit der Minimalität von m folgt $h \notin A^*$. Das bedeutet, (L) ist nicht erfüllt.

2. $\neg$(L) $\Longrightarrow$ (A ist kein Kode):

Aus der Annahme folgt: Es existiert $f \in X^*$, $g \in A^*$, $h \in A^*$, $g' \in A^*$, $h' \notin A^*$, mit

$$g\, f = h, \quad f\, g' = h', \quad f \notin A^*.$$

$f \notin A^*$ impliziert f ist nicht leer, also ist h nicht leer. Indem wir die linken Seiten vereinfachen, können wir für g und h erreichen, daß sie nicht das gleiche Anfangswort in A* haben. Dann folgt aus der Relation $g f g' = h g' = g h'$, $g \neq h$, daß A kein Kode ist.

13.3.3. Übungen bezüglich der Kodierungen

1. Zeige, daß die Bedingung (L) in der Form:

$$(\forall f \in X^*)[A^* f \cap f A^* \cap A^* \neq \emptyset \Rightarrow f \in A^*].$$

geschrieben werden kann.

2. Der Algorithmus von Sardinas und Patterson.

A sei eine Teilmenge von X*. Man konstruiere eine Folge von Teilmengen $A_0, A_1, \ldots, A_n, \ldots$ auf folgende Weise:

a) $A_0 = A$;

b) $f \in A_{i+1}$ dann und nur dann, wenn es $f \in X^*$, $g \in A_i$ und $a \in A$ gibt mit $g f = a$ oder $a f = g$.

Zeige, daß eine hinreichende und notwendige Bedingung für A, ein Kode zu sein, ist: $(\forall i \geq 1)[A_i \cap A = \emptyset]$.

Hieraus leite man ein automatisches Verfahren ab, das entscheidet, ob A ein Kode ist oder nicht.

Man zeige, daß es nur eine endliche Anzahl von verschiedenen A_i gibt.

XIV. Ergänzungen zu den Sprachen von Kleene

14.1. DIE STANDARD-K-SPRACHEN

14.1.1. Definition

Sei V_T ein terminales Alphabet, dann definieren wir eine Sprache K_S durch die folgenden Bedingungen:

1. Die Wörter von K_S beginnen mit einem aus der Menge I (Menge der Initialen) gewählten Zeichen.

2. Die Wörter von K_S enden mit einem aus der Menge J (Menge der Finalen) gewählten Zeichen.

3. Die Wörter von K_S enthalten keine der Zwei-Zeichen-Wörter aus der gegebenen Menge $\Delta \subset V_T \times V_T$.

<u>Beispiel.</u> Das Alphabet sei $V_T = \{a, b, c, d, f\}$, die Initialen sind unter den Zeichen von $I = \{a, b, c\}$ zu wählen und die Finalen unter denen von $J = \{c, f\}$.

Um auf bequeme Weise die Menge der ausgeschlossenen Zwei-Zeichen-Wörter darstellen zu können, bilden wir die Tafel des Kartesischen Produktes und schreiben 0 für den Fall, daß das Paar verboten ist, und 1 für den Fall, daß das Paar erlaubt ist.

Darüber hinaus schreiben wir V_T in der Anordnung $\{a, b, c, f, d\}$, so daß wir die Elemente von I auf der einen und die von J auf der anderen Seite zusammenfassen können. Unter diesen Bedingungen erhalten wir zur Darstellung von Δ und seines Komplementes eine Tafel:

1. Buchst. \ 2. Buchstabe	a	b	c (Finalen)	f (Finalen)	d
a (Initialen)	0	0	1	0	1
b (Initialen)	0	1	1	1	0
c (Initialen)	0	0	0	0	1
f	0	0	1	1	1
d	1	1	1	1	0

Wir werden beweisen, daß die unter diesen Bedingungen erhaltenen Sprachen besondere K-Sprachen sind. Man nennt sie Standard-K-Sprachen.

Etwas technischer ausgedrückt bildet die Menge der Wörter von V_T^*, die mit einem Zeichen aus I beginnen und einem aus J enden, ein Quasi-Ideal, gegeben durch die Formel:

$$I\ V_T^* \cap V_T^*\ J.$$

Die Menge der verbotenen Wörter bildet ein zweiseitiges Ideal, gegeben durch die Formel:

$$V_T^* \ \Delta \ V_T^*.$$

Die Sprache K_S ist dann gleich dem Durchschnitt des Quasi-Ideals mit dem Komplement des zweiseitigen Ideals:

$$K_S = [I\ V_T^* \cap V_T^*\ J] \cap [V_T^* \setminus V_T^*\ \Delta\ V_T^*].$$

14.1.2. Gleichungssysteme, die K_S erzeugen

Sei K_S die durch das Quadrupel (V_T, I, J, Δ) definierte Sprache, wobei

$$V_T = \{a_\lambda \mid 1 \leqq \lambda \leqq n\};$$

$$I = \{a_{\alpha_1}, \ldots, a_{\alpha_i}\};$$

$$J = \{a_{\beta_1}, \ldots, a_{\beta_K}\}.$$

Im Falle, daß einige Zeichen initial und final sind, setzen wir:

$$I \cap J = \{a_{\gamma_1}, \ldots, a_{\gamma_j}\}.$$

Um die Menge Δ (Δ = Menge der unerlaubten Übergänge) zu charakterisieren, benutzen wir eine Funktion δ, derart daß

$$\delta(\lambda, \mu) = 0, \quad \text{wenn } a_\lambda\ a_\mu \text{ verboten ist,}$$

$$\delta(\lambda, \mu) = 1, \quad \text{wenn } a_\lambda\ a_\mu \text{ erlaubt ist.}$$

Diese Funktion haben wir im Beispiel des vorherigen Abschnittes benutzt, sie gab die Elemente der Matrix an.

Wir beabsichtigen nun, eine formale Potenzreihe S zu bestimmen, deren Stütze K_S ist. Hilfsweise führen wir dazu formale Potenzreihen $A_1,\dots,A_n$ ein, deren Anzahl gleich der Anzahl der terminalen Zeichen $a_1,\dots,a_n$ ist.

Präziser ausgedrückt: Wir ordnen jedem Zeichen $a_\lambda \in V_T$ eine formale nicht-kommutative Potenzreihe A_λ zu, derart daß gilt:

1. Alle Wörter der Stütze von A_λ kann man von rechts mit a_λ verketten. Wenn ein Wort von A_λ mit a_μ beginnt, dann ist das Transitionspaar $a_\lambda\ a_\mu$ erlaubt und es gilt $\delta_{(\lambda,\mu)} = 1$.

2. Die Wörter der Stütze von A_λ enthalten nur die erlaubten Zwei-Zeichen-Wörter.

3. Die Wörter der Stütze von A_λ enden mit einem Zeichen von J.

Wir bilden jetzt ein System von n + 1 Gleichungen, auf deren linken Seiten S, $A_1,\dots,A_n$ stehen. Die erste dieser Gleichungen ist:

$$S = a_{\alpha_1} A_{\alpha_1} + \dots + a_{\alpha_1} A_{\alpha_1} + a_{\gamma_1} + \dots a_{\gamma_K}.$$

Diese Gleichung garantiert, daß die Wörter von K_S mit den festgesetzten Initialen beginnen und daß K_S (möglicherweise) die Ein-Zeichen-Wörter von $I \cap J$ enthält.

Die restlichen n Gleichungen sind nach einem gemeinsamen Modell gebaut.

$$(\forall\lambda)\ 1 \leqq \lambda \leqq n,$$

$$A_\lambda = \sum_\mu \delta_{(\lambda,\mu)} a_\mu A_\mu + \sum_\mu \delta_{(\lambda,\beta_\mu)} a_{\beta_\mu}.$$

Man sieht, daß

1. die erste Summe alle Paare zurückhält, die die Eigenschaft haben, daß a_μ von rechts mit den $a_\lambda (a_\lambda a_\mu \notin \Delta)$ verkettbar ist, was übereinstimmt mit dem, was man von den A_λ erwartet hat.

2. die zweite Summe unter den Finalen die zurückhält, die sich mit a_λ verketten lassen.

Der Leser wird erkennen, daß das so aufgestellte Gleichungssystem die Sprache K_S (und die Hilfssprachen) auf nicht-mehrdeutige Weise erzeugt. Man sieht unmittelbar, daß dieses System einer (rechts-linearen) K-Grammatik entspricht, wodurch bestätigt ist, daß K_S eine K-Sprache ist.

Beispiel. Wir betrachten wieder das im ersten Abschnitt dieses Kapitels gegebene Beispiel.

Das Alphabet enthielt fünf Zeichen a, b, c, d, f, so daß es sechs nicht-terminale Zeichen gibt, nämlich das Axiom S und die fünf Hilfszeichen A, B, C, D, F.

Das System enthält somit sechs Gleichungen, die in sechs Zeilen geschrieben werden können. Es ist ratsam, fünf Spalten für die Monome des Typs a A, b B usw. und zwei Spalten für die terminalen Zeichen c und f vorzusehen. Man erhält dann das System:

		Initialen ⟵⟶	Finalen ⟵⟶
Der eingerahmte Teil entspricht der Matrix der Transitionspaare.	S =	aA + bB + cC	+ c
	A =	cC + dD	+ c
	B =	bB + cC + fF	+ c + f
	C =	dD	
	F =	cC + fF + dD	+ c + f
	D =	aA + bB + cC + fF	+ c + f

Nach einfacher Überprüfung findet man in diesem System die Initialen, die Finalen und die Übergangsmatrix (die Felder, die die Monome a A usw. enthalten).

14.1.3. Übungen

1. Bearbeite die durch

$$V_T = \{a, b, c\}; \quad I = \{a, b\}; \quad J = \{c\};$$

$$\Delta = \{bc, ca, cb, cc\}$$

gegebene Standard-K-Sprache. Stelle das Gleichungssystem für diese Sprache auf, löse es und charakterisiere die Sprache auf einfache Weise.

2. Gib hinreichende Bedingungen dafür an, daß $\{V_T, I, J, \Delta\}$ eine leere Sprache definiert, zum Beispiel:

a) "schlecht gewählte" Initialen;

b) "schlecht gewählte" Finalen.

Gib je ein Beispiel dafür an.

14.2. CHARAKTERISATION UND EIGENSCHAFTEN DER STANDARD-K-SPRACHEN

14.2.1.

Das Ergebnis, das wir bezüglich der Standard-K-Sprachen erhalten haben, kann wie folgt zusammengefaßt werden:

Jede Standard-K-Sprache wird durch ein System von rechts-linearen Gleichungen erzeugt, die über einem terminalen Alphabet $V_T = \{a_\mu | 1 \leqq \mu \leqq n\}$ und einem Hilfsalphabet $V_A = \{A_\lambda | 0 \leqq \lambda \leqq n\}$ definiert sind und den folgenden Bedingungen genügen. (KS)

1. Das nicht-terminale Zeichen A_0, das Axiom der Sprache, erscheint nur in einer einzigen Gleichung und nur auf der linken Seite.

2. Alle Monome, die auf den rechten Seiten der Gleichung auftreten, sind entweder von der Form $a_\mu \; A_\mu$ oder Ein-Zeichen-Wörter.

Betrachten wir umgekehrt ein System dieser Form. Wenn wir es methodisch in Zeilen und Spalten aufschreiben, wie als Beispiel im vorherigen Abschnitt vorgeführt, werden wir die Menge der Initialen, der Finalen und die Übergangsmatrix erkennen. Das System definiert also eine Standard-K-Sprache.

<u>Theorem.</u> *Die Standard-K-Sprache besitzt die charakteristische Eigenschaft, durch ein Gleichungssystem definiert zu sein, dessen besondere Struktur durch die Bedingungen* (KS) *präzisiert ist.*

14.2.2. Der einer Standard-K-Sprache zugeordnete Automat

Es ist leicht zu zeigen (und dem Leser zur Übung überlassen), daß der endliche Automat, der sich einer Standard-K-Sprache eines Systems des Typs (KS) zuordnen läßt, deterministisch ist.

Darüber hinaus genügt es, da die ausgeschlossenen Transitionspaare durch eine Liste von Zwei-Zeichen-Wörtern gegeben sind, ein Zeichen zu speichern, um Schritt für Schritt herauszufinden, ob ein Wort zu der Sprache gehört oder nicht. Daraus folgt, daß der Automat 1-definit ist (siehe 10.3.3.), und man sagt auch, daß eine Standard-K-Sprache 1-definit ist.

14.2.3. Anwendungen auf beliebige K-Sprachen

Standard-K-Sprachen sind nicht allein wegen ihrer Einfachheit interessant, sondern vielmehr wegen der Tatsache, daß man mit ihnen die Struktur einer beliebigen K-Sprache beschreiben kann. Es gilt das folgende wichtige Theorem:

Theorem. *Zu einer beliebig vorgegebenen K-Sprache* Λ *kann man immer eine Standard-K-Sprache* L *und einen Homomorphismus* φ *finden, derart daß gilt:* $\varphi(L) = \Lambda$.

Beweisen wir dieses Theorem:

Erstens. Wir wissen, daß jeder K-Sprache ein endlicher Automat zugeordnet werden kann, der möglicherweise nicht-deterministisch ist, und daß man jedem endlichen nicht-deterministischen Automaten einen endlichen deterministischen Automaten zuordnen kann, der dieselbe Sprache akzeptiert (erzeugt) (siehe 10.3.1.). Wir können also voraussetzen, daß Λ von einem solchen Automaten erzeugt (akzeptiert) wird. Darüber hinaus kann man den Automaten so einrichten, daß er keine Regel der Form $(a_i, A_j) \to A_0$ für $i \neq 0$ enthält. Anders ausgedrückt: Für die Rückkehr in den Anfangszustand ist das Einlesen von a_0 notwendig.

Zweitens. Die Standard-K-Sprachen sind 1-definit. Wir werden deshalb, indem wir von dem Automaten, der Λ erzeugt, ausgehen, einen 1-definiten Automaten konstruieren. Zu diesem Zweck benutzen wir als neues Alphabet die Paare (a_i, A_j), die in den Regeln (a_i, A_j, A_k) des ersten Automaten auftreten, und als innere Zustände nehmen wir wieder die Paare $[a_i, A_j]$. Somit entspricht jedem Zeichen ein "homonymer" Zustand und umgekehrt.

Wenn der erste Automat die Regel

$$(a_i \qquad , \qquad A_j , \qquad A_k)$$

besitzt, dann ist

$$((a_i, A_k), \quad [a_l, A_j], \quad [a_i, A_k])$$

eine Regel des zweiten Automaten für jedes l.

Es ist klar, daß dieser Automat 1-definit ist, da er den zu dem gerade gelesenen Zeichen homonymen Zustand annimmt.

Indem wir als Anfangszustand $[a_0, A_0]$ nehmen, erhalten wir einen Automaten, der eine Standard-K-Sprache L erzeugt. Der Homomorphismus φ, der (a_i, A_j) auf a_i abbildet, bildet L auf Λ ab.

Bemerkung. Wir haben einen Beweis angegeben, der mit Hilfe von Automaten durchgeführt wird. Dieser Beweisgang erschien uns für eine erste Darstellung geeigneter.

Tatsächlich kann man aber direkt von dem System, das Λ erzeugt, zu dem System (KS), das L erzeugt, durch algebraische Substitutionen übergehen. Dem Monom $a_i A_j$ ordnet man das Monom $(a_i, A_j)\lfloor a_i, A_j \rfloor$ zu, dem Zeichen A_0 das Zeichen $[A_0]$ und den Zeichen a_k die Zeichen (a_k, A_0).

Diese Operationen transformieren das System der n + 1 Gleichungen mit n + 1 Unbekannten in ein System mit n + 1 Gleichungen und m n + 1 Unbekannten. Dann ordnen wir der linken Seite A_p $(p \neq 0)$ einer beliebigen Gleichung m Gleichungen zu, deren rechte Seiten gleich der ursprünglichen sind und deren linke Seiten

$$[a_1, A_p], \quad [a_2, A_p], \dots, [a_m, A_p]$$

sind. Bis auf einige Varianten entspricht dieses Vorgehen dem Beweis mittels Automaten.

14.3. ALGEBRAISCHE CHARAKTERISATION DER K-SPRACHEN

14.3.0.

Erinnern wir uns zunächst einiger im 9. Kapitel aufgestellten oder erwähnten Ergebnisse bezüglich der K-Sprachen. Eine vorgegebene K-Grammatik definiert eine K-Sprache. Wenn diese Grammatik die Sprache rekursiv von links nach rechts erzeugt, dann existiert eine zur ersten duale K-Grammatik, die rekursiv dieselbe Sprache von rechts nach links erzeugt - und umgekehrt. Jeder K-Grammatik kann man auf natürliche Weise einen endlichen Automaten zuordnen, der dieselbe Sprache erzeugt (akzeptiert), und umgekehrt. Jedem endlichen nicht-deterministischen Automaten können wir einen deterministischen Automaten zuordnen, der dieselbe Sprache erzeugt (akzeptiert). Dieselbe K-Sprache kann von mehreren verschiedenen Grammatiken oder von mehreren verschiedenen Automaten erzeugt werden. Die Eigenschaften einer durch eine solche Grammatik oder einen solchen Automaten bestimmten K-Sprache können daher keine wesentliche Charakterisierung darstellen.

Um dieses Hindernis zu beseitigen, werden wir eine rein algebraische Charakterisierung angeben, bei der wir die K-Sprachen als Teilmengen eines freien Monoids betrachten.

Zu diesem Zweck gehen wir von einem endlichen Automaten aus, der, da er aus heuristischen Gründen eingeführt wurde, im weiteren Verlauf der Betrachtungen nicht mehr in Erscheinung tritt.

14.3.1. Die mit einem endlichen Automaten verbundenen Partitionen

<u>Die Transitionsfunktion.</u> Betrachten wir einen endlichen Automaten, der gegeben sei durch

1. ein Alphabet $\mathfrak{A} = \{a_i | 1 \leq i \leq n\}$;

2. eine Menge von Zuständen: $\Sigma = \{S_j | 0 \leq j \leq p\}$;

3. eine Menge von Anfangszuständen $\Sigma_\alpha \subset \Sigma$ und eine Menge von Endzuständen $\Sigma_\omega \subset \Sigma$;

4. eine Transitionsfunktion f, definiert durch eine Menge von Regeln des Typs $(a_i, S_j) \to S_k$.

Die Transitionsfunktion ist auf einer Teilmenge von $\mathfrak{A} \times \Sigma$ definiert. Die Situationen, die in der Komplementärmenge dieser Teilmenge liegen, erscheinen nicht in den Regeln und führen zur Blockierung des Automaten, wenn sie beim Lesen auftreten.

Wir vereinbaren, der Menge der Zustände den Zustand der Blockierung \$ hinzuzufügen, die Transitionsfunktion f ist dann auf $\mathfrak{A} \times \Sigma$ definiert und ihr Wertebereich ist $\Sigma \cup \{\$\}$.

Wir wollen nun die Transitionsfunktion f zu einer auf $\mathfrak{A}^* \times \Sigma$ definierten Funktion f_l fortsetzen (wobei $\mathfrak{A}^*$ das freie Monoid über $\mathfrak{A}$ ist). Sei M ein Wort aus $\mathfrak{A}^*$ und S_j ein Zustand, dann ist der Wert $f_l(M, S_j)$ der Zustand, in dem sich die Maschine befindet, wenn sie im Zustand S_j beginnend das Wort M von links nach rechts gelesen hat oder versucht hat zu lesen.

Präziser ausgedrückt, sei:

$$M = b_1 \ldots b_q, \quad b_i \in \mathfrak{A},$$

dann berechne man $u_1 = f(b_1, S_j)$. Wenn $u_1 = \$$, dann ist $f_l(M, S_j) = \$$; wenn $u_1 = S_k$, dann bilde man $f(b_2, S_k) = u_2$ und fahre auf diese Weise fort, bis der Automat blockiert oder das letzte Zeichen b_q erreicht.

Auf analoge Weise wird man eine Funktion f_r definieren, die von rechts nach links liest.

<u>Beispiel.</u> Ein Automat sei definiert durch

$$\mathfrak{A} = \{a, b\}, \quad \Sigma = \{S_0, S_1, S_2, S_3\}; \quad \Sigma_\alpha = \{S_0\}; \quad \Sigma_\omega = \{S_2, S_3\}$$

und die Funktion angegeben durch die Tafel:

	a	b
S_0	S_1	\$
S_1	S_1	S_2
S_2	S_3	S_2
S_3	S_3	\$

Dieser Automat ist darstellbar durch diesen Graphen:

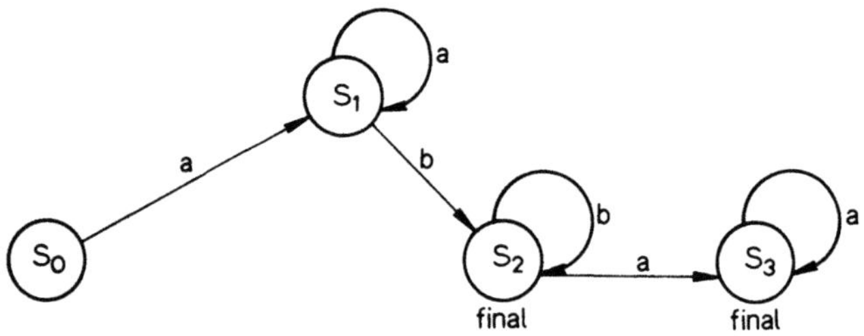

und entspricht der Sprache $\{a^m b^n a^q | 1 \leq m, 1 \leq n, 0 \leq q\}$. Es gilt dann:

$f_1(a\ b\ b\ a, S_0) = S_3$; $f_1(a\ b\ a\ b, S_0) = \$$;

$f_1(a\ b\ b\ a, S_1) = S_3$; $f_1(a\ b\ b\ b, S_1) = S_2$ usw.

14.3.2. Die durch einen endlichen Automaten definierte Partition

Sei ein endlicher Automat gegeben mit einem Alphabet $\mathfrak{A}$ und einer fortgesetzten Transitionsfunktion f_1. Wir betrachten eine auf $\mathfrak{A}^*$ definierte Relation $\mathfrak{G}$, die wie folgt definiert wird:

$$(\forall S_i)\ A\ \mathfrak{G}\ B \Longleftrightarrow f_1(A, S_i) = f_1(B, S_i).$$

S_i bezeichne einen Zustand. Es ist klar, daß $\mathfrak{G}$ eine Äquivalenzrelation ist. Nehmen wir an, daß die Wörter A und B die Relation $\mathfrak{G}$ verifizieren, und sei C ein beliebiges Wort. Wenn dann

$$f_1(A, S_i) = f_1(B, S_i) = S_k$$

ist, dann gilt

$$f_1(A\ C, S_i) = f_1(C, S_k) = f_1(B\ C, S_i).$$

Die Auswahl der Anfangs- und Endzustände spezialisiert den Automaten und ordnet ihm eine Sprache zu, indem er die privilegierten Klassen auszeichnet.

Als Resultat erhält man, daß die Relation $\mathfrak{G}$ mit der Verkettung von rechts verträglich ist. Die Anzahl der Klassen für $\mathfrak{G}$ in $\mathfrak{A}$ ist höchstens gleich n^n (wobei n die Anzahl der Zustände ist). Die Quotientenmenge $\mathfrak{A}^*/\mathfrak{G}$ ist also endlich.

Man sagt auch, daß der Index der Relation $\mathfrak{G}$ endlich sei. Auf Grund der gleichen Definition akzeptiert dieser spezielle Automat ein Wort, wenn er es in einem der Anfangszustände einzulesen beginnt und das Einlesen in einem der Endzustände beendet. Folglich gehören die Klassen von $\mathfrak{G}$, die den Zuständen von Σ_ω entsprechen, zu der von dem Automaten erzeugten (akzeptierten) Sprache.

Betrachten wir dann - und es ist möglich, alle Fälle durch eine leichte Modifizierung hierauf zurückzuführen - den Fall, in dem Σ_α nur aus dem einen Zustand S_0 besteht. Dann ist die von dem Automaten erzeugte (akzeptierte) Sprache die Vereinigung der Klassen, die den Zuständen von Σ_ω entsprechen. Man würde, ausgehend von der Funktion f_r, eine Äquivalenz $\mathfrak{D}$ analog zu $\mathfrak{G}$ finden, die von links mit der Verkettung verträglich ist.

Zusammenfassend erhalten wir den folgenden Satz.

Satz. *Ein vorgegebener endlicher Automat über einem Alphabet $\mathfrak{A}$ bestimmt auf natürliche Weise in dem freien Monoid $\mathfrak{A}^*$ eine Relation von endlichem Index $\mathfrak{G}$ (resp. $\mathfrak{D}$), die mit der Verkettung von links (resp. von rechts) verträglich ist. Die von diesem Automaten erzeugte (akzeptierte) K-Sprache ist die Vereinigung einer gewissen Anzahl dieser Klassen.*

Beispiel. Betrachten wir den im vorangegangenen Abschnitt definierten Automaten. Die Sprache, die er erzeugt (akzeptiert), ist die Vereinigung der Sprache

$\{a^m b^n | m \geqq 1, n \geqq 1\}$, die dem Zustand S_2 entspricht,

und der Sprache

$\{a^p b^q c^r | p \geqq 1, q \geqq 1, r \geqq 1\}$, die S_3 entspricht.

Wir haben gerade festgestellt, daß es bezüglich eines freien Monoids möglich ist, eine Sprache Λ und eine Äquivalenzrelation $\mathfrak{R}$ zu finden, derart daß:

1. die Relation $\mathfrak{R}$ mit der Verkettung rechts (links) verträglich ist;
2. die Sprache Λ eine Vereinigung von Klassen bezüglich $\mathfrak{R}$ ist;
3. der Index von $\mathfrak{R}$ endlich ist.

Wir wissen, daß es bereits eine sehr allgemeine Relation, die die Eigenschaften 1 und 2 besitzt, gibt. Es ist dies die Relation der guten Kontexte bezüglich Λ. Wir haben auch gesehen, daß diese Kongruenz $\equiv_\Lambda$ die gröbste Relation derjenigen Relationen ist, die die Eigenschaften 1 und 2 besitzen. Nehmen wir an, Λ sei eine K-Sprache, dann definieren wir mit Hilfe des endlichen Automaten, der Λ erzeugt, eine Relation $\mathfrak{G}$, wie beschrieben. Das so erhaltene Ergebnis kann auf $\mathfrak{G}$ angewendet werden, es ist feiner als $\mathfrak{J}_\Lambda$. Da aber $\mathfrak{G}$ von endlichem Index ist, muß der Index von $\mathfrak{J}_\Lambda$, der kleiner ist als der von $\mathfrak{G}$, auch endlich sein.

Korollar. *Die durch die guten Endwörter definierte Äquivalenzrelation bezüglich einer K-Sprache Λ hat einen endlichen Index. Sie ist feiner als jede Äquivalenzrelation $\mathfrak{G}$, die einem von links nach rechts lesenden Λ akzeptierenden Automaten zugeordnet ist.*

14.3.3. Ein Automat mit einer minimalen Anzahl von Zuständen

Wiederaufnahme der Endlichkeitshypothese. Nachdem wir $\mathfrak{J}_\Lambda$ als die feinste Relation, die die Eigenschaften 1 und 2 aus Abschnitt 14.3.2. besitzt, charakterisiert haben, führen wir nun von neuem die Endlichkeitshypothese: 3. "Der Index von $\mathfrak{J}_\Lambda$ ist endlich", ein. Wir werden zeigen, daß Λ dann notwendig eine K-Sprache ist. $\mathfrak{A}^*/\mathfrak{J}_\Lambda$ ist endlich; betrachten wir nun einen Automaten derart, daß es eine bijektive Abbildung zwischen den Zuständen des Automaten und den Klassen von $\mathfrak{A}^*/\mathfrak{J}_\Lambda$ gibt.

Für $A \in \mathfrak{A}^*$ bezeichnen wir mit $\bar{A}$ die Klasse von A und mit $[A]$ den "homonymen" Zustand von $\bar{A}$. Dem leeren Wort E entspricht die Klasse $\bar{E}$ und der Anfangszustand $[\bar{E}]$. Die Endzustände entsprechen den Wörtern $M \in \Lambda$. Die Transitionsfunktion f ist definiert durch $f[a_i, [M]] = [Ma_i]$, sie ist wohldefiniert, da $\mathfrak{J}_\Lambda$ mit der Verkettung von rechts verträglich ist. Die Transitionsfunktion läßt sich zu einer Funktion f_1 erweitern, und man sieht, daß gilt

$$f_1[M,[\bar{E}]] \in \Sigma_\omega,$$

dann und nur dann, wenn $M \in \Lambda$.

Der so konstruierte Automat akzeptiert die Sprache Λ, die demnach eine K-Sprache ist. Darüber hinaus ist die Anzahl der Zustände gleich dem Index von $\mathfrak{J}_\Lambda$. Diese Anzahl ist minimal.

Theorem. *Wenn der Index der durch gute Endwörter definierten Äquivalenzrelation endlich ist, dann ist die Sprache eine K-Sprache. Es gibt ein kanonisches Verfahren, das es erlaubt, einen Automaten mit einer minimalen Anzahl von Zuständen zu konstruieren, der geeignet ist, die in Frage stehende Sprache zu erzeugen (zu akzeptieren).*

14.3.4. Gebrauch einer Kongruenz

Wir werden jetzt nicht mehr einfache Äquivalenzen, sondern Kongruenzen benutzen.

14.3.5. Eine durch einen endlichen Automaten definierte Kongruenz

Gegeben sei ein endlicher Automat mit dem Alphabet $\mathfrak{A}$ und die Transitionsfunktion f_1 von links nach rechts. Wir definieren auf $\mathfrak{A}^*$ die Relation:

$$A \; \mathfrak{U} \; B \Longleftrightarrow (\forall S \in \Sigma) \; [f_1(A,S) = f_1(B,S)].$$

Diese Relation ist sicher eine Äquivalenzrelation, die von rechts mit der Verkettung verträglich ist. Sie ist gleichfalls von links mit der Verkettung verträglich, da das Einlesen von C in C A und in C B durch den Automaten zu demselben Zustand führt. Denn entweder kann C eingelesen werden, oder es blockiert den Automaten.

Wir nennen A und B kongruent für den Automaten ($\mathfrak{U}$). Wenn ($\mathfrak{U}$) die Sprache Λ erzeugt (akzeptiert), so ist die Relation $\mathfrak{U}$ feiner als $\equiv_\Lambda$.

Die Anzahl der Klassen für $\mathfrak{U}$ ist endlich. Tatsächlich nimmt $f_1(A,S)$ Werte in Σ an. Daher ist eine Klasse ein über dem Alphabet Σ geschriebenes Wort und enthält card (Σ) Vorkommen. Also ist der Index von $\equiv_\Lambda$ endlich.

<u>Theorem.</u> *Für eine K-Sprache ist die durch gute Kontexte definierte Kongruenz von endlichem Index.*

14.3.6. Die Umkehrung dieses Theorems

Eine notwendige und hinreichende Bedingung dafür, daß der Automat ($\mathfrak{U}$) ein Wort A akzeptiert, ist, daß $S \in \Sigma_\alpha$ und $S' \in \Sigma_\omega$ existieren, derart daß $f_1(A, S) = S'$, aber dann akzeptiert ($\mathfrak{U}$) alle zu A kongruenten Wörter. Λ ist demnach eine Vereinigung von Klassen für $\mathfrak{U}$.

Dann stellt sich das folgende Problem:

Λ sei eine Sprache, derart daß die Relation $\equiv_\Lambda$ von endlichem Index ist und daß Λ die Vereinigung von gewissen Klassen von $\equiv_\Lambda$ ist. Ist es möglich, einen endlichen Automaten $\mathfrak{A}$, der Λ akzeptiert, zu konstruieren? Anders ausgedrückt: Ist Λ eine K-Sprache? Dieses Problem kann auf ein bereits gelöstes Problem zurückgeführt werden, denn die Kongruenz durch gute Kontexte ist feiner als die Kongruenz durch gute Endwörter. Rechtfertigen wir zunächst diese Behauptung. Es gilt tatsächlich:

$$A \equiv_\Lambda B \Longleftrightarrow (\forall X)\ (\forall Y)\ [XAY \in \Lambda \Longleftrightarrow XBY \in \Lambda].$$

Also, indem wir X durch das leere Wort ersetzen:

$$A \equiv_\Lambda B \Longrightarrow (\forall Y)\quad [(AY) \in \Lambda \Longleftrightarrow BY \in \Lambda],$$

und endlich:

$$A \equiv_\Lambda B \Longrightarrow A\ \mathfrak{J}_\Lambda\ B.$$

Da der Index von $\equiv_\Lambda$ endlich ist, ist der Index von $\mathfrak{J}_\Lambda$ notwendig endlich und das Theorem aus 14.3.3. läßt sich anwenden. Wir erhalten so das folgende Theorem:

Theorem. *Eine notwendige und hinreichende Bedingung für die Sprache Λ, eine K-Sprache zu sein, ist, daß die Kongruenz durch gute Kontexte bezüglich Λ von endlichem Index ist.*

Aber wir haben bereits bemerkt, daß $\equiv_\Lambda$ die feinste der Kongruenzen ist, für die Λ eine Vereinigung von Klassen bildet. Damit der Index von $\equiv_\Lambda$ endlich ist, genügt es, daß der Index einer solchen Kongruenz endlich ist. Wir haben dann das folgende Korollar:

Korollar. *Λ ist genau dann eine K-Sprache, wenn es eine Kongruenz gibt, bezüglich der Λ eine Vereinigung von Klassen bildet und die von endlichem Index ist.*

14.3.7. Formulierung durch Homomorphismus

Die Existenz einer Kongruenz $\mathfrak{R}$ auf einem Monoid $\mathbf{M}$ definiert eine Quotientenmenge $\mathbf{M}/\mathfrak{R}$ und eine natürliche Abbildung, die jedem $A \in \mathbf{M}$ seine Klasse $\bar{A} \in \mathbf{M}/\mathfrak{R}$ zuordnet. Nehmen wir an, daß A_1 und A_2 zur Klasse $\bar{A}$ und B_1, B_2 zur Klasse $\bar{B}$ gehören.

$$\bar{A}_1 = \bar{A}_2 \Longrightarrow \overline{A_1\ B_2} = \overline{A_2\ B_2} \qquad \text{rechtsverträglich}$$

$$\bar{B}_1 = \bar{B}_2 \Longrightarrow \overline{A_1\ B_1} = \overline{A_1\ B_2} \qquad \text{linksverträglich}$$

also:

$$[\bar{A}_1 = \bar{A}_2\ \&\ \bar{B}_1 = \bar{B}_2] \Longrightarrow \overline{A_1\ B_1} = \overline{A_1\ B_2}.$$

Es ist möglich, eine Operation zu definieren, die durch die Operation auf $\mathbf{M}$ induziert wird: $\overline{A\ B}$ ist die Klasse der $A_1\ B_1$, $A_1 \in \bar{A}$, $B_1 \in \bar{B}$. Die induzierte Operation ist assoziativ und versieht $\mathbf{M}/\mathfrak{R}$ mit einer Monoidstruktur.

Die natürliche Abbildung φ von $\mathbf{M}$ auf $\mathbf{M}/\mathfrak{R}$ ist verträglich mit diesen beiden Operationen:

$$\varphi(A\ B) = \varphi(A)\ \varphi(B),$$

sie ist ein Homomorphismus.

Sei allgemeiner θ ein Homomorphismus, der ein Monoid $\mathbf{M}$ auf ein Monoid $\mathbf{M}'$ abbildet. Nach Definition gilt:

$$[A \xrightarrow{\theta} A' \ \&\ B \xrightarrow{\theta} B'] \Longrightarrow A\ B \xrightarrow{\theta} A'B'.$$

Wir setzen $A_1\ \mathfrak{R}\ A_2$ genau dann, wenn A_1 und A_2 das gleiche Bild unter θ haben. Die Relation $\mathfrak{R}$ ist offenbar eine Äquivalenzrelation. Außerdem ist $\mathfrak{R}$, da θ ein Homomorphismus ist, links- und rechtsverträglich mit der Operation in $\mathbf{M}$, $\mathfrak{R}$ ist also eine Kongruenz.

Man sieht, daß man von $\mathbf{M}/\mathfrak{R}$ nach $\mathbf{M}'$ durch einen Isomorphismus übergehen kann; der Klasse von Elementen, die als Bild A' haben, entspricht A'.

<u>Das Urbild eines Homomorphismus.</u> Wenn $\mathbf{P}'$ eine Teilmenge von $\mathbf{M}$ ist, so bezeichnen wir mit $\theta^{-1}(\mathbf{P}')$ die Menge der Elemente von $\mathbf{M}$, deren Bild unter θ in $\mathbf{P}'$ liegt. Im besonderen ist $\theta^{-1}(\{A'\})$, wobei $A' \in \mathbf{M}'$, die Klasse der Elemente, die auf A' abgebildet werden.

Wenn man diese Klasse mit A bezeichnet, dann gilt $\theta^{-1}(\theta(A)) = A$. Sei $\mathbf{P}$ eine Teilmenge von $\mathbf{M}$, so suchen wir nun eine notwendige und hinreichende Bedingung dafür, daß $\theta^{-1}(\theta(\mathbf{P})) = \mathbf{P}$ gilt.

Mit $\mathfrak{R}$ wollen wir immer die in natürlicher Weise zu dem Homomorphismus θ zugeordnete Kongruenz bezeichnen. Eine hinreichende Bedingung ist, daß $\mathbf{P}$ eine Vereinigung von Klassen bezüglich $\mathfrak{R}$ ist. Diese Bedingung ist auch notwendig, da die Menge $\theta^{-1}(\theta(\mathbf{P}))$ mit jedem $A' \in \theta(\mathbf{P})$ auch die Klasse, deren Bild A' ist, enthält.

<u>Theorem.</u> *θ bezeichne einen Monoidhomomorphismus. Eine notwendige und hinreichende Bedingung dafür, daß $\theta^{-1}(\theta(\mathbf{P})) = \mathbf{P}$ gilt, ist, daß $\mathbf{P}$ gleich einer Vereinigung von Klassen bezüglich der θ zugeordneten Kongruenz $\mathfrak{R}$ ist.*

<u>Anwendung auf K-Sprachen.</u> Eine hinreichende und notwendige Bedingung dafür, daß die Sprache Λ eine K-Sprache ist, ist die folgende Aussage:

1. Es gibt auf dem freien Monoid $\mathfrak{A}^*$ eine Kongruenz $\mathfrak{R}$, die von endlichem Index ist und für die Λ eine Vereinigung von Klassen ist.

Wenn 1 wahr ist, dann ist das Monoid $\mathfrak{A}^*/\mathfrak{R}$, das ja homomorphes Bild von $\mathfrak{A}^*$ unter dem natürlichen, zu $\mathfrak{R}$ assoziierten Homomorphismus φ ist, endlich und es gilt:

$$\varphi^{-1}(\varphi(\Lambda)) = \Lambda.$$

Allgemeiner nehmen wir an, daß es einen Homomorphismus θ von dem freien Monoid $\mathfrak{A}^*$ auf ein endliches Monoid $\mathbf{M}$ gibt. Dann definiert die in natürlicher Weise zu θ assoziierte Kongruenz $\mathfrak{R}$ ein Quotientenmonoid $\mathfrak{A}^*/\mathfrak{R}$, das isomorph zu $\mathbf{M}$ ist.

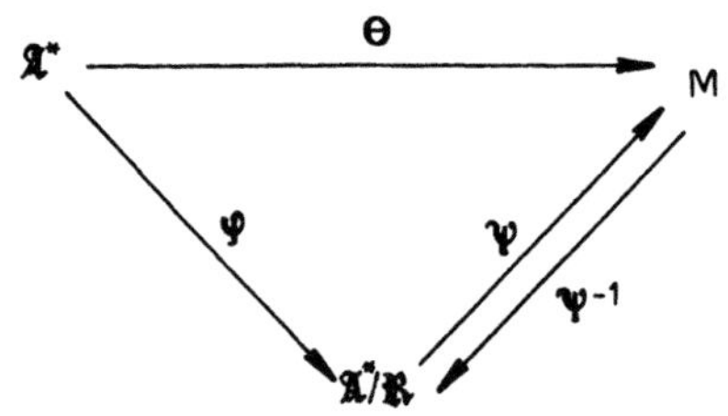

Wenn gilt $\theta^{-1}(\theta(\Lambda)) = \Lambda$, dann gilt auch $\varphi^{-1}(\varphi(\Lambda)) = \Lambda$ und umgekehrt, da ψ ein Isomorphismus ist. Die Aussage 1 ist äquivalent zu:

2. Es gibt ein endliches Monoid $\mathbf{M}$ und einen Homomorphismus θ von $\mathfrak{A}^*$ auf $\mathbf{M}$, derart daß $\theta^{-1}(\theta(\Lambda)) = \Lambda$.

Abschließend fassen wir zusammen:

Notwendig und hinreichend dafür, daß $\Lambda \subset \mathfrak{A}^*$ eine K-Sprache ist, ist die Existenz eines Homomorphismus θ von $\mathfrak{A}^*$ auf ein endliches Monoid $\mathbf{M}$ mit der Bedingung $\theta^{-1}(\theta(\Lambda)) = \Lambda$.

14.3.8. K-Sprachen und Graphen

Sei X ein Alphabet und seien $A, B \subset X$, $V \subset X^2$. Die Menge $AX^* \cap X^*B \setminus X^*VX^*$ ist eine Standard-K-Sprache. Erinnern wir uns, daß sie sich aus denjenigen Wörtern aus X^* zusammensetzt, die

- entweder Monogramme und in $A \cap B$ sind,
- oder die in A beginnen und in B enden, aber keines der Zwei-Zeichen-Wörter aus V enthalten.

Unter einem Graphen wollen wir ein Paar $\langle G, R\rangle$ verstehen, wobei
1. G eine Menge ist, deren Elemente Knoten heißen,
2. R eine Teilmenge von $G \times G$ ist, deren Elemente Kanten heißen.

Seien zwei Teilmengen H und K von G gegeben, dann heißt jede Folge von Knoten, die sich entweder zu irgendeinem eindeutigen Element von $H \cap K$ reduziert oder die mehrere Knoten $x_1, \ldots, x_i, \ldots, x_n$ mit $x_1 \in H$, $x_n \in K$ und $(\forall i \in \{1, \ldots, n-1\}[(x_i, x_{i+1}) \in R]$ enthält, Weg von H nach K.

Man sieht mühelos, indem man G mit X identifiziert, daß die Menge der Wege, die von H nach K führen, nichts weiter als die Standard-K-Sprache ist, die über X durch Angabe von $H, K \subset X$ und

$$V = X^2 \setminus \{x\,y \mid (x, y) \in R\}$$

definiert wurde.

14.4. TRANSDUKTION

14.4.1. Einseitige Transduktion

Wir werden nun unter einem anderen Gesichtspunkt den bereits behandelten Begriff der einseitigen Transduktion im Hinblick auf weitere Verallgemeinerungen von neuem behandeln.

$X = \{x_i \mid 1 \leqq i \leqq m\}$ sei ein Eingabealphabet,.
$X = \{y_j \mid 1 \leqq i \leqq n\}$ sei ein Ausgabealphabet
und $\Sigma = \{s_k \mid 1 \leqq k \leqq p\}$ sei die Menge der Zustände.

Außerdem sei eine Transitionsabbildung:

$$(tr): \Sigma \times X \rightarrow \Sigma$$

gegeben, die dem Paar (s, x) einen Zustand, der mit s x bezeichnet wird, zuordnet. Außerdem haben wir noch eine Abbildung:

$$\eta: \Sigma \times X \rightarrow Y,$$

die dem Paar (s, x) $\eta(s, x) \in Y$ zuordnet.

Unter einer einseitigen Linkstransduktion, die vom Zustand s_{k_1} ausgeht, versteht man eine Abbildung von X* in Y*, die man auf folgende Weise erhält.

Sei $f \in X^*$ ein gegebenes Wort:

$$f = x_{i_1} \ldots x_{i_\lambda}.$$

Dem ersten Zeichen x_{i_1} entspricht das Zeichen $\eta(s_{k_1}, x_{i_1})$ und ein Zustand $s_{k_2} = s_{k_1}\, x_{i_1}$. Dem zweiten Zeichen x_{i_2} entspricht das Zeichen $\eta(s_{k_2}, x_{i_2})$ und der Zustand $s_{k_3} = s_{k_2}\, x_{i_2}$, und so weiter (durch Induktion).

Es ist klar, daß jedem Wort $f \in X^*$ ein Wort von Y^* entspricht. Um die Schreibweise zu vereinfachen, bezeichne s (ohne Index) den Anfangszustand. Wir bezeichnen mit $\eta(s, f)$ das durch die Transduktion $[X, Y, \Sigma(tr), \eta]$ ausgehend von s erhaltene transduktierte Bild von f.

Sei jetzt $\Gamma \subset X^*$ eine formale Sprache. Wir schreiben $\eta(s, \Gamma)$ für die Menge $\{\eta(s, f) | f \in \Gamma\}$, die wir das Transduktierte von Γ nennen werden. Sei endlich $\Delta \subset Y^*$ eine Sprache über dem Endalphabet. Es können vielleicht Wörter aus X^* existieren, deren Bild zu Δ gehört. Wir setzen:

$$\eta^{-1}(s, \Delta) = \{f \in X^* | \eta(s, f) \in \Delta\}.$$

Diese Bezeichnung darf nicht fehlgedeutet werden: Um diesen Ausdruck schreiben zu können, wird nicht gefordert, daß man jedes Wort aus Δ als Bild erhält.

14.4.2. Transduktion der Sprache X^*

Beginnen wir mit dem Studium der von ganz X^* transduktierten Sprache $\eta(s, X^*)$. Jedem $f \in X^*$ entspricht ein transduktiertes $\eta(s, f)$ und ein Zustand s_f, in dem die Transduktion beendet wurde.

Sei $g \in Y^*$. Wenn $g \in \eta(s, X^*)$, so ist dieses Wort das Transduktierte der Wörter $f_1, \ldots, f_i, \ldots$ Fügen wir zu g die Menge σ_g hinzu, die Vereinigung der Zustände $s_{f_1}, \ldots, s_{f_i}, \ldots$, zu denen man gelangen kann, nachdem man das letzte Zeichen von g gelesen hat. Die Menge σ_g ist ein Element der Menge der Teilmengen von Σ. Wenn $g \notin \eta(s, X^*)$ ist, so setzen wir $\sigma_g = \emptyset$.

Wir schreiben $g \sim g'$, um auszudrücken, daß $\sigma_g = \sigma_{g'}$ gilt.

1. Diese Relation ist eine Äquivalenzrelation.
2. $\eta(s, X^*)$ ist die Vereinigung von Klassen für die $\sigma_g \neq \emptyset$.
3. Da der Index dieser Relation kleiner oder gleich der Kardinalzahl von $\mathfrak{P}(\Sigma)$ ist, ist er endlich.
4. Diese Relation ist mit der Verkettung rechtsverträglich.

Nehmen wir an, es sei $g \sim g'$ und vergleichen wir g h mit g' h. Wenn man g, ausgehend von einem beliebigen f und im Zustand s_α endend, erhalten kann und wenn man h, ausgehend von einem beliebigen u und beginnend im Zustand s_α, erhalten kann, dann gibt es ein f' und man gelangt zu g' h, indem man f' u benutzt, und die Transduktionen enden dann im selben Zustand.

Auf Grund dieser vier Bedingungen (siehe Kapitel X) ist $\eta(s, X^*)$ eine K-Sprache. Außerdem ist die Äquivalenzrelation durch gute Endwörter für $\eta(s, X^*)$ wenigstens feiner (oder günstigstenfalls) zusammenfallend mit der Relation $\sim$.

Man sieht, daß $\eta(s, X^*)$ bereits strukturiert ist, so ist es verständlich, daß eine Sprache, obgleich sie eine Teilmenge von $\eta(s, X^*)$ ist, nicht das exakte Transduktierte von irgendeinem $\Gamma \in X^*$ sein kann, sobald diese Sprache nicht die natürliche Strukturierung beachtet.

14.4.3. Transduktion einer K-Sprache

Die Sprache X^*, die eine K-Sprache ist, wird zu einer K-Sprache transduktiert. Studieren wir jetzt das Transduktierte einer K-Sprache $\Gamma \subset X^*$.

Wir wissen, daß die Äquivalenzrelation der guten Endwörter bezüglich $\Gamma \subset X^*$ in eine endliche Anzahl von Klassen zerlegt und daß Γ selbst eine Vereinigung von Klassen ist.

Sei $f \in \Gamma$. Das Wort f gehört zu einer gewissen Klasse γ_f und läßt die Transduktion im Zustand s_f enden. Sei $g \in Y^*$. Wenn $g \in \eta(s, X^*)$ ist, so stammt dieses Wort aus der Menge der f_i, denen die Menge der Paare (γ_{f_i}, s_{f_i}) entspricht. Wenn $g \notin \eta(s, X^*)$ ist, so entspreche dem Wort die leere Menge.

Wir setzen $g \sim_\Gamma g'$, um auszudrücken, daß die g entsprechende Menge mit der g' entsprechenden Menge zusammenfällt.

1. Diese Relation ist eine Äquivalenzrelation.
2. $\eta(s, \Gamma)$ ist die Vereinigung der Klassen, für die die Klasse von γ_f zu Γ gehört.
3. Der Index ist endlich.
4. Sie ist verträglich mit der Verkettung von rechts.

Es genügt, zu wiederholen, was im vorangegangenen Abschnitt gesagt wurde, und hinzuzufügen, daß die Klasse von f u zusammenfällt mit der von f' u bezüglich der Äquivalenz durch gute Endwörter. Aus all diesem folgt, daß $\eta(s, \Gamma)$ eine K-Sprache ist.

Man sieht nun, in welchem Verhältnis die durch diese Sprache definierten Äquivalenzklassen zu den natürlichen Klassen von $\eta(s, X^*)$ stehen. Wenn eine K-Sprache $\Delta \subset Y^*$ Klassen definiert, die die natürlichen Klassen "durchschneiden", so kann sie nicht das Transduktierte irgendeiner K-Sprache $\Gamma \subset X^*$ sein, da jedes Γ entweder "zu viel oder zu wenig" ergibt.

14.4.4. Betrachtung von $\eta^{-1}(s, \Delta)$, wobei Δ eine K-Sprache ist

Wenn $\Delta \subset Y^*$ eine K-Sprache ist, so ist die Menge der Wörter, deren Bild in Δ ist, auch eine K-Sprache. Man beweist dies, indem man die Äquivalenz $f \sim_\Delta f'$ betrachtet, die wie folgt definiert ist: $f \sim_\Delta f'$ genau dann, wenn die Klasse der guten Endwörter von $\eta(s, f)$ bezüglich Δ mit der von $\eta(s, f')$ zusammenfällt.

14.4.5. Ein Ergebnis bezüglich $\eta(s, X^*)$

Wir haben gesehen, daß $\eta(s, X^*)$ eine K-Sprache ist. Man kann das folgende Problem stellen: Ist es möglich, zu vorgegebenem Alphabet Y und gegebener K-Sprache $\Lambda \subset Y^*$ eine Transduktion derart zu konstruieren, daß $\eta(s, X^*)$ diese K-Sprache Λ ist?

Die Antwort ist negativ. Für den Fall $Y = \{a, b\}$ kann man leicht sehen, daß es keine Transduktion gibt, die X^* auf $a^* b$ abbildet. Um dies zu erreichen, müßten wir auf die Determiniertheit des Transduktors verzichten.

14.4.6. Produkt von einseitigen Transduktionen

Eine einseitige rechte Transduktion kann man auf gleiche Weise wie eine einseitige linke Transduktion definieren. Es genügt, die Richtung des Lesens umzukehren. Es ist ratsam, die Transitionsabbildung von rechts zu schreiben:

$$(tr'): \quad X \times \Sigma' \to \Sigma';$$

sie bildet (x, s') auf den Zustand $x\, s'$ ab. Es ist dann erlaubt, links oder rechts einseitige Transduktionen zu verknüpfen. Die erste bildet X^* in Y^* ab, die zweite Y^* in Z^* usw.

Ein Ergebnis:

Sei $\Lambda \subset Z^*$ eine K-Sprache. Dann kann man eine Links-Transduktion und eine Rechts-Transduktion finden, deren Produkt X^* auf Λ abbildet. Man beweist dies zunächst für eine Standard-K-Sprache:

$$I\, Z^* \cap Z^*\, J \setminus Z^*\, V\, Z^*$$

(wobei I die Menge der Initialen, J die Menge der Finalen und V die Menge der verbotenen Zwei-Zeichen-Wörter ist). Dann geht man zum allgemeinen Fall mit Hilfe eines Homomorphismus über, der mit der Transduktion verträglich ist.

14.4.7. Zweiseitige Transduktion

Für eine zweiseitige Transduktion von X^* in Y^* benötigt man zwei Transitionsabbildungen für zwei Zustandsmengen.

$$\begin{aligned}
(tr): \quad & \Sigma \times X \to \Sigma, \\
& (s, x) \to s\, x; \\
(tr'): \quad & X \times \Sigma' \to \Sigma', \\
& (x, s') \to s'\, x;
\end{aligned}$$

und eine Umschreibeabbildung:

$$\begin{aligned}
& (\Sigma, X, \Sigma') \to Y \\
& (s, x, s') \to \eta(s, x, s').
\end{aligned}$$

Um bei gegebenem Wort $x_{i_1} \dots x_{i_{k-1}}\, x_{i_k}\, x_{i_{k+1}} \dots x_{i_r}$ das Bild von x_{i_k} zu bestimmen, muß man den linken Zustand (in Σ'), der dem Links-nach-rechts-Lesen des Anfangssegmentes, und den rechten Zustand (in Σ'), der dem Rechts-nach-links-Lesen des Endsegmentes entspricht, bestimmen. Es empfiehlt sich, präzise einen linken und einen rechten Anfangszustand anzugeben.

14.4.8. Zweiseitige Transduktion und K-Sprachen

Die im Fall der einseitigen Transduktion erhaltenen Ergebnisse lassen sich hier erweitern:

Wenn Γ eine K-Sprache ist, dann ist $\eta(s, \Gamma, s')$ eine K-Sprache. Wenn $\Delta \subset Y^*$ eine K-Sprache ist, dann ist $\eta^{-1}(s, \Delta, s')$ auch eine K-Sprache.

Um diese Sätze zu beweisen, kann es nützlich sein, eine Transduktion durch einen orientierten Graphen darzustellen. Die Knoten entsprechen den Tripeln (s, x, s').

Es gibt genau dann einen orientierten Bogen, der von (s_i, x_j, s'_k) nach $(s_\alpha, x_\beta, s'_\gamma)$ führt, wenn $s_\alpha = s_i\, x_j$ und $s'_k = x_\beta\, s'_j$ gilt.

14.4.9. Übungen

1. Ein Transduktor, der für X^* eine Standard-K-Sprache gibt.

Wir setzen $X = Y$ und beginnen, einen Transduktor zu konstruieren, der X^* in $(X \cup \{\omega\})^*$ abbildet, wobei ω ein besonderes Zeichen ist. Es gibt zwei Zustände s_1 und s_2 und so viele Zustände $[x_i]$, wie es $x \in X$ gibt.

Die Transitionsregeln seien:

$$s_1\ x = [x] \quad \text{für} \quad x \in I$$
$$s_1\ x = s_2 \quad \text{für} \quad x \notin I$$
$$[x_1]\ x_2 = x_2 \quad \text{für} \quad x_1\ x_2 \notin V$$
$$[x_1]\ x_2 = s_2 \quad \text{für} \quad x_1\ x_2 \in V$$

die Schreibregeln:

$$\eta(s_1, x) = e \quad \text{für} \quad x \notin I$$
$$\eta(s_1, x) = x \quad \text{für} \quad x \in I$$
$$\eta(s_2, x) = e$$
$$\eta([x_i], x_j) = \omega \quad \text{für} \quad x_i\ x_j \in V$$
$$\eta([x_i], x_j) = x_j \quad \text{für} \quad x_i\ x_j \notin V$$

Dann kann man den Transduktor vervollständigen, indem man ihn auf ω und J testet.

2. Sei η eine einseitige Linkstransduktion von X^* in Y^* und μ eine einseitige Rechtstransduktion von Y^* in Z^*.

Gibt es μ' rechts und η' links, derart daß $\eta\mu = \mu'\eta'$ gilt? (Die Autoren kennen keine kanonische Konstruktion von μ' und η'.)

3. Eine Transduktion $[X, Y, \Sigma, \Sigma', tr, tr', \eta]$ ist genau dann treu, wenn gilt: $(\forall y \in Y^*)\ (\forall s)\ (\forall s')\ [\text{card}\ \eta^{-1}\ (s, y, s') < \infty]$.

Kann man jeder zweiseitigen Transduktion eine treue Transduktion zuordnen?

XV. Ergänzungen zu CF-Sprachen

15.1. DYCK-SPRACHEN

15.1.1. Die freie Gruppe

Seien $\mathfrak{A} = \{a, b, c, \ldots\}$ und $\mathfrak{A}' = \{a', b', c', \ldots\}$ zwei endliche Alphabete, die zueinander disjunkt sind und deren Kardinalzahlen gleich seien. Ihre Zeichen seien paarweise einander zugeordnet: a zu a' usw. Wir setzen $\mathfrak{B} = \mathfrak{A} \cup \mathfrak{A}'$.

E sei das leere Wort und $\mathfrak{R}$ ein System von Thue-Relationen:

$$\mathfrak{R} : a\,a' \sim a'\,a \sim E,\ b\,b' \sim b'\,b \sim E, \ldots$$

Auf Grund dieser Relationen können wir Klassen definieren und wir wissen, daß $\mathfrak{B}^*/\mathfrak{R}$ ein Monoid ist.

Dieses Monoid ist eine Gruppe. Es ist tatsächlich immer möglich, zu gegebenem Wort A ein Wort $\bar{A}$ zu finden, derart daß gilt:

$$A\,\bar{A} \sim \bar{A}\,A \sim E.$$

Dazu nehme man 1. das Spiegelbild $\tilde{A}$ des Wortes A und setze 2. einen Strich, wenn keiner da ist, oder lösche ihn, wenn es einen gibt.

<u>Beispiel.</u>

$$A = a\,b\,a'\,b'\,a\,b\,b,$$
$$\tilde{A} = b\,b\,a\,b'\,a'\,b\,a,$$
$$\bar{A} = b'\,b'\,a'\,b\,a\,b'\,a'.$$

Zu der Klasse von A ist dann die Klasse von $\bar{A}$ invers. Wir werden jetzt zeigen, daß die Gruppe $\mathfrak{B}^*/\mathfrak{R}$ isomorph zur freien von $\mathfrak{A}$ erzeugten Gruppe ist: Wir werden auch den kanonischen Homomorphismus, der $\mathfrak{B}^*$ auf die freie Gruppe abbildet, angeben.

15.1.2. Darstellung einer Klasse von $\mathfrak{B}^*/\mathfrak{R}$

Ein Wort heißt *irreduzibel*, wenn in ihm kein Zeichen vorkommt, das links oder rechts neben seiner gestrichenen Form steht.

Beispiel. a b a' b' a b ist irreduzibel. Aber a b b' a b ist nicht irreduzibel.

Das leere Wort ist irreduzibel. Nun werden wir den folgenden Satz beweisen:

Satz. *Jede Äquivalenzklasse enthält genau ein irreduzibles Wort.*

Zu beweisen haben wir nur die Eindeutigkeit. Dazu ein Lemma:

Lemma 1. *Das einzige zum leeren Wort äquivalente irreduzible Wort ist das leere Wort selbst.*

Wir nennen zwei Wörter *benachbart*, wenn man von einem zu dem anderen durch Anwendung einer einzigen Regel übergeht. Wenn wir sagen, daß ein Wort A zum leeren Wort E äquivalent ist, dann heißt das, es gibt eine Kette von benachbarten Wörtern, beginnend bei A und endend bei E. Umgekehrt kann man die Kette wieder herstellen, d.h. man kann A wieder erhalten, indem man ausgehend von E systematisch die zu E benachbarten Wörter anfügt, dann die zu diesen benachbarten usw. Die zu E benachbarten Wörter sind a a', a' a usw. Um die zu diesen Wörtern benachbarten zu erhalten, kann man diese vereinfachen - aber dann gelangen wir wieder zu E - oder an jeder möglichen Stelle eines der Wörter a a', a' a usw. einschieben.

Allgemeiner ausgedrückt: Es genügt, Schritt für Schritt durch Erweiterung voranzugehen und nicht durch Vereinfachung, da jede Vereinfachung eine Rückkehr zu einem in einem früheren Stadium erhaltenen Wort ist.

Beispiel. Ausgehend von a a' b b' und durch Einschieben von a a' zwischen a a' und b b' erhält man a a' a a' b b', wenn man diese wie folgt vereinfacht: a *a'* *a* a' b b', so erhält man wieder a a' b b'.

Daraus folgt, daß man niemals ein irreduzibles Wort in der Klasse von E findet. Wir geben jetzt ein weiteres Lemma an.

Lemma 2. *Wenn Wörter existierten, die gleichzeitig irreduzibel, äquivalent und verschieden wären, dann existierten Wörter, die nicht leer, irreduzibel und zum leeren Wort äquivalent wären.*

Seien A und B zwei äquivalente, irreduzible und verschiedene Wörter. Man kann annehmen, daß sie nicht mit einem gleichen Zeichen beginnen, wenn doch, dann könnte man sie vereinfachen, bis sie mit verschiedenen Zeichen beginnen. Man hat dann:

$$A = x\,A_1, \quad B = y\,B_1, \quad x \neq y.$$

Das Wort $\bar{A}\,B$ ist unter diesen Bedingungen dann gewiß irreduzibel. Da aber aus der Voraussetzung $A \sim B$ $\bar{A} \sim \bar{B}$ folgt, so genügt es, die Kette der Äquivalenzen mit einem Strich zu versehen. Also:

$$\bar{A}\,B \sim \bar{A}\,A \sim E \qquad \text{q.e.d.}$$

Der zu beweisende Satz ergibt sich unmittelbar aus den Lemmata 1 und 2.

15.1.3. Der kanonische Homomorphismus

Wir setzen nun als bekannt voraus, wie die freie Gruppe, die $\mathfrak{A}$ als erzeugendes System besitzt, zu bilden ist (siehe Übung 15.1.10-3).

Der kanonische Homomorphismus γ, der $\mathfrak{B}^*$ auf die freie Gruppe abbildet, wird wie folgt definiert:

$$\begin{array}{ccc} E & \to & 1 \\ a & \to & a \\ a' & \to & a^{-1} \end{array}$$

Aus $\gamma(f) = \gamma(f')$ folgt, daß f und f' zu demselben irreduziblen Wort reduziert werden können.

Unter diesen Bedingungen ist die Menge $\gamma^{-1}(1)$, der Kern dieses Homomorphismus, die Menge der Wörter, die sich paarweise durch Streichen zu E reduzieren lassen. Man nennt sie die auf $\mathfrak{B} = \mathfrak{A} \cup \mathfrak{A}'$ definierte Dyck-Sprache und bezeichnet sie mit D^*.

15.1.4. Die eingeschränkte Dyck-Sprache

Man erhält eine eingeschränkte Dyck-Sprache, indem man nur die Paare a a', b b' reduziert, nicht jedoch die Paare a' a, b' b.

Wie wir bereits bemerkt haben (siehe 1.3.2.), ist eine eingeschränkte Dyck-Sprache ein vertrautes mathematisches Objekt. Dazu interpretiere man die ungestrichenen Zeichen als öffnende Klammern und die gestrichenen Zeichen als schließende Klammern, die sich paarweise einander zuordnen lassen.

15.1.5. Die Natur der Dyck-Sprachen

Diese Interpretation durch Klammern und ihre Verallgemeinerung für nicht eingeschränkte Dyck-Sprachen macht offenbar, daß die Dyck-Sprachen tatsächlich CF-Sprachen sind. Eine eingeschränkte Dyck-Sprache hat zum Beispiel die Grammatik:

$$\left|\begin{array}{l} S \to S\ S \\ S \to a\ S\ a';\quad b\ S\ b' \quad \text{usw.}; \\ S \to a\ a';\quad b\ b' \quad \text{usw.} \end{array}\right|$$

Das Wort a b b a a' b' c c' b b' b' a' hat dann den Ableitungsbaum:

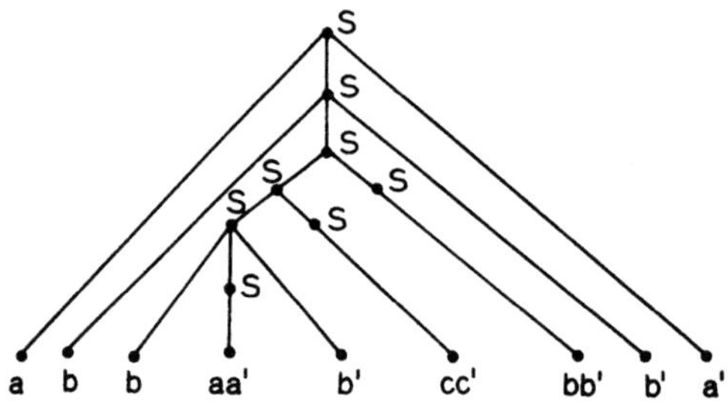

aber gleichzeitig auch den Baum:

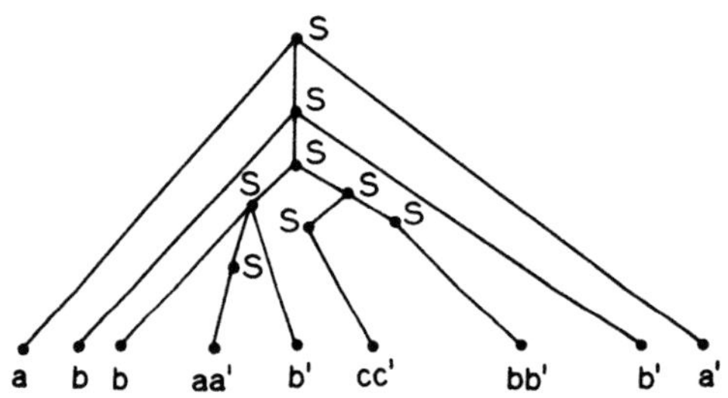

Eine solche Grammatik ist daher mehrdeutig. Daher werden wir das Studium der Dyck-Sprachen mit dem Ziel, ihnen eine nicht mehrdeutige und strukturell verbesserte Grammatik zu geben, fortsetzen.

15.1.6. Die Zerlegung in Dyck-Primwörter

Ein Wort d ∈ D* heißt Dyck-prim, wenn es keinen echten linken Faktor in D* besitzt. Man würde eine äquivalente Definition erhalten, indem man "linker Faktor" durch "rechter Faktor" ersetzt.

<u>Beispiel.</u> a' b a a' b b' b' a ist Dyck-prim, während a b b' a' b b' nicht Dyck-prim ist.

Theorem. *Jedes Wort einer Dyck-Sprache läßt sich eindeutig in ein Produkt von Dyck-prim-Wörtern zerlegen.*

Das Theorem ist offenbar richtig für ein Dyck-prim-Wort. Sei ein Wort d gegeben, das nicht Dyck-prim ist und zwei verschiedene Zerlegungen zulasse:

$$d = f_1 f_2 \dots f_\gamma$$

$$d = g_1 g_2 \dots g_\mu$$

Wenn $|f_1| = |g_1|$, dann ist $f_1 = g_1$ und man kann vereinfachen. Wenn $|f_1| < |g_1|$ gilt, dann ist g_1 nicht Dyck-prim.

15.1.7. Die Struktur der Dyck-prim-Wörter

Sei $g = x\ f\ y$ ein Dyck-prim-Wort, dessen erstes und letztes Zeichen x beziehungsweise y sei. Im Verlauf des Ausstreichverfahrens wird x mit y ausgelöscht und kann nicht mit irgendeinem anderen Zeichen gelöscht werden. Denn andernfalls gäbe es einen echten linken Faktor entgegen der Voraussetzung. Also ist y zu x gepaart, dafür schreiben wir $y = \bar{x}$.

Andererseits gehört f zur Dyck-Sprache und läßt sich in ein Produkt von Dyck-prim-Wörtern zerlegen:

$$f = f_1 f_2 \dots f_m.$$

f_1 selbst ist von der Form $x_1\ f_1'\ \bar{x}_1$ und man hat $x_1 \neq \bar{x}$, oder g wäre nicht Dyck-prim. Auf gleiche Weise hat man:

$$f_2 = x_2\ f_2'\ \bar{x}_2 \quad \text{mit} \quad x_2 \neq \bar{x}.$$

Wir bezeichnen mit D_y die Menge der Dyck-prim-Wörter, die mit y beginnen (und also mit $\bar{y}$ enden). Jedes Dyck-prim-Wort kann also eindeutig in der Form:

$$g = x\ f_1\ \dots\ f_m\ \bar{x}$$

mit $f_i \in D_{x_i}$, $x_i \neq \bar{x}$, $i = 1,\dots,m$ geschrieben werden.

Beispiel.

a b' c c' b a a' c' a' a c a'

Wir werden mit D die Menge aller Dyck-prim-Wörter bezeichnen. Die Sprache D* ist auf Grund des Theorems über die eindeutige Zerlegung das freie Monoid über D. Diese Tatsache rechtfertigt die Bezeichnung D*.

15.1.8. Die nicht-mehrdeutige Grammatik einer Dyck-Sprache

Wir werden einer Dyck-Sprache eine nicht-mehrdeutige CF-Grammatik in der Form eines Gleichungssystems geben. Zur Vereinfachung der Bezeichnungsweise beschränken wir uns auf das Alphabet a, a', b, b', wodurch im Prinzip die Allgemeinheit unserer Betrachtungen nicht eingeschränkt wird. Wir führen als nicht-terminale Zeichen $D_{a'}$, D_a, D_b, $D_{b'}$ ein, deren Bedeutung im vorangegangenen Abschnitt definiert wurde. D_a enthält, außer dem Wort a a', alle Wörter der Form a $f_1 \ldots f_m$ a' mit $f_i \in D_{x_i}$, $x_i \neq a'$. Wir übersetzen diese Tatsache, indem wir die Gleichung:

(1a) $$D_a = a\ A\ a' + a\ a'$$

aufstellen, wobei A ein weiteres nicht-terminales Zeichen, das einer Sprache entspricht, sei. Letztere Sprache enthält $D_{a'}$, D_b, $D_{b'}$ und allgemeiner, jedes Produkt von Faktoren, die zu $D_{a'}$, D_b und $D_{b'}$ gehören. Wir erhalten daher die Gleichung:

(2a) $$A = (D_a + D_b + D_{b'})\ (A + E),$$

wobei E das leere Wort sei.

Bezüglich einer Dyck-Sprache D^* gilt:

(3) $$D^* = (D_a + D_{a'} + D_b + D_{b'})\ (D^* + E).$$

Die Gleichungen des Typs (1), (2) und (3) geben der Dyck-Sprache eine nicht-mehrdeutige Grammatik, da diese Grammatik von links nach rechts in Produkte von Dyck-prim-Wörtern zerlegte Wörter erzeugt.

<u>Beispiel.</u> Betrachten wir noch einmal das Wort a b b a a' b' c c' b b' b' a' aus 15.1.5. Der Ableitungsbaum ist eindeutig bestimmt:

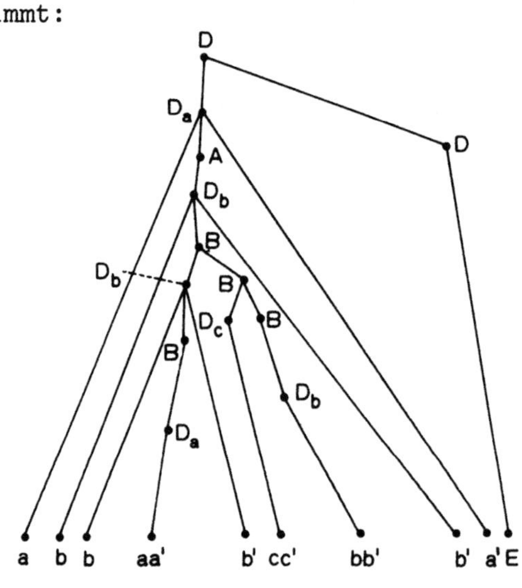

15.1.9. Die nicht-mehrdeutige Grammatik einer eingeschränkten Dyck-Sprache

Es genügt, die Mengen D_a, D_b usw. zu betrachten (und $D_{a'}$, $D_{b'}$, ... auszuschließen). Außerdem ist es nicht länger nötig, zwischen A, B usw. zu unterscheiden, da wir nun nicht mehr Mengen, deren Wörter mit einem gestrichenen Zeichen beginnen, betrachten. Man erhält also:

$$D_a = a\ U\ a' + a\ a'$$

$$D_b = b\ U\ b' + b\ b'$$

$$U = (D_a + D_b)\ (U + E)$$

$$D_r = (D_a + D_b)\ (D_r + E),$$

wobei D_r das Axiom sei (Dyck-eingeschränkt).

Beispiel. Man kann wiederum das Beispiel aus 15.1.8. nehmen, in dem wir absichtlich nur D_r benutzten. Es genügt dann, A und B durch U zu ersetzen.

15.1.10. Übungen

1. Man bezeichnet mit $\bar{f}$ das Wort, das sich von f ableiten läßt, indem man das Spiegelbild von f nimmt und ungestrichene Zeichen mit einem Strich versieht und bei gestrichenem Zeichen den Strich wegläßt. Das Alphabet sei X.

Wir setzen:

$$U = \{f\ \bar{f} \mid f \neq E\}$$

und:

$$V = \{v \in U \mid v \notin U\ X\ X^*\}.$$

In anderen Worten: Die Wörter $v \in V$ sind irreduzibel in U und haben keinen echten linken Faktor in U.

Beweise, daß die $f\ \bar{f} \in U$ sich eindeutig als Produkt irreduzibler Elemente darstellen lassen.

2. Ein Kode A über X heißt vollständig genau dann, wenn es keine Teilmenge A' gibt mit $A \subset A' \subset X$, die selbst ein Kode ist.

Sei Δ die Menge der Dyck-prim-Wörter über dem Alphabet $X = \mathfrak{A} \cup \mathfrak{A}'$. Zeige, daß Δ als Kode vollständig ist.

3. Eine Definition der freien Gruppe.

Sei $\mathfrak{A} = \{a, a', b, b' \ldots\}$ ein aus 2 n Zeichen, die paarweise gebildet wurden, bestehendes Alphabet, wie wir es bereits bezüglich der Dyck-Sprache kennengelernt haben. Es seien Thue-Relationen gegeben: a a' = a' a = E usw.

Ein Wort ist irreduzibel genau dann, wenn kein Zeichen an dem zu ihm gepaarten Zeichen angrenzt. Wir betrachten die Menge der irreduziblen Wörter, das leere Wort E eingeschlossen, und werden diese Menge mit einer Operation versehen (die wir mit einem Punkt bezeichnen).

Zu zwei vorgegebenen irreduziblen Wörtern X und Y definieren wir ihr Produkt X · Y durch den folgenden Algorithmus.

1. Bilde die Verkettung X Y.

2. Prüfe die Verknüpfungsstelle. Sind die beiden aneinandergrenzenden Zeichen nicht gepaart: Schreibe X · Y = X Y. Ende; andernfalls verkette die beiden durch Streichung des letzten und ersten Zeichens entstandenen neuen X und Y und beginne wieder bei 2.

Beispiele.

X = a b a' c b, Y = c', X · Y = a b a' c b' c'

X = a b a', Y = a b', X · Y = a

X = b a c', Y = c a' b', X · Y = E.

Beweise, daß die Menge der irreduziblen Wörter mit dieser Operation versehen eine Gruppe ist. Da nur die Assoziativität nicht unmittelbar einleuchtend ist, kann man wie folgt vorgehen: Seien X, Y und Z drei irreduzible Wörter. Dann ist die folgende Gleichung zu beweisen:

$$(X \cdot Y) \cdot Z = X \cdot (X \cdot Z).$$

Das Resultat ist trivial, wenn eines der Wörter leer ist. Beweise die Gleichung für den Fall, in dem das mittlere Wort nur aus einem Zeichen besteht. Man führe den Beweis rekursiv nach dem Grad des mittleren Wortes.

Angenommen, das Theorem sei bewiesen für $|Y| = m - 1$. Man nehme dann $Y = Y_1\, y$ mit $|Y_1| = m - 1$ und $y \in \mathfrak{A}$. Dann ist

$$X \cdot (Y \cdot Z) = X \cdot (Y_1 \cdot y) \cdot Z = X \cdot Y_1 \cdot (y \cdot Z) \text{ usw.}$$

15.2. DIE STANDARD-CF-SPRACHEN

15.2.1. Definition

Die Sprache, die man erhält, indem man den Durchschnitt einer Dyck-Sprache D* und einer Standard-K-Sprache Q nimmt, nennt man Standard-CF-

Sprache. Wir setzen:

$$C_s := D^* \cap Q.$$

Wir haben im Abschnitt 10.6.3. bewiesen, daß der Durchschnitt einer CF-Sprache mit einer K-Sprache eine CF-Sprache ist. Das rechtfertigt die gegebene Definition. Wir haben an der gleichen Stelle ein Verfahren angegeben, das erlaubt, für diesen Durchschnitt eine CF-Grammatik zu konstruieren, wobei bemerkt wurde, daß diese Grammatik nicht-mehrdeutig ist, wenn die K- und CF-Grammatik nicht-mehrdeutig ist.

Beispiel. Das Alphabet sei {a, b, a', b'}; Q sei durch die Initialen {a, b} definiert. Die verbotenen Transitionen sind diejenigen, die einen Übergang von einem gestrichenen Zeichen zu einem ungestrichenen Zeichen geben. Der Durchschnitt ist also:

$$C_s = \{f\ \bar{f} \mid f \in \{a, b\}^*\},$$

wobei f die in 15.1.7. präzisierte Bedeutung besitzt.

15.2.2. Einschränkung für die Standard-CF-Sprachen

Die Einschränkungen, denen C_s unterworfen ist, sind sehr unterschiedlicher Natur. Die von Q herrührenden Einschränkungen sind rein lokal; um zu verifizieren, ob sie eingehalten werden, genügt es, einen Automaten zu betrachten, der nur das zuletzt gelesene Zeichen speichert.

Die, die aus D* stammen, können sich beliebig weit erstrecken; um sie zu verifizieren, braucht man einen Automaten mit nicht absolut beschränktem Speicher.

Dies bedeutet nicht, daß diese beiden Einschränkungen widersprüchlich sind: Sie übersetzen die D* aufgeprägte Klammerstruktur. Folglich sehen wir, daß die Standard-CF-Sprachen eine sehr einfache Struktur haben, von der man eine intuitive Vorstellung besitzt. Eine solche Einfachheit macht sie interessant, aber ihre Bedeutung gewinnen sie erst aus dem folgenden Theorem.

15.2.3. Das Fundamentaltheorem für CF-Sprachen

Theorem. *Jeder CF-Sprache* L *kann man eine Dyck-Sprache* D^* *(möglicherweise eine eingeschränkte Dyck-Sprache* D_r^**), eine Standard-K-Sprache* Q *und einen Homomorphismus* φ *derart zuordnen, daß* $L = \varphi(D^* \cap Q)$ *gilt.*

In anderen Worten: Man erhält jede CF-Sprache durch einen Homomorphismus, der von einer geeignet gewählten Standard-CF-Sprache ausgeht.

Beispiel. Die Spiegelbildsprache $f\,\bar{f}$ über {a, b} erhält man, ausgehend von der CF-Standard-Sprache $f\,\bar{f}$ (siehe Beispiel in 15.2.1.), durch den Homomorphismus:

$$\varphi : \begin{array}{ll} a \to a, & a' \to a, \\ b \to b, & b' \to b. \end{array}$$

Zum Beweis dieses Theorems benötigen wir eine Definition und zwei Sätze.

Definition. Wir nennen eine Grammatik einfache Grammatik, wenn alle ihre Regeln von der Form

$$\xi_i = \sum_l d_{i,l} + \sum_{j,k} a_{i,j,k}\, b_{i,j,k}\, \xi_j\, \bar{b}_{i,j,k}\, c_{i,j,k}\, \xi_k\, \bar{c}_{i,j,k}\, \bar{a}_{i,j,k}$$

sind, wobei die kleinen lateinischen Buchstaben für terminale Zeichen stehen, die alle verschieden sind, und die griechischen Buchstaben nicht-terminale Zeichen sind.

Satz 1. *Zu jeder eine Sprache* L *erzeugenden Grammatik gibt es eine einfache Grammatik* G', *die eine Sprache* L' *erzeugt, und einen Homomorphismus* φ, *derart daß gilt:* $L = \varphi(L')$.

Beweisskizze. Wenn G eine Regel der Form $\xi_i \to u\ \xi'\ v\xi''\ w\ \xi'''$ enthält, wobei u, v, w terminale Wörter sind, dann führt man ein nicht-terminales Zeichen ζ ein und die Regeln:

$$\xi_i \to \zeta\ w\ \xi'''$$

$$\zeta \to u\ \xi'\ v\ \xi''.$$

Wenn G die Regel

$$\xi_i \to u\ \xi'\ v$$

enthält, dann führt man ein nicht-terminales Zeichen η ein und die Regeln:

$$\xi_i \to u\ \xi'\ \eta$$

$$\eta \to v.$$

Infolge dieses Vorgehens erreicht man, daß alle nicht-terminalen Produktionen quadratisch werden:

$$\xi_i \to u\ \xi\ v\ \xi\ w.$$

Man führt dann für jedes Quadrupel (u, v, w) die Beziehungen

$$u = a\ b$$
$$v = \bar{b}\ c$$
$$w = \bar{c}\ \bar{a}$$

ein, sowie einen Homomorphismus φ, derart daß:

$$\varphi(a) = u, \quad \varphi(b) = e, \quad \varphi(\bar{b}) = v,$$

$$\varphi(c) = e, \quad \varphi(\bar{c}) = w, \quad \varphi(\bar{a}) = e.$$

Wenn dann die Grammatik G' die Regeln

$$\xi_1 \to a\ b\ \xi\ \bar{b}\ c\ \xi'\ \bar{c}\ \bar{a}$$

enthält, ergibt φ wieder die Regeln von G und man erhält $L = \varphi(L')$.

Wir können nun den Beweis des Haupttheorems erörtern. Gegeben sei eine CF-Grammatik G, die die CF-Sprache L erzeugt. Wir führen zunächst eine einfache Grammatik G' ein. Der Grammatik G' ordnen wir auf natürliche Weise eine K-Sprache R und eine Dyck-Sprache D* zu.

1. R besitzt als erlaubte Zwei-Zeichen-Wörter alle Zwei-Zeichen-Wörter der Form:

$$a_{i,j,k}\ b_{i,j,k}; \quad b_{i,j,k}\ d_{j,l}; \quad b_{i,j,k}\ a_{j,l,m};$$

$$c_{i,j,k}\ d_{k,l}; \quad c_{i,j,k}\ a_{k,l,m};$$

$$\bar{a}_{i,j,k}\ \bar{b}_{l,i,k}; \quad \bar{a}_{i,j,k}\ \bar{c}_{l,m,i};$$

$$\bar{b}_{i,j,k}\ c_{i,j,k}; \quad \bar{c}_{i,j,k}\ \bar{a}_{i,j,k};$$

$$d_{i,l'}\ \bar{b}_{l,j,m}; \quad d_{i,l'}\ \bar{c}_{l,m,i}.$$

2. Die Dyck-Sprache D* ist die Menge $\gamma^{-1}\{e\}$ des Homomorphismus:

$$\gamma : X^* \to \Gamma$$

$$\gamma\ d_{i,l} = \gamma\ u\ \bar{u} = e,$$

wobei u die Menge

$$\{a_{i,j,k},\ b_{i,j,k},\ c_{i,j,k}\}$$

durchläuft, und man kann sich die $d_{i,l}$ als Paare $d\ \bar{d}$ darstellen. Dann ist das Haupttheorem eine unmittelbare Folgerung aus dem Satz 2.

<u>Satz 2.</u> *Sei die einfache Grammatik definiert durch die Regeln:*

$$\xi_i = \sum_l d_{i,l} + \sum_{j,k} a_{i,j,k}\ b_{i,j,k}\ \xi_j\ \bar{b}_{i,j,k}\ c_{i,j,k}\ \xi_k\ \bar{c}_{i,j,k}\ \bar{a}_{i,j,k}.$$

Sei D* *die Dyck-Sprache und* R *die in natürlicher Weise* G *zugeordnete K-Sprache. Dann erfüllt die dem nicht-terminalen Zeichen* ξ_i *zugeordnete Sprache* L_i' *die Gleichung:*

$$L_i' = D^* \cap R \cap \left(\bigcup_{j,k} a_{i,j,k} X^* \bigcup_l d_{i,l} \right).$$

Der Beweis dieses Satzes vollzieht sich in zwei Etappen, die wir skizzieren.

Erste Etappe. Wir betrachten zunächst die Grammatik:

$$\xi = d + a\ b\ \xi\ \bar{b}\ c\ \xi\ \bar{c}\ \bar{a},$$

die man erhält, indem man die Indizes wegläßt und nur ein einziges nicht-terminales Zeichen behält. Wir beweisen den Satz für diesen Spezialfall. Ein Diagramm von R zeigt die Abbildung:

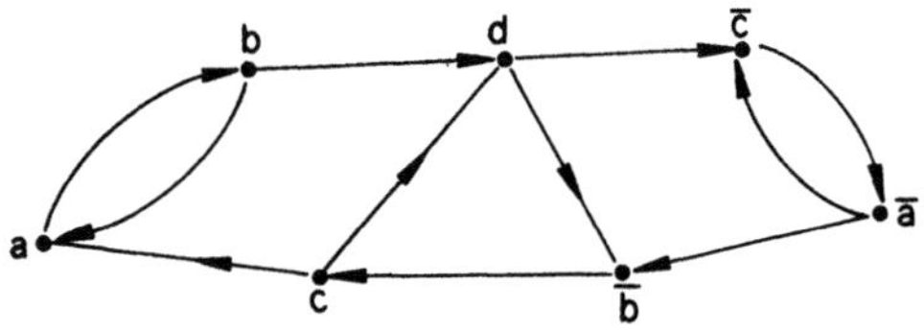

L' wird gebildet von $d(d\ \bar{d})$ und einer gewissen Menge von Dyck-prim-Wörtern, die mit a beginnen und die Einschränkungen von R erfüllen.

Sei $L'' = D^* \cap R \cap (a\ X^* \cup d)$; L'' wird gebildet von d und allen Dyck-prim-Wörtern des in Frage kommenden Typs. Zu zeigen ist: L' = L''. Dies verifiziert man durch Induktion, ausgehend von d, unter der Annahme, daß die Behauptung bereits für die Faktoren des betrachteten Wortes verifiziert sei.

Man benutzt dabei (siehe 15.1.7.) die Tatsache, daß sich ein Dyck-prim-Wort eindeutig darstellen läßt als $a\ f_1 \ldots f_m\ \bar{a}$ mit $f_i \in D_{x_i}$.

Zweite Etappe. Man verifiziere, daß der vorangegangene Beweis auch für den Fall, daß man Indizes einführt, richtig bleibt. Das heißt, daß die Verkettungen der Indizes verträglich mit den vorhergegangenen Verkettungen sind.

Schlußfolgerung. Die Sprache

$$Q_i = R \cap (\bigcup_{j,k} a_{i,j,k}\ X^* \bigcup_{l} d_{il})$$

ist eine Standard-K-Sprache. Da bereits $L_i = \varphi(L_i')$ gilt, so ist $L_i = \varphi(D^* \cap Q_i)$.

15.2.4. Folgerungen aus dem Fundamentaltheorem

Wir haben gezeigt, daß die Klasse der CF-Sprachen nicht abgeschlossen ist bezüglich der Operationen: Komplementbildung und Durchschnitt, und wir haben erkannt, daß im allgemeinen die CF-Sprachen nicht deterministisch sind. Die algebraische Charakterisierung, die durch das Fundamentaltheorem den CF-Sprachen gegeben wird, beleuchtet den Ursprung dieser Tatbestände.

Betrachten wir die Unterklasse der Standardsprachen $D_r \cap Q$, wobei D_r und Q eingeschränkte Dyck-Sprachen bzw. Standard-K-Sprachen bezüglich eines freien Monoids darstellen: Die Unregelmäßigkeiten bezüglich der Abgeschlossenheit und des Problems, von einem Automaten akzeptiert zu werden, verschwinden.

Im Fall der linearen Standard-CF-Sprachen ist es offenbar, daß man den Durchschnitt konstruieren kann, denn das Problem reduziert sich auf die Konstruktion des Durchschnittes zweier regulärer Sprachen, und es ist klar, daß das Ergebnis des Durchschnitts eine lineare Standardsprache ist. Man sieht außerdem, daß diese Sprachen deterministisch sind. Die Unregelmäßigkeiten der allgemeinen Klasse haben ihren Ursprung in dem Homomorphismus φ. An dieser Stelle kann man zum Beispiel etwas über unentscheidbare Probleme aussagen.

Wir haben gesehen, daß, wenn $\mathfrak{A}^*$ und $\mathfrak{B}^*$ zwei freie Monoide und wenn weiterhin φ und ψ zwei beliebige Homomorphismen von $\mathfrak{A}^*$ in $\mathfrak{B}^*$ sind, es dann kein allgemeines Verfahren gibt, das über die Existenz oder Nicht-Existenz eines Wortes $f \in \mathfrak{A}^*$, derart daß gilt $\varphi(f) = \psi(f)$, zu entscheiden erlaubt. Dies ist die algebraische Formulierung des Post'schen Korrespondenzproblems.

Dieses Ergebnis kann übrigens verschärft und auf Monomorphismen ausgedehnt werden, das heißt, für den Fall, in dem man von $\varphi(f)$ und $\psi(f)$ zu genau einem f zurückkehren kann. So findet man die Unentscheidbarkeit des Durchschnittsproblems erklärt.

15.3. ÄQUIVALENZ DER CF-SPRACHE MIT DEN VON PUSH-DOWN AUTOMATEN AKZEPTIERTEN SPRACHEN

15.3.0.

Wir haben in Kapitel 9 (9.3.) gezeigt, daß jede CF-Sprache von einem Push-down Automaten akzeptiert wird. Wir werden nun die Umkehrung dieser Behauptung studieren.

15.3.1. Theorem

Jede von einem Push-down Automaten akzeptierte Sprache ist eine CF-Sprache.

Wir werden uns wieder einmal auf eine Skizze des Beweises beschränken. Betrachten wir einen Push-down Automaten, wie wir ihn im Kapitel 9 beschrieben haben. Er wird durch eine Menge $\mathfrak{A}$ von Anweisungen:

$$\mathfrak{A} := \{(b, S_i, a_k) \to (S_j, x)\}$$

definiert. Ausgehend von $\mathfrak{A}$ werden wir einen einseitigen endlichen Transduktor $\mathfrak{T}$ (siehe 10.6.), indem wir wie folgt vorgehen, definieren:

1. Jeder Regel

$$(b, S_i, a_k) \to (S_j, x), \; x \neq \sigma$$

von $\mathfrak{A}$ entspricht die gleiche Regel von $\mathfrak{T}$.

2. Jeder Regel

$$(b, S_i, \sigma) \to (S_0, \sigma)$$

von $\mathfrak{A}$ entspricht in $\mathfrak{T}$ die Regel

$$(b, S_i, \sigma) \to (S_0, \sigma').$$

3. Jeder Regel

$$(b, S_i, a_k \neq \sigma) \to (S_j, \sigma)$$

von $\mathfrak{A}$ entsprechen in $\mathfrak{T}$ die Regeln

$$(b, S_i, a_k) \to (S_j, a_k\, a_r'\, a_r)$$

für jedes Element a_r des Arbeitsalphabets.

Man verifiziere von Fall zu Fall, daß ($\mathfrak{A}$) ein Wort f genau dann akzeptiert, wenn T(f) zur eingeschränkten Dyck-Sprache, die über den a_h und a_h' definiert ist, gehört.

Sei L die Sprache, die $\mathfrak{A}$ akzeptiert; dann gilt:

$$\mathfrak{T}(L) = \{D_r \cap \mathfrak{T}(\mathfrak{A}^*)\},$$
$$L = \mathfrak{T}^{-1}(D_r \cap \mathfrak{T}(\mathfrak{A}^*)).$$

Nun gilt:

1. $\mathfrak{A}^*$ ist regulär; durch Transduktion einer K-Sprache gelangt man zu einer K-Sprache (10.6.1.); daraus folgt: $\mathfrak{T}(\mathfrak{A}^*)$ ist regulär.

2. Der Durchschnitt einer K-Sprache und einer CF-Sprache ist eine CF-Sprache (10.6.3.); $(\mathfrak{T}(\mathfrak{A}^*) \cap D_r)$ ist also eine CF-Sprache.

3. Das Transduktierte einer CF-Sprache ist eine CF-Sprache (10.6.3.), also ist $\mathfrak{T}^{-1}(D_r \cap \mathfrak{T}(\mathfrak{A}^*))$ eine CF-Sprache.

Ende der Beweisskizze.

Somit wurde das in 9.3.3. angekündigte Theorem bewiesen, das wir auf Grund seiner Bedeutung hier noch einmal aussprechen:

Theorem. *Die Klasse der von Push-down Automaten akzeptierten (erzeugten) Sprachen ist identisch mit der Klasse der CF-Sprachen.*

15.3.2. Bemerkung bezüglich der Mehrdeutigkeit

Betrachten wir den Homomorphismus φ, der eine Standard-CF-Sprache auf eine beliebige CF-Sprache abbildet. Die Standard-CF-Sprache, die durch ihre natürliche Grammatik strukturiert ist, ist nicht mehrdeutig. Die beliebig vorgegebene CF-Sprache ist eventuell mehrdeutig, wenn man sie mit Hilfe einer Grammatik beschreibt, die man durch die Konstruktion (D^*, Q, φ) erhält.

Der Grad der Mehrdeutigkeit eines Wortes f ist gleich der Kardinalzahl der Menge von Wörtern, die durch φ auf f abgebildet werden:

$$\text{Grad der Mehrdeutigkeit von } f = \text{card } \varphi^{-1}(f)$$

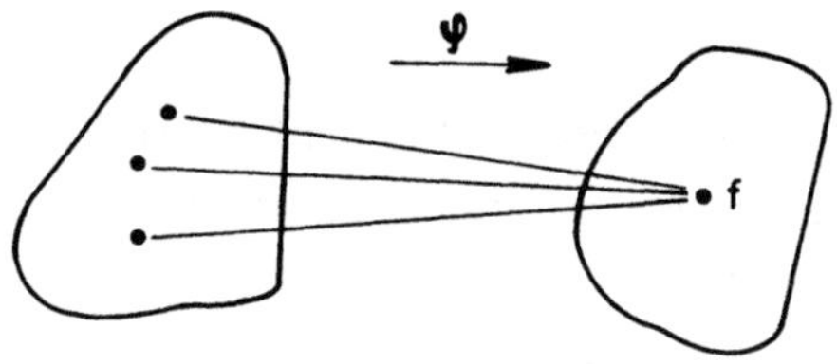

CF-Standardsprache   beliebige CF-Sprache

15.4. ÜBUNGEN

15.4.1.

Gegeben seien eine Dyck-Sprache über dem Alphabet {a, b, ...; a', b', ...} und eine Standard-K-Sprache, die durch Gleichungen wie in 14.1.2. definiert wird. Wieviele Gleichungen sind notwendig, um die entsprechende CF-Sprache zu definieren, wenn man das in 10.6.3. gegebene Konstruktionsverfahren des Durchschnittes benutzt?

15.4.2.

Eingeschränkte Standard-CF-Sprachen. Man erhält eingeschränkte Standard-CF-Sprachen, indem man den Standard-CF-Sprachen die folgenden Bedingungen auferlegt:

1. Jede Transition von einem nicht gestrichenen Zeichen zu einem

gestrichenen Zeichen hat die Existenz einer "inversen" Transition zwischen den entsprechenden gestrichenen Zeichen zur Folge. Zum Beispiel a b hat b' a' zur Folge.

2. Die einzigen erlaubten Transitionen des Typs x y' sind von der Form x x'.

<u>Erste Aufgabe.</u> Man konstruiere die Transitionstafel, indem man in den Zeilen a, b, c,... a', b', c',... und in den Spalten a', b', c',... a, b, c,... anordnet. Die Tafel zerfällt dann auf natürliche Weise in vier Quadrate: $\mathfrak{A}, \mathfrak{A}'; \mathfrak{A}', \mathfrak{A}'; \mathfrak{A}, \mathfrak{A}; \mathfrak{A}', \mathfrak{A}$.

Wie lassen sich die Bedingungen 1 und 2 auf die Tafel übertragen?

<u>Zweite Aufgabe.</u> Die Transitionen des Typs x' y sind nicht den besonderen Bedingungen unterworfen. Man stellt sich zur Aufgabe, ihren Einfluß auf die Natur der Sprache C_s zu untersuchen.

1. Es gibt keine Transition des Typs x' y. Zeige, daß die Sprache linear ist.

2. Es gibt Transitionen des Typs x' y, aber man kann keine Folge finden, die eine Schleife x' y, y' z, ..., v' w, w' x bildet.
Die Sprache ist metalinear.

3. Wenn es eine oder mehrere Folgen gibt, die Schleifen bilden, dann ist die Sprache vom allgemeinen Typ.

<u>Dritte Aufgabe.</u> Zu einer vorgegebenen Menge von Initialen und einer Tafel konstruiere man direkt C_s.

15.4.3.

Sind die Standard-CF-Sprachen deterministisch?

15.4.4.

Man klassifiziere die CF-Sprachen nach den zwei Kriterien: mehrdeutig oder nicht, deterministisch oder nicht? Sind alle vier Klassen nicht leer? Gib Beispiele.

15.4.5.

Betrachte die Sprache L über {a, b}: $L = \{x\,c\,y \mid |x| = |y| \;\&\; x \neq \tilde{y}\}$. Zeige, daß ihr Komplement bezüglich $\{a, b\}^*$ eine CF-Sprache ist.

Zeige, daß $L_1 = \{x\,c\,y \mid x \neq y\}$ eine CF-Sprache ist.

15.4.6.

Führe die allgemeinen Untersuchungen des Abschnitts 15.2.3. (Grammatik und Fundamentaltheorem der CF-Sprachen) für den Spezialfall der doppelten Spiegelbildsprachen (siehe 7.4.3.) durch.

XVI. Algebraische Sprachen

16.1. ERGÄNZUNGEN ZU DEN FORMALEN POTENZREIHEN

16.1.0.

Im Kapitel XI haben wir von einem heuristischen Standpunkt aus den Begriff der formalen Potenzreihe, deren Ausdrücke assoziative, aber nicht notwendig kommutative Monome sind, eingeführt. Wir haben dann aufgezeigt, wie man formale Potenzreihen auf CF-Sprachen anwenden könnte.

In diesem Abschnitt werden wir noch einmal ausführlicher auf formale Potenzreihen im Hinblick auf neue Anwendungen eingehen. Wir werden die Theorie ziemlich allgemein entwickeln, indem wir annehmen, daß der Koeffizientenbereich Ω ein Ring sei. Der Leser wird selbst einige Änderungen vornehmen können, wenn vereinbart wird, daß Ω nur ein Halbring sein soll. Augenblicklich haben wir als wichtigste Anwendungen die Fälle $\Omega = \mathbf{Z}$ und $\Omega = \mathbf{N}$.

Obwohl wir dieses Kapitel so einfach wie möglich abgefaßt haben, setzen wir beim Leser ein Vorverständnis einiger Elemente der "modernen" Mathematik voraus. Im besonderen wäre es sehr wünschenswert, wenn ihm bereits die formale Darstellung von Polynomen in einer oder mehreren Unbestimmten bekannt ist. Wenn dies nicht der Fall ist, so wollen wir wenigstens den Leser vor dem Fehler bewahren, die Polynome mit Polynomfunktionen zu verwechseln.

In einem Polynom $3\,x^2 + 2\,x + 1$ bezeichnet das Zeichen x nicht notwendigerweise eine Variable, die einen Wert aus dem einen oder anderen Zahlenbereich anzunehmen hat. Es stellt eine Unbestimmte dar, die, wenn man will, ein spezielles Polynom, zu einem Monom x reduziert, ist. Ein Polynom kann zur Bildung einer Polynomfunktion benutzt werden, aber auch noch zu anderen Dingen.

16.1.1. Assoziative Polynome

Gegeben sei ein Alphabet $X = \{x_i | 1 \leq i \leq n\}$. Wir bilden zunächst das freie von den x_i erzeugte Monoid X^*. Erinnern wir uns, daß jedes Wort $x_{i_1} \dots x_{i_r}$ einen Grad in x_1 besitzt, einen Grad in x_2 usw., sowie einen totalen Grad, oder auch Multigrad genannt, der die Summe aller vorhandenen Grade ist. (Das leere Wort, bezeichnet mit e, hat den Grad 0.)

Sei weiterhin ein (assoziativer) kommutativer Ring $\Omega = \{\alpha, \beta, \dots\}$ mit Einselement gegeben. Wir können dann die freie assoziative Algebra $\Omega[X]$ konstruieren.

Für $\alpha \in \Omega$ und $f \in X^*$ ist $\alpha\, f$ ein assoziatives Monom mit dem Koeffizienten α. Das Produkt zweier Monome $\alpha\, f$ und $\beta\, g$ in dieser Reihenfolge ist $(\alpha\, \beta)\, (f\, g)$, wobei $(\alpha\, \beta)$ in Ω definiert ist und $(f\, g)$ in X^* durch Verkettung.

Die Elemente von $\Omega[X]$ sind assoziative Polynome in den x_i mit Koeffizienten aus Ω. Ein Polynom ist von der Form:

$$P = \alpha_1\, f_1 + \dots + \alpha_k\, f_k, \quad \alpha_i \in \Omega, \quad f_i \in X^*$$

und enthält eine endliche Anzahl von Ausdrücken mit Koeffizienten ungleich 0. Es ist übrigens gestattet, Ausdrücke der Form 0 f einzuführen, wobei 0 das Nullelement von Ω bezeichnet.

Die Summe zweier Polynome erhält man durch die übliche Regel: Wenn P und Q die ähnlichen Monome $\alpha\, f$ bzw. $\beta\, f$ enthalten, dann enthält P + Q das Monom $(\alpha + \beta)\, f$, wobei die Summe $(\alpha + \beta)$ in Ω gebildet wurde. P + Q enthält keine weiteren Ausdrücke als diejenigen, die durch diese Regel gebildet wurden. Die Möglichkeit, Ausdrücke der Form 0 f einzuführen, erlaubt es, diese Regel immer anzuwenden.

Man bemerke, daß jedes Polynom dann als Summe seiner Monome erscheint, die als spezielle Polynome betrachtet werden können. Man rechtfertigt so nachträglich die Benutzung des Zeichens + in der Schreibweise der Polynome.

Die Multiplikation, die assoziativ, aber nicht notwendig kommutativ ist, wird durch die Regel:

$$\left(\sum_{i=1}^{r} \alpha_i\, f_i\right) \left(\sum_{j=1}^{s} (\beta_j\, g_j)\right) = \sum_{i=1,\, j=1}^{r,s} (\alpha_i\, \beta_j)(f_i\, g_j).$$

definiert. Es ist klar, daß $\Omega[X]$ ein Ring ist, in welchem das Nullelement das Nullpolynom ist (dessen Koeffizienten alle gleich Null sind).

Das Element 1 e, wobei 1 das Einselement des Ringes ist, ist das neutrale Element bezüglich der Multiplikation.

16.1.2. Komposition von Polynomen

Sei Y ein Alphabet. (Möglicherweise gelte Y = X.) Sei $f \in \Omega[X]$ und $g_i \in \Omega[Y]$ mit $i = 1,\dots,n$; $n = \mathrm{card}\,(X)$. Da wir über eine Multiplikation und eine Addition verfügen, können wir das zusammengesetzte Polynom

$$f(g_1,\dots,g_n)$$

definieren.

Beispiel. Sei $f(x_1, x_2) = x_1\, x_2$, dann ist $f(g_1, g_2) = g_1\, g_2$, was zeigt, daß man das gewöhnliche Produkt als einen Spezialfall der Komposition betrachten kann.

Die Abbildung φ, definiert durch

$$\varphi : x_i \to g_i\ (y_1,\dots,y_n),$$

ist ein Homomorphismus von $\Omega[X]$ in $\Omega[Y]$. Wir werden wieder der folgenden Situation begegnen: Die Zeichen $A_1 \dots A_n$, die das Alphabet $\mathfrak{A}$ bilden, bezeichnen Variablen, die Werte annehmen über $\Omega[T]$, wobei $T = \{t_1,\dots,t_m\}$.
Wir haben auch eine Abbildung von $\Omega[\mathfrak{A}]$ in $\Omega[\mathfrak{A} \cup T]$, definiert durch

$$\sigma \colon A_j \to g_j(t_1,\dots,t_m, A_1,\dots,A_n).$$

Die Abbildung induziert eine Abbildung in $\Omega^n[T]$, denn wenn wir ein n-tupel von Polynomen $[(s_1),\dots,(s_n)]$ als Anfangswert betrachten, so können wir daraus ein weiteres n-tupel mit Hilfe von σ ableiten.

Beispiel.

$$\mathfrak{A} = \{A, B\}, \quad T = \{a, b\}$$

$$A \to a + A\,b\,B + B\,b\,A$$

$$B \to \quad A\,b\,A + B\,b\,B.$$

Dem Paar (0, 0) entspricht das Paar (a, 0), dem Paar (b, a) das Paar $(a + b^2\,a + a\,b^2,\ b^3 + a\,b\,a)$ usw.

16.1.3. Formale Potenzreihen

Wir konstruieren jetzt eine Erweiterung von $\Omega[X]$, den Ring

$$\Omega[[X]],$$

dessen Elemente formale Potenzreihen:

$$\alpha_1\, f_1 + \dots + \alpha_n\, f_n + \dots$$

sind, in denen es unendlich viele nicht ähnliche Monome mit Koeffizienten ungleich Null geben kann.

Die Addition wird wie für Polynome definiert.

Um die Multiplikation zu definieren, ordnet man die Reihen nach ansteigendem Grad. Ein Wort $h = x_{i_1} x_{i_2} \ldots x_{i_k}$ läßt sich faktorisieren in e h, wie auch in $(x_{i_1}), (x_{i_2} \ldots x_{i_k})$ usw. Ein Monom in h tritt in dem Produkt mit einem Koeffizienten der Form $\Sigma\, \alpha_i\, \beta_j$ auf, das entspricht allen Faktorisierungen von h in ein Wort der ersten Reihe, gefolgt von einem Wort der zweiten Reihe. Um den Koeffizienten von h in der Produktreihe zu bestimmen, muß man eine endliche Anzahl von Ausdrücken addieren. Das Produkt zweier Reihen läßt sich dadurch definieren.

Es ist leicht einzusehen, daß $\Omega[[X]]$ ein Ring ist. $\Omega[[X]]$ enthält einen zu $\Omega[X]$ isomorphen Teilring, und wir identifizieren diesen Teilring mit $\Omega[X]$. Dadurch dürfen wir ein Polynom als eine spezielle formale Potenzreihe auffassen.

16.1.4.

In jeder formalen Potenzreihe, die ungleich der Nullreihe ist, gibt es (möglicherweise nach der Reduktion ähnlicher Ausdrücke) genau eine Klasse homogener Monome mit Koeffizienten ungleich Null und minimalem Multigrad. Diesen minimalen Multigrad nennen wir die Ordnung der Reihe.

Beispiel. Sei $X = \{x, y\}$, und seien die Reihen nach aufsteigendem Grad geordnet. Die Reihe $e + x\,y + x^2\,y^2 + \ldots + x^n\,y^n + \ldots$ enthält das leere Wort; ihre Ordnung ist 0 (Null). Die Reihe

$$x\,x + y\,y + x\,y\,x + y\,x\,y + \ldots + x\,y^k\,x + y\,x^k\,y + \ldots$$

hat die Ordnung 2, d.h. den Multigrad von x x und y y.

Wir vervollständigen diese Definition, indem wir vereinbaren, daß die Ordnung der Nullreihe $+\infty$ sei.

Addition. Wenn man zwei Reihen addiert, wobei die Ordnung der einen Reihe echt kleiner als die Ordnung der anderen sei, dann ist die kleinere der beiden Ordnungen die Ordnung der Summe.

Wenn die beiden Reihen dieselbe Ordnung haben, so sind zwei Fälle möglich: Entweder werden die Ausdrücke kleinsten Grades nicht zerstört, und die Ordnung bleibt die gemeinsame Ordnung, oder sie verschwinden, und die Ordnung der Summe wird größer. Der Fall, in dem (wenigstens) eine der Reihen die Nullreihe ist, bereitet keine Schwierigkeiten, und man gelangt zu folgendem Ergebnis:

Lemma 1. *Die Ordnung der Summe zweier Reihen* (s) *und* (s') *erfüllt die Ungleichung:*

$$\text{Ord}\,[(s) + (s')] \geqq \min\,[\text{Ord}\,[(s)] + \text{Ord}\,[(s')]].$$

Multiplikation. Wenn man zwei Reihen multipliziert, so ergeben zwei Ausdrücke minimalen Grades einen Ausdruck minimalen Grades, wenn Ω nullteilerfrei ist. Andernfalls kann der Multigrad des minimalen Ausdrucks im Produkt größer als die Summe sein.

Lemma 2.

$$\text{Ord}\,[(s)\,(s')] \geqq \text{Ord}\,[(s)] + \text{Ord}\,[(s')]$$

Die Bewertung von $\Omega[[X]]$. Wählen wir eine reelle Zahl, die echt größer als 1 ist, zum Beispiel 2, dann definieren wir ausgehend von der Ordnung einer Reihe (s) die Funktion:

$$w\colon \Omega[[X]] \to \mathbb{R}$$

durch

$$w\,(s) = 2^{-\text{Ord}[(s)]}.$$

Beispiele. Für die Reihen, die wir in den vorangegangenen Beispielen betrachtet haben, erhält man:

$$2^0 = 1 \qquad \text{und} \qquad 2^{-2} = \frac{1}{4}.$$

Auf Grund dieser Definition ergibt sich für die Nullreihe (s_0):

$$w\,(s_0) = 2^{-\infty} = 0.$$

Addieren wir die Reihen (s) und (s'), so erhalten wir:

$$w\,[(s) + (s')] = 2^{-\text{Ord}\,[(s) + (s')]},$$

aber:

$$\text{Ord}\,[(s) + (s')] \geqq \min\,[\text{Ord}\,(s),\ \text{Ord}\,(s')],$$

daher:

Lemma 3.

$$w\,[(s) + (s')] \leqq \max\,[w\,(s),\ w\,(s')].$$

Beispiele. (s) beginnt mit x und (s') mit x y. Dann beginnt (s) + (s') mit x. Es gilt:

$$w\,[(s)] = 2^{-1},\quad w\,[(s')] = 2^{-2}$$

$$w\,[(s) + (s')] = 2^{-1}.$$

Die Relation aus Lemma 3 wird durch die Gleichheit verwirklicht. Wenn

(s) mit x + x y + ... und (s') mit - x + x y + ... beginnt, dann gilt:

$$w(s) = 2^{-1}, \quad w(s') = 2^{-1}$$

und

$$w[(s) + (s')] = 2^{-2}.$$

Die Relation ist durch die Ungleichheit verwirklicht.

Aus Lemma 2 ergibt sich auch:

Lemma 4. *In* $\Omega[[X]]$ *gilt:*

$$w[(s)(s')] \leq w[(s)] \cdot w[(s)].$$

Der Leser wird beweisen (siehe Übung 16.4.1.), daß die Funktion $w[(s)]$ eine Norm für den Ring $\Omega[[X]]$ ist.

16.1.5. Abstand zweier Reihen

Zu zwei gegebenen Reihen (s) und (s') bilden wir $d[(s), (s')] := w[(s) - (s')]$ und nennen diese Funktion den Abstand beider Reihen.

Diese Abstandsfunktion besitzt die folgenden Eigenschaften:

I. $d[(s), (s)] = 0$. In der Tat ist
$$d[(s), (s)] = w[(s_0)] = 0.$$

II. $d[(s), (s')] = d[(s'), (s)]$.

III. $d[(s), (s'')] \leq \max[d[(s), (s'), d(s'), (s'')]]$.

Es gilt ja:

$$(s) - (s'') = [(s) - (s')] + [(s') - (s'')],$$

und es genügt dann, Lemma 3 anzuwenden.

Man wird bemerken, daß III stärker als die "Dreiecksungleichung"

III'. $d[(s), (s'')] \leq d[(s), (s')] + d[(s'), (s'')]$

ist.

Die Eigenschaften I, II, III' charakterisieren eine Abstandsfunktion d. Ein Raum, für den eine solche Abstandsfunktion d definiert ist, heißt metrischer Raum. Gilt die stärkere Eigenschaft III, so heißt der Raum ultrametrisch. Darüber hinaus ist der größte Wert, den der Abstand zweier Reihen annehmen kann, 1. Das heißt, der Raum ist beschränkt vom Durchmesser 1.

Satz. *Der Raum der formalen Potenzreihen, versehen mit der von der Ordnung abgeleiteten Abstandsfunktion, ist ein ultrametrischer Raum.*

16.1.6. Der Limes einer Folge von Reihen

Besitzen wir einen Abstand, so können wir präzise den Begriff Limes definieren. Sei $(s_1),\ldots(s_p),\ldots$ eine Folge von formalen Potenzreihen und sei (s) eine fest vorgegebene Reihe. Man sagt: (s_p) strebt gegen (s) für p gegen Unendlich genau dann, wenn $d\left[(s_p) - (s)\right]$ gegen Null strebt.

Im besonderen bezeichnen wir durch $P_0, P_1, \ldots, P_r, \ldots$ eine Folge von homogenen Polynomen, deren Grad gleich dem Index sei. Die Folge:

$$P_0$$
$$P_0 + P_1$$
$$\ldots\ldots\ldots\ldots$$
$$P_0 + P_1 + \ldots + P_r$$
$$\ldots\ldots\ldots\ldots\ldots\ldots$$

ist eine Folge von Polynomen, also eine Folge von Reihen, die gegen die durch

$$P_0 + P_1 + \ldots + P_r + \ldots$$

dargestellte Reihe strebt. Seien (s_1), (s_2) ... beliebige Reihen der Ordnungen 1, 2, ... Die Folge:

$$(t_0) = P_0 + (s_1)$$
$$(t_1) = P_0 + P_1 + (s_2)$$
$$\ldots\ldots\ldots\ldots\ldots\ldots\ldots\ldots$$
$$(t_r) = P_0 + P_1 + \ldots + P_r + (s_{r+1})$$

strebt gegen dieselbe Reihe.

Wir nennen zwei Reihen äquivalent modulo Ordnung r, wenn ihre Differenz mindestens von der Ordnung r + 1 ist.

<u>Satz.</u> *Man ändert nicht den Limes einer konvergenten Folge* $(t_0),\ldots,(t_r)$, *wenn jede der Reihen* (t_r) *durch eine zu ihr äquivalente Reihe modulo Ordnung* r *ersetzt wird.*

16.1.7. Die Vollständigkeit des Raumes $\Omega[[X]]$

Erinnern wir uns an die Aussage des Cauchy-Kriteriums in einem metrischen Raum für eine unendliche Folge von Elementen

$$(s_1),\ (s_2),\ \ldots,\ (s_n),\ \ldots$$

Das Kriterium ist:

$$\forall(\varepsilon > 0)\ (\exists N)\ [p > N\ \&\ q > N \Longrightarrow d\ [(s_p), (s_q)] < \varepsilon].$$

Jede konvergente Folge erfüllt das Cauchy-Kriterium. Ein Raum, in dem jede Cauchy-Folge konvergiert, heißt vollständig. Wir zeigen, daß $\Omega[[X]]$ vollständig ist.

Sei (s_n) eine Cauchy-Folge. Indem wir das ε des Kriteriums benutzen, können wir einen Index n_1 finden, von dem ausgehend alle Reihen äquivalent modulo Ordnung 1 sind; dann einen Rang n_2, von dem ausgehend alle Reihen äquivalent für Ordnung 2 sind usw.

Man leitet daraus eine Folge von Polynomen ab, die gegen eine Reihe (s) konvergiert. Und die Folge der (s_n) konvergiert gegen (s).

16.1.8. Quasi-Regularität. Sternoperation

Wir nennen eine Reihe, in der der Koeffizient des leeren Wortes null ist, quasi-regulär. Auf Grund dieser Definition ist eine Nullreihe quasi-regulär. Sei (s) eine quasi-reguläre Reihe; ihre Ausdrücke mit dem niedrigsten Multigrad seien von Grad wenigstens 1. Für $(s)^2$ seien die Ausdrücke des niedrigsten Grades wenigstens gleich 2 usw. Die Ordnung von $(s)^p$ strebt mit p gegen Unendlich.

Sei (s_0) die Nullreihe. Was wir gerade gesagt haben, beweist, daß $d\ [(s)^p, (s_0)]$ gegen Null strebt, also strebt $(s)^p$ gegen die Nullreihe.

Betrachten wir nun die Folge:

$$(t_1) = (s)$$
$$(t_2) = (s) + (s)^2$$
$$(t_3) = (s) + (s)^2 + (s)^3.$$
$$\cdots\cdots\cdots\cdots\cdots\cdots$$

Diese Folge erfüllt das Cauchy-Kriterium und strebt gegen einen Limes, den man mit $(s)^*$ bezeichnet. Es gilt offenbar für diese Reihe:

$$(s) + (s)^2 + \ldots + (s)^p + \ldots \quad = (s)^*$$

$$(s) + (s)^*\ (s) = (s) + (s)\ (s)^* = (s)^*.$$

Setzen wir dann:

$$(s') = e - (s)^*, \quad (s'') = e + (s)^*.$$

Dann gilt:

$$(s')\ (s'') = e - (s) - (s)\ (s)^* + (s)^* = e.$$

Umgekehrt sei (s') eine Reihe, in der das leere Wort das Einselement von Ω als Koeffizienten hat. Man bilde (s) = e - (s'), dann (s)*, dann (s'') = e + (s)* und wird dann das zu (s') Inverse erhalten.

Die Möglichkeit, ein Inverses zu erhalten, kann, wenn Ω ein Körper ist, auf alle Reihen, in denen das leere Wort einen nicht-leeren Koeffizienten besitzt, erweitert werden.

In diesem Fall besitzt jedes Polynom $Q \in \Omega[X]$, vom Typ $Q(0) \neq 0$, ein Inverses in $\Omega[[X]]$.

Hieraus folgt, daß der Ring, der aus diesen Polynomen besteht, alle Quotienten $P(X) \cdot \frac{1}{Q(X)}$ und $\frac{1}{Q(X)} \cdot P(X)$, $Q(0) \neq 0$, enthält, d.h. es ist die Teilmenge der sogenannten rationalen Reihen.

Daher nennt man (s)* das Quasi-Inverse von (s).

16.1.9. Substitution formaler Potenzreihen

X und Y seien Alphabete. Ist es möglich, daß man in einer Reihe $(t) \in \Omega[[X]]$ jedes y_j durch ein beliebiges $(s_j) \in \Omega[[X]]$ substituiert?

Dies ist ohne Einschränkung möglich, wenn (t) ein Polynom ist. Wenn (t) eine Reihe ist, ist es unter der Bedingung, daß die (s_j) quasi-regulär sind, möglich. (Der Beweis sei als Übung gegeben.)

Beispiel. (s)* läßt sich durch Substitution von (s) in die Reihe $1 \cdot Y + 1 \cdot Y^2 + \ldots + 1 \cdot Y^n + \ldots$ berechnen.

16.1.10. n-tupel von formalen Potenzreihen

Sei n eine fest vorgegebene positive ganze Zahl. Die n-tupel, die aus formalen Potenzreihen von $\Omega[[X]]$ bestehen, bilden einen Raum, in dem man als Abstand die Summe der Abstände der Komponenten definieren kann.

Da die Polynome spezielle formale Potenzreihen sind, können wir die Komposition von Polynomen auch als eine Komposition formaler Potenzreihen definieren. Betrachten wir noch einmal die Situation im Abschnitt 16.1.2. Zur Abkürzung der Bezeichnungsweise werden wir Paare von Reihen oder Polynomen betrachten, wodurch die Allgemeinheit unserer Betrachtungen nicht eingeschränkt wird.

A und B bezeichnen Variablen, die Werte über $\Omega[X]$ annehmen, und wir haben die Abbildungen:

$$A \to \sigma(x_1, \ldots, x_m, A, B),$$

$$B \to \tau(x_1, \ldots, x_m, A, B).$$

Diese Abbildung induziert eine Abbildung von $\Omega[X] \times \Omega[X]$ auf sich selbst. Wenn man vom Punkt M (P, Q) ausgeht, erhält man den Punkt:

$$M(P', Q') = (\sigma(x_1,\dots,x_m, P, Q), \tau(x_1,\dots,x_m, P, Q)).$$

Überprüfen wir, wie die Abstände sich verhalten. Wir gehen von den Punkten (P_1, Q_1) und (P_2, Q_2) aus. Ihr Abstand sei $d(P_1, P_2) + d(Q_1, Q_2)$. Nach der Transformation hat man den Abstand:

$$d(P_1', P_2') + d(Q_1', Q_2'),$$

womit aber:

$$d(P_1, P_2) = w(P_2 - P_1)$$

$$d(P_1', P_2') = w(P_2' - P_1')$$

und daher:

$$P_2' - P_1' = \sigma(x_1,\dots,x_m, P_2, Q_2) - \sigma(x_1,\dots,x_m, P_1, Q_1).$$

Die aus diesen hervorgegangenen Monome, die weder A noch B enthalten, verschwinden. Nehmen wir an, daß kein einziges Monom in e, noch in A allein, noch in B allein existiert (Hebungshypothese). Unter diesen Bedingungen erhöht sich der minimale Multigrad um eine ganze Zahl, die durch das Polynom bestimmt wird. Also wird der Abstand durch einen Reduktionsfaktor λ_1, der echt kleiner als 1 ist, multipliziert.

Man gelangt zu einer analogen Folgerung für den Abstand $d(P_1, P_2) + d(Q_1, Q_2)$, indem man $\lambda = \max(\lambda_1, \lambda_2)$ nimmt. Also gilt:

$$d(M_1', M_2') = \lambda\, d(M_1, M_2),\ 0 < \lambda < 1.$$

Diese Abbildung d ist kontrahierend. Wir werden dieses Ergebnis im Abschnitt 16.2. benutzen.

16.1.11. Formale Potenzreihen in kommutativen Unbestimmten

Man kann eine ähnliche Theorie entwickeln, indem man kommutative Erzeuger zuläßt. Anstelle von X^* hätte man dann das von X erzeugte Abelsche Monoid zu betrachten.

Jeder in $\Omega[[X]]$ durchgeführten Berechnung entspricht eine unter Benutzung der Kommutativität durchgeführte Berechnung.

Präziser ausgedrückt: Es gibt einen Ringhomomorphismus, der jedes $f \in \Omega[[X]]$ auf seine Abelsche Klasse abbildet.

<u>Beispiel.</u> Sei Ω der Ring der rationalen ganzen Zahlen. Betrachten wir das Polynom $f(x, y, a) = a + x\,y^2$ und die Berechnung der Iterationen:

$$Y_0 = 0\,e, \ldots, Y_n = f\,(x, Y_{n-1}, a).$$

Für nicht-kommutative Unbestimmte gilt:

$$Y_0 = 0\,e$$
$$Y_1 = a$$
$$Y_2 = a + x\,a^2$$
$$Y_3 = a + x\,(a + x\,a^2)^2$$
$$= a + x\,a^2 + x\,a\,x\,a^2 + x^2\,a^3 + x^2\,a^2\,x\,a^2$$

....

Für kommutative Unbestimmte gilt:

$$\bar{Y}_0 = 0\,e$$
$$\bar{Y}_1 = a$$
$$\bar{Y}_2 = a + n$$
$$\bar{Y}_3 = a + a^2\,x + 2\,a^3\,x^2 + a^3\,x^3.$$

16.2. ALGEBRAISCHE REIHEN

16.2.0. Über den Gebrauch des Wortes algebraisch

Gegeben sei ein kommutativer Körper K und ein Ring K[x] von kommutativen Polynomen über K. Betrachten wir eine Gleichung:

$$a_0\,x^n + \ldots + a_n = 0,$$

die keine Lösung in K hat.

Wenn man vereinbart, mit θ ein neues Element zu bezeichnen, das diese Gleichung erfüllt, so ist $K(\theta)$ eine *algebraische Erweiterung* von K.

Beispiel. Sei K der Körper der rationalen Zahlen, und die Gleichung sei $x^2 - 2 = 0$. Dann kann man ein Zeichen θ einführen, derart daß gilt: $\theta^2 - 2 = 0$. Es folgt:

$$x^2 - 2 = x^2 - \theta^2 = (x + \theta)\,(x - \theta).$$

Man weiß damit auch, wie man die andere Wurzel $-\theta$ findet.

Wenn ein solcher kommutativer Körper sich in R oder C einbetten läßt, dann kann man θ mit einer reellen oder komplexen Zahl identifizieren.

Beispiel. Im vorangegangenen Beispiel kann man θ mit $\sqrt{2} = 1{,}41421\ldots$ identifizieren.

Man nennt Zahlen, die Wurzeln einer Polynomgleichung mit rationalen Koeffizienten sind, *algebraisch*. Es läßt sich zeigen, daß π nicht algebraisch ist. π erfüllt nur Reihengleichungen wie:

$$x - \frac{x^3}{3!} + \frac{x^5}{5!} - \frac{x^7}{7!} + \ldots + (-1)^p \frac{x^{2p+1}}{(2p+1)!} + \ldots = 0.$$

Bezüglich der Funktionenkörper benutzt man das Wort algebraisch auf gleiche Weise.

Man darf nicht die formalen Potenzreihen mit den einer Reihe zugeordneten Funktionen verwechseln. Man kann sich einer Reihe bedienen, um eine Funktion darzustellen, wenn man weiß, wie man dieser Reihe eine Summe zuordnet.

In der Klassischen Analysis benutzt man die gewöhnliche Summe, die definiert ist, wenn die Reihe konvergiert. Man definiert den Konvergenzradius usw.

Wir vertreten hier einen formalen Standpunkt. Natürlicherweise nennen wir eine formale Potenzreihe, die eine endliche algebraische Gleichung erfüllt, algebraisch. Im nicht-kommutativen Bereich werden wir das Wort algebraisch auf analoge Weise weiterhin benutzen.

16.2.1. Spezielle Systeme

Sei $X = \{x_i \mid 1 \leq i \leq n\}$ das Basisalphabet und $\mathfrak{A} = \{A_j \mid 1 \leq j \leq n\}$ ein Alphabet, das zur Beschreibung der Polynome oder formalen Potenzreihen aus $\Omega[[X]]$ dient.

Seien σ_j Polynome aus

$$\Omega[(\mathfrak{A} \cup X)].$$

Wir betrachten die Systeme der Form:

$$A_j = \sigma_j \qquad j = 1,\ldots,n$$

und suchen Lösungen in

$$\Omega^n[[X]].$$

Die im Kapitel XI studierten Systeme sind Spezialfälle dieser Systeme. (Eine stärkere Motivation wird im folgenden gegeben.) Wir nehmen an, daß die zusätzliche Hebungshypothese (16.1.10.) wahr sei.

Man kann diese Systeme durch die Methode der sukzessiven Approximation lösen. Diese Methode wird durch das folgende Theorem begründet.

Theorem (Fixpunktsatz von Banach). *Sei* E *ein vollständiger metrischer Raum, und sei* f *eine kontrahierende Abbildung von* E *in sich selbst. Die Gleichung* $x = f(x)$ *hat genau eine Lösung* a. *Für jedes* $x_0 \in E$ *konvergiert die Folge der sukzessiven Transformationen von* x_0 *gegen* a.

Beweis: Der Beweis des allgemeinen Theorems sei als Übungsaufgabe gestellt. Im Fall eines beschränkten Raumes, ein solcher tritt hier auf, genügt es, zu bemerken, daß die Folge $f^n(E)$ absteigend ist und daß der Durchmesser von $f^n(E) \leqq \lambda^n$ (der Durchmesser von E) ist.

Bemerkung. In den im Kapitel XI gegebenen Beispielen begannen wir bei einem Wert x_0, der gleich einem annullierenden Element ist, was etwa ω e entspricht.

Es war naheliegend, so vorzugehen. Der Anfangswert der Iteration kann beliebig gewählt werden. Es empfiehlt sich jedoch, ihn geschickt zu wählen, da man sich auf diese Weise Schreibarbeit erspart.

Beispiel. Betrachten wir noch einmal den Fall "polnische" Grammatik: $S = a\,S\,S + b$, die im Kapitel XI studiert wurde. Wir gehen von einem anderen Wert aus, zum Beispiel a:

$$S_0 = a$$

$$S_1 = a^3 + b$$

$$\begin{aligned} S_2 &= a\,(a^3 + b)\,(a^3 + b) + b \\ &= a^7 + a^4\,b + a\,b\,a^3 + a\,b\,b + b \end{aligned}$$

Man sieht, daß man eine "schwerfällige" Folge der S_r erhält, wobei S_r modulo Ordnung r zu dem "guten Wert" äquivalent ist.

Theorem. *Gegeben sei ein algebraisches System* $A_j = \sigma_j$, $j = 1,\ldots,n$, *wobei die Polynome* σ_j *weder Monome in* e *noch Monome vom Multigrad* 1 *in den* A_i *enthalten. Es existiert dann genau ein n-tupel von Reihen aus* $\Omega[[X]]$, *das die Gleichungen des Systems erfüllt (und das man durch sukzessive Approximation erhalten kann).*

Jede in der Lösung eines algebraischen Systems erhaltene Reihe heißt algebraische Reihe.

16.3. ANWENDUNGEN AUF SPRACHEN

16.3.0.

Für Ω wählen wir den Ring Z der ganzen Zahlen. Einige Anwendungen wurden bereits im Kapitel XI gegeben. Wir werden einige neue Resultate interpretieren.

16.3.1. Subtraktion zweier Sprachen

Betrachten wir die nicht-kommutative Gleichung

$$(F) \qquad S = a - S\,b\,S$$

und die folgenden Approximationen:

$$\begin{aligned} S^{(0)} &= a \\ S^{(1)} &= a - S^{(0)}\,b\,S^{(0)} = a - a\,b\,a \\ S^{(2)} &= a - S^{(1)}\,b\,S^{(1)} = a - (a - a\,b\,a)\,b\,(a - a\,b\,a) \\ &= a - a\,b\,a + 2\,a\,b\,a\,b\,a - a\,b\,a\,b\,a\,b\,a \\ &\ldots\ldots\ldots\ldots\ldots\ldots \end{aligned}$$

Die formale Potenzreihe, die Lösung von (F) ist, hat positive und negative Koeffizienten.

Setzen wir $S = S^+ - S^-$ und setzen dies in (F) ein, so erhält man:

$$\begin{aligned} S^+ - S^- &= a - (S^+\,b\,S^+ - S^+\,b\,S^- - S^-\,b\,S^+ + S^-\,b\,S^-) \\ S^+ - S^- &= a - ((S^+ - S^-)\,b\,(S^+ - S^-)) \\ S^+ - S^- &= a + S^+\,b\,S^- + S^-\,b\,S^+ - (S^+\,b\,S^+ + S^-\,b\,S^-), \end{aligned}$$

und nun betrachten wir das System:

$$(F') \qquad \left|\begin{aligned} S^+ &= a + S^+\,b\,S^- + S^-\,b\,S^+ \\ S^- &= S^+\,b\,S^+ + S^-\,b\,S^- \end{aligned}\right|$$

(F') hat positive Koeffizienten und wird als Lösung ein Paar von formalen Potenzreihen, deren Koeffizienten alle positiv sind, zulassen, etwa (σ^+, σ^-). Dann gilt, wenn σ die formale Potenzreihenlösung von (F) ist:

$$\sigma = \sigma^+ - \sigma^-.$$

Dem System (F') können wir zwei Grammatiken zuordnen: G^+ mit dem Axiom S^+ und G^- mit dem Axiom S^-. Mit diesem Beispiel vor Augen können wir den Begriff der Subtraktion von Sprachen interpretieren.

Betrachten wir nun zwei CF-Grammatiken G^+ und G^-, deren jede Wörter mit einem gewissen Grad von Mehrdeutigkeit erzeugt: etwa $\langle\alpha, f\rangle$ mit $f \in L(G^+)$, wobei α der Grad von Mehrdeutigkeit von f bezüglich G^+ sei, und $\langle\beta, g\rangle$ mit $g \in L(G^-)$, wobei β der Grad von Mehrdeutigkeit von g bezüglich G^- sei. Wir werden vereinbaren, daß $G^+ - G^-$ Wörter erzeugen kann, deren Grade von Mehrdeutigkeit sowohl positiv wie auch negativ sein können. Ist $f = g$, dann ist der Grad der Mehrdeutigkeit des erzeugten Wortes $\alpha - \beta$.

Die als Beispiel gegebene Zerlegung ist sehr allgemein. Jedem System mit positiven und negativen Koeffizienten kann man zwei Systeme mit positiven Koeffizienten und ein System, dessen Koeffizienten Differenzen der positiven Koeffizienten sind, zuordnen.

Beispiel. Betrachten wir noch ein Beispiel:
Sei $L_m = \{a^n\, c\, a^n | n \geq 0\}$ durch $S = a\, S\, a + c$ erzeugt.
Sei L'_m von (G) erzeugt: $S = a\, S\, a + c - a^k\, c\, a^k$.

L'_m kann man als Differenz der durch die folgenden Gleichungen erzeugten Sprachen erhalten.

$$(G^+) : S^+ = a\, S^+\, a + c$$

$$(G^-) : S^- = a\, S^-\, a + a^k\, c\, a^k$$

$$L(G^+) = \{a^n\, c\, a^n | n \geq 0\}$$

$$L(G^-) = \{a^n\, c\, a^n | n \geq k\}$$

$$L'_m = L(G^+) - L(G^-) = \{a^n\, c\, a^n | 0 \leq n < k\}.$$

Die Sprache L'_m ist endlich. Indem man die Methode der sukzessiven Approximation anwendet, sieht man, daß alle um $a^k\, c\, a^k$ herum konstruierten Wörter subtrahiert werden und so verschwinden. Die Reihenlösungen von (G^+) und (G^-) sind charakteristisch.

16.3.2. Rationale Sprachen

Wir haben gesehen (16.1.8.), daß $\mathbb{Z}[[X]]$ alle Quotienten der Form $\dfrac{P(x_1,\ldots,x_m)}{Q(x_1,\ldots,x_m)}$, wobei in Q das leere Wort e den Koeffizienten 1 (oder -1) hat, enthält. Die Stützen dieser Reihen sind die rationalen Sprachen; sie entsprechen dem Fall, in dem das System durch eine "Technik ersten

Grades" gelöst werden kann.

Die rechten Seiten der Gleichungen sind linear in den Unbekannten und die Koeffizienten sind alle auf derselben Seite.

Beispiel. Berechnung von nicht-kommutativen rationalen Funktionen. Betrachten wir das System der rationalen Gleichungen:

$$(1) \qquad A = b\,B - c\,C + c$$

$$(2) \qquad B = a\,b\,B + c\,A$$

$$(3) \qquad C = b\,A - c\,C$$

Wir bezeichnen das Einheitselement mit 1. Die Gleichung (2) $B = a\,b\,B + c\,A$ ergibt $(1 - a\,b)\,B = c\,A$;

$$B = \frac{c\,A}{1 - a\,b} = (1 + (a\,b)^*)\,c\,A$$

Die Gleichung (3) gibt auf gleiche Weise:

$$(1 + c)\,C = b\,A, \quad C = \frac{b\,A}{1 + c} = (1 + (-\,c)^*)\,b\,A.$$

Eingesetzt in (1), erhält man:

$$A = b\,(1 + (a\,b)^*)\,c\,A - c\,(1 + (-\,c)^*)\,b\,A + c$$

$$A = b\,(1 + (a\,b)^*)\,c\,A - c\,(1 + (-\,c)^*)\,b\,A + c$$

$$A = (1 - [b\,(1 + (a\,b)^*)\,c + (1 + (-\,c)^*)\,b]\,A\,c,$$

daher

$$A = \frac{c}{1 - b\,(1 + (a\,b)^*)\,c + (-\,c)^*b}$$

$$= (1 + (b\,(1 + (a\,b)^*)\,c - (-\,c)^*\,b)^*\,c),$$

woraus man Ausdrücke für B und C erhält.

Die Berechnung war nur möglich auf Grund der besonderen Form der Monome. Sie sind linear in den Variablen und alle ihre Koeffizienten sind auf derselben Seite der Variablen. Diese Eigenschaft bewirkt, daß es keine Mehrdeutigkeit bezüglich des Platzes der Multiplikatoren und Divisoren gibt. Wenn man in einem Gleichungssystem zweiseitige Monome oder Monome des Typs a A und A a hätte, dann könnten Ausdrücke wie

$$A = \frac{b}{1 - a}$$

zwei Interpretationen haben: nämlich $b\,(1 + a^*)$ oder $(1 + a^*)\,b$.

16.3.3. Algebraische Sprachen

Die Stütze einer algebraischen Reihe ist eine algebraische Sprache. Die Kriterien: "algebraisch oder rational", "positive oder negative Koeffizienten des Systems" erlauben es, zwischen vier Klassen von Sprachen zu unterscheiden.

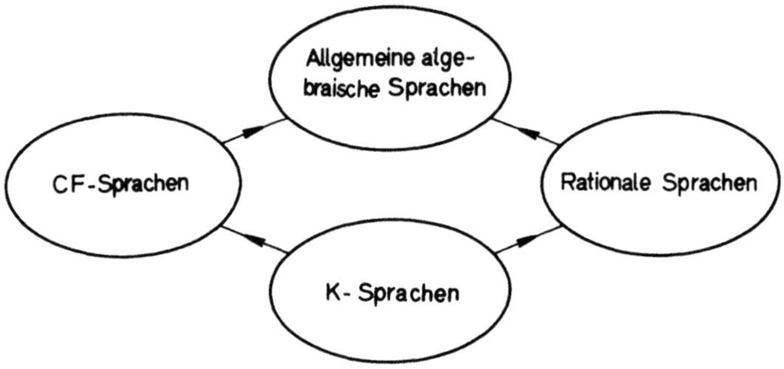

Die Inklusionen sind echt. Es gibt rationale Sprachen, die keine K-Sprachen aber CF-Sprachen sind.

16.3.4. Das Hadamardprodukt zweier Reihen

Es gibt eine Operation über Sprachen, für die wir noch keine Interpretation als Reihen gegeben haben. Diese Operation ist der Durchschnitt zweier Sprachen. Erinnern wir uns der Definition des Hadamardproduktes zweier formaler Potenzreihen (in kommutativen Variablen).

Seien zwei Funktionen durch Entwicklungen in Reihen definiert:

$$f = a_0 + a_1 x + a_2 x^2 + \dots + a_n x^n + \dots$$

$$g = b_0 + b_1 x + b_2 x^2 + \dots + b_n x^n + \dots$$

Das Hadamardprodukt von f durch g ist:

$$f \odot g = a_0 b_0 + a_1 b_1 x + a_2 b_2 x^2 + \dots + a_n b_n x^n + \dots,$$

und das Theorem von Jungen bezüglich der Funktionen einer Veränderlichen in der klassischen Analysis läßt sich wie folgt ausdrücken: Wenn

a) f rational und g rational ist, so ist $f \odot g$ rational;

b) f rational und g algebraisch ist, so ist $f \odot g$ algebraisch;

c) f algebraisch und g algebraisch ist, so braucht $f \odot g$ nicht algebraisch zu sein.

Betrachten wir nun die folgende Verallgemeinerung des Wertes des Hadamardproduktes:

Seien σ_1 und σ_2 zwei formale Potenzreihen in nicht-kommutativen Variablen, sei f ein Wort der Stütze von σ_1 und der Stütze von σ_2, α und β seien die Grade der Mehrdeutigkeit von f in σ_1 bzw. σ_2. Wir haben $\sigma_1 \odot \sigma_2 = \sum_f \alpha\, \beta\, f$.

Von der Definition her ist es offenbar, daß der Stütze des Hadamardproduktes zweier Reihen der Durchschnitt der Stützen der beiden Reihen entspricht.

$$St(\sigma_1 \odot \sigma_2) = St(\sigma_1) \cap St(\sigma_2)$$

Das verallgemeinerte Theorem von Jungen-Schützenberger. *Wenn*

a) σ_1 *rational und* σ_2 *rational ist, so ist* $\sigma_1 \odot \sigma_2$ *rational.*

b) σ_1 *rational und* σ_2 *algebraisch ist, so ist* $\sigma_1 \odot \sigma_2$ *algebraisch.*

c) σ_1 *algebraisch und* σ_2 *algebraisch ist, so braucht* $\sigma_1 \odot \sigma_2$ *nicht algebraisch zu sein.*

Dieses Theorem verallgemeinert auf gleiche Weise die Ergebnisse bezüglich des Durchschnittes von CF-Sprachen und K-Sprachen.

Wir haben die folgende wichtige Eigenschaft: Betrachten wir den Homomorphismus der Wörter einer Sprache auf die Monome in kommutativen Variablen, so bleiben die Ergebnisse, die wir bezüglich der Reihen in nicht-kommutativen Variablen gegeben haben, durch einen solchen Homomorphismus erhalten. Offenbar transformiert ein solcher Homomorphismus ein System nicht-kommutativer Gleichungen in ein klassisches System des Typs (T). Außerdem kann man eine dazu inverse Eigenschaft beweisen.

16.4. ÜBUNGEN

16.4.1.

Eine über einem Ring U = {a, b, c ...} definierte Funktion φ

$$\varphi : U \to R$$

heißt Norm, wenn sie die folgenden Bedingungen erfüllt:

1) $(\forall a \in U)\ [\varphi(a) \geq 0]$

2) $\varphi(a) = 0 \Longleftrightarrow a = 0$

3) $\varphi(a + b) \leq \varphi(a) + \varphi(b)$

4) $\varphi(1) = 1$

5) $\varphi(a\, b) \leq \varphi(a)\ \varphi(b)$

Zeige, daß w (s) eine Norm für $\Omega[[X]]$ ist.

16.4.2.

Zeige, daß die Wahl einer Zahl, die echt größer als 1 ist und die zur Bildung der Funktion w (s) benutzt wird, keine fundamentale Bedeutung besitzt.

16.4.3.

Rechtfertige die Behauptung aus Abschnitt 16.1.9. Nämlich, daß die Substitution der Reihe (s_j) in andere möglich ist, wenn letztere quasiregulär sind.

16.4.4.

Erzeuge die Sprache:

$$\{x^p y^q | p, q > 0, p \neq q\}$$

1) durch ein algebraisches Verfahren;
2) durch eine CF-Grammatik.

16.5. ANWENDUNGEN DER GLEICHUNGEN AUF DIE KOMBINATORISCHE GEOMETRIE

16.5.0.

Die Theorie der formalen Grammatiken findet interessante Anwendungen in den Gebieten der kombinatorischen Geometrie und der kombinatorischen Analysis. Wir werden uns hier auf ein Beispiel beschränken, das zeigt, wie man ein klassisches Problem unter einem neuen Gesichtspunkt betrachten kann.

16.5.1. Ein Zerlegungsproblem

Gegeben sei ein Jordanpolygon (d.h. ein einfach zusammenhängendes topologisches Polygon mit einem Innern und Äußeren), dessen n Knoten indiziert sind. Auf wieviele Arten kann das Polygon in Dreiecke, mit Hilfe von Diagonalen, die sich nicht schneiden (mit Ausnahme an den Knoten), zerlegt werden?

Beispiel. Der Fall eines Pentagons läßt sich direkt behandeln und führt zu den folgenden fünf Zerlegungen:

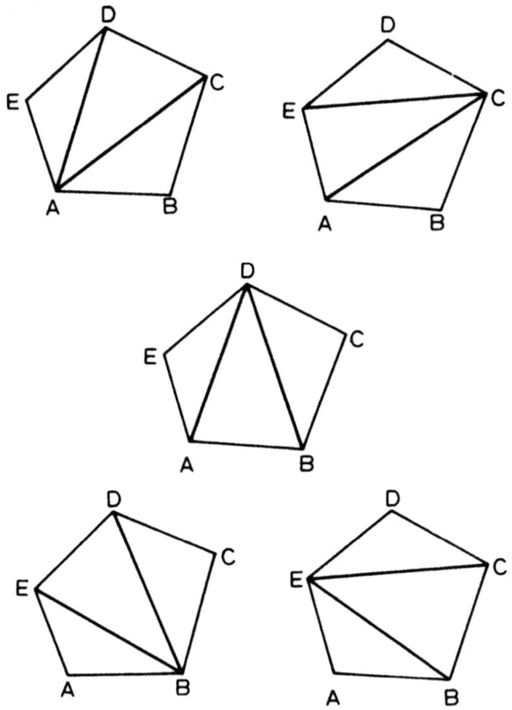

Skizzieren wir zunächst eine "klassische" Lösung des Problems. Sei f(m) die Anzahl der Zerlegungen eines Polygons mit m Seiten. Betrachten wir ein Polygon P mit n Seiten und bestimmen wir mit Hilfe der Funktion f die Anzahl der Zerlegungen eines Polygons mit m Seiten. Betrachten wir ein Polygon P mit n Seiten und bestimmen wir mit Hilfe der Funktion f die Anzahl der Zerlegungen, die ein gewisses aber beliebiges Dreieck gemeinsam haben. Sieht man von diesem Dreieck ab, bleiben vom Innern von P im allgemeinen wenigstens zwei Polygone übrig, die jeweils p und q Seiten haben, für die dann gilt

$$p + q = n + 1.$$

Die Anzahl der Zerlegungen, die unser gemeinsames Dreieck aussparen, ist f(p) f(q). Es kann vorkommen, daß eines der Polygone leer ist; in diesem Fall ist die gesuchte Anzahl f(n - 1). Unter der Vereinbarung f(2) = 1 erhalten wir die eindeutige Bezeichnung:

$$p + q = n + 1.$$

Halten wir nun eine der Seiten des Polygons $A_1\ A_2 \dots A_n$, etwa $A_1\ A_2$, fest und lassen wir die A_i die übrigen Knotenpunkte durchlaufen. Alle Dreiecke $A_1\ A_2\ A_i$ sind verschieden, und eine Zerlegung in Dreiecke, die das Dreieck A_1 A_2 A_i enthält, unterscheidet sich von einer Zerlegung in Dreiecke, die das Dreieck A_1 A_2 A_j enthält unter der Bedingung $i \neq j$.

Summieren wir jetzt über alle Indizes i, so erhalten wir die folgende rekursive Definition von f(n):

$$f(n) = f(2)\ f(n - 1) + \dots + f(i)\ f(n - i + 1) + \dots + f(n - 1)\ f(2).$$

Für das Dreieck gilt $f(3) = 1$, woraus man Schritt für Schritt f(n) berechnen kann.

Beispiel.

$$f(4) = f(2)\ f(3) + f(3)\ f(2) = 2$$

$$f(5) = f(2)\ f(4) + f(3)\ f(3) + f(4)\ f(2) = 5.$$

Nun könnte man darangehen, die allgemeine Erzeugungsfunktion zu bestimmen:

$$y = f(2)\ x^2 + f(3)\ x^3 + \dots + f(n)\ x^n + \dots$$

für welche der Koeffizient von x^n f(n) ergeben würde; aber da die vorherigen Überlegungen dafür keine Anhaltspunkte liefern, braucht man einen Trick.

Wir werden dagegen sehen, daß die "grammatikalische" Methode zu einer sehr "natürlichen" Lösung führt.

16.5.2. Die Lösung, die eine Grammatik benutzt

Die richtungsweisende Idee besteht darin, daß man triangulierbare Polygone so wie die Wörter einer Sprache erzeugen kann. Wenn die Grammatik nicht mehrdeutig ist, gibt sie als Unterprodukt eine Abzählung der Dreiecke. Die folgende Methode benutzt ein einfaches Verfahren, um die Dreiecke "sprießen" zu lassen.

Betrachten wir die "polnische" Grammatik:

$$|S \to a\ S\ S, \qquad S \to b|,$$

von der man weiß, daß sie nicht mehrdeutig ist, und geben ihr Zeichen und Produktionen mit den folgenden semantischen Werten bei:

1. S wird durch ein orientiertes topologisches Segment, das wir virtuell nennen und durch:

darstellen, realisiert.

2. a S S wird durch ein orientiertes topologisches Dreieck, das eine reale Seite a und zwei virtuelle Seiten S und S besitzt, realisiert. Die Zuordnung ist durch die folgende Figur wiedergegeben:

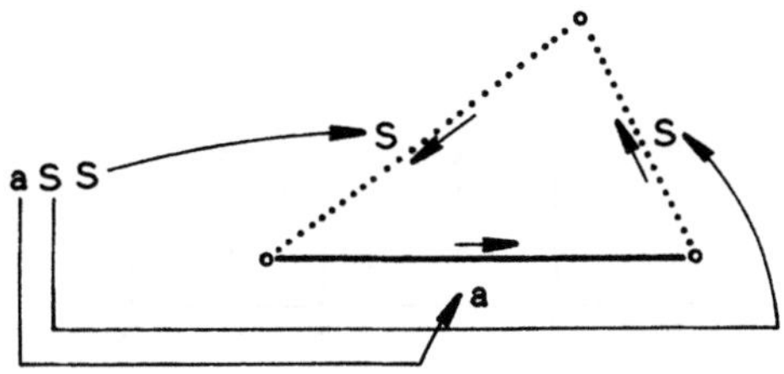

3. Eine Produktion, die darin besteht, ein solches S durch ein a S S zu ersetzen, bedeutet: Konstruiere ein Dreieck a S S, dessen reale Seite mit dem in Frage kommenden S - unter Beachtung der Orientierung - zusammenfällt und das sich außerhalb des bereits konstruierten Polygons befindet.

Es ist leicht durch Rekursion zu beweisen, daß diese letzte Bedingung immer respektiert werden kann. Die Anwendung dieser Regel ist keiner kontextabhängigen Einschränkung unterworfen.

Beispiel. Wir geben nebeneinander den Ableitungsbaum und die Übersetzung des Wortes a a S a S S S:

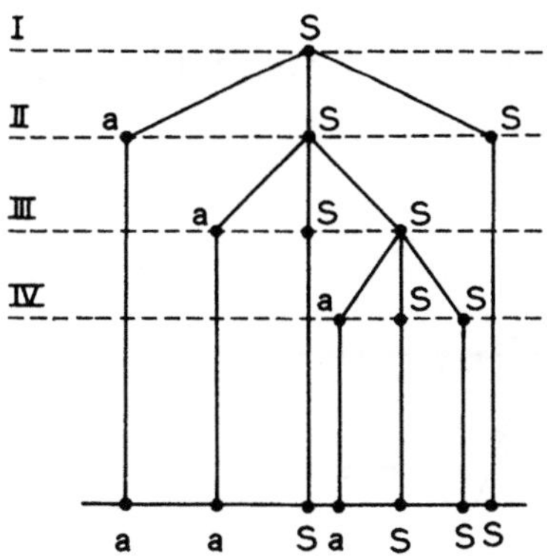

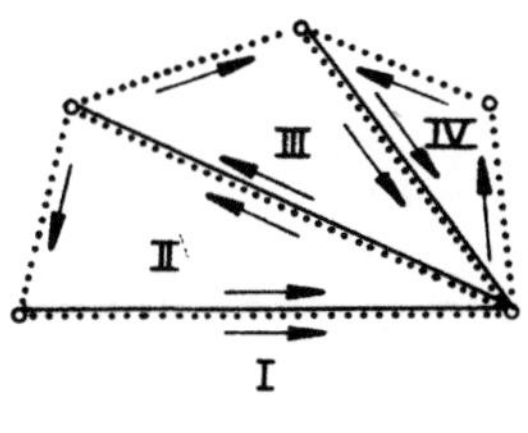

4. Eine Produktion, die darin besteht, S durch b zu ersetzen, bedeutet: Ersetze die virtuelle Seite S durch eine reale Seite b. Diese terminale Produktion schließt das Polygon an der Seite, an der sie angewendet wurde, ab.

Es ist klar, daß jedes terminale Wort einem korrekt triangulierten Polygon entspricht. Alle a, mit Ausnahme des ersten, stellen Diagonalen dar und alle b stellen Seiten dar. Man beweist leicht durch Rekursion, daß die Gleichheit: (Anzahl der S oder b) = (Anzahl der a) + 1 gilt. Andererseits gibt es soviele Dreiecke, wie es a gibt. Man findet so wieder das klassische Ergebnis, daß die Anzahl der Dreiecke gleich der Anzahl der Seiten minus zwei oder gleich der Anzahl der benutzten Diagonalen plus eins ist.

Beispiel. Das Wort:

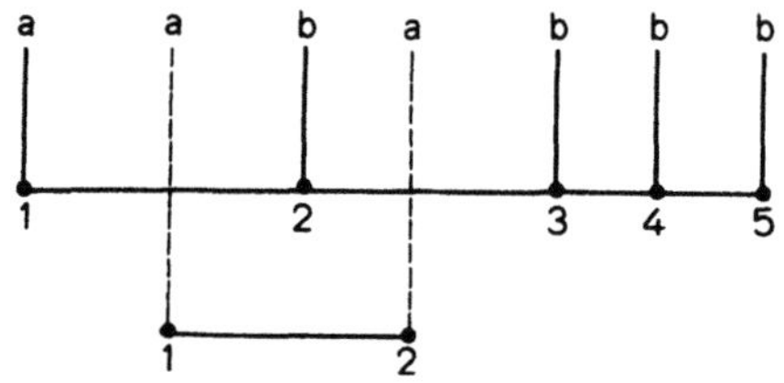

stellt ein durch zwei Diagonalen in drei Dreiecke zerlegtes Pentagon dar.

Beachten wir noch die Tatsache, daß eine Seite eines Polygons zu markieren und zu orientieren genügt, um das ganze Polygon zu etikettieren. Folglich entspricht jedes terminale Wort vom Grad n in a genau einer Triangulation eines etikettierten Polygons mit n + 2 Seiten.

Umgekehrt entsprechen zwei verschiedenen Wörtern vom Grad n in a verschiedene Triangulationen, und jede Triangulation kann man durch das oben beschriebene Verfahren erhalten.

Beispiel. Betrachten wir noch einmal das Pentagon A B C D E; indem wir die Seite A B auszeichnen, so erhalten wir:

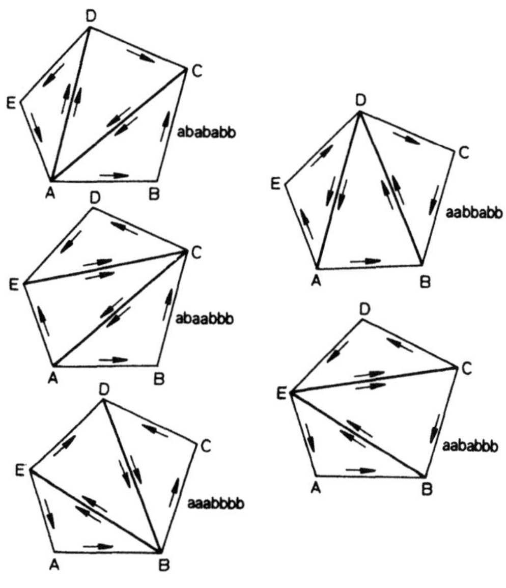

Um die Folge aller triangulierten Polygone ohne Wiederholung zu erzeugen, genügt es also, die Folge der durch die Grammatik:

$$S \to b \qquad S \to a\,b\,b$$

erzeugten Wörter zu bilden. Das heißt, es ist die nicht-kommutative Gleichung:

$$S = b + a\,S\,S$$

zu lösen. Diese Berechnung ist bereits durchgeführt worden (Kapitel XI). Man erhält die nicht-kommutative Reihe:

$$(s):\ b + a\,b\,b + a\,b\,a\,b\,b + a\,a\,b\,b\,b + a\,a\,b\,b\,a\,b\,b + \ldots$$

Wenn man sich darauf beschränkt, die Zerlegungen der Polygone zu zählen, dann sieht man, da die Anzahl der Seiten eines Polygons gleich dem Grad in a des Wortes plus 2 ist, daß die Anzahl der Triangulationen eines Polygons mit n + 2 Seiten gleich dem Koeffizienten von x^n in der aus (s) abgeleiteten kommutativen Reihe ist.

Es genügt, den Homomorphismus:

$$\begin{cases} a \to x \\ s \to y \\ b \to 1 \end{cases} \qquad x\,y = y\,x$$

zu betrachten. Die Funktion y erfüllt die Gleichung $y = 1 + x\,y^2$. Man erhält:

$$y = 1 + x + 2\,x^2 + 5\,x^3 + \ldots$$

<u>Beispiel.</u> Für ein Pentagon n + 2 = 5 muß man den Koeffizienten von x^3 nehmen, der 5 ist.

16.5.3. Übungen

1. Gegeben sei ein Dreieck A B C. Indem man einen Punkt aus seinem Innern nimmt und ihn mit den drei Knoten A, B, C verbindet, zerlegt man das Dreieck in drei weitere, deren jedes wiederum so zerlegt werden kann usw.

Studiere diese ternäre Triangulation. Man kann die Grammatik:

$$\left|\begin{array}{lll} T & & (T\ T\ T) \\ T & \to & (t) \end{array}\right|$$

benutzen.

2. Studiere die Zerlegung eines Polygons mit 2 n Seiten in Vierecke mit Hilfe sich nicht schneidender Diagonalen.

Anhang: Transformationelle Grammatiken

1. ALLGEMEINE BEMERKUNGEN ÜBER DIE FORMALEN GRAMMATIKEN UND DIE NATÜRLICHEN SPRACHEN

Viele Begriffe, die im Verlauf des Buches beschrieben wurden, haben ihren Ursprung in der Untersuchung der natürlichen Sprachen.

Die Logik hat gewisse Operationen, die auf Sätzen der Umgangssprache ausgeführt werden, formalisiert: "Es ist falsch, daß: $\neg$", "... oder ...: $\vee$", "... und ...: $\wedge$", "wenn ..., dann ...: $\supset$", "... ist äquivalent zu ...: $\equiv$", usw., wobei die Pünktchen durch Sätze zu ersetzen sind.

Der Begriff der Markoff-Kette (der mit dem der K-Sprache verwandt ist) wurde im Laufe von statistischen Untersuchungen über Abfolgen von Vokalen und Konsonanten literarischer Texte weiterentwickelt.

Die durch Chomsky formalisierten Begriffe der Grammatik (1959, CF-Grammatiken und kontext-sensitive Grammatiken) sind das Ergebnis von Bemühungen um strenge und explizite Beschreibungen gewisser grammatikalischer Regelmäßigkeiten (Harris, 1946-1951).

Die moderne Linguistik setzt sich das Ziel, für die natürlichen Sprachen Grammatiken zu konstruieren, die vollständig in der Form von Automaten, formalen Grammatiken oder algebraischen Gebilden dargestellt sind. Die Forderung, daß die Beschreibungen diese Form haben, ist unter theoretischen Gesichtspunkten durchaus gerechtfertigt: Der Linguist versucht, die Mechanismen zu beschreiben, die es dem Menschen erlauben, Sprache hervorzubringen und zu verstehen; diese Mechanismen konstituieren die grammatische Intention einer Sprachgemeinschaft, und sie sind in den traditionellen Grammatiken nur unvollständig beschrieben.

Die Formalisierung muß es gestatten, Regelmäßigkeiten herauszustellen, sehr allgemeine Regeln zu enthalten, die nur ein Minimum an Ausnahmen kennen, und, indem sie die Grammatiken sehr verschiedener natürlicher Sprachen vergleicht, die universellen Mechanismen anzugeben, die eine mathematische Analyse zulassen. Unter einem praktischen Gesichtspunkt setzen die verschiedenen Möglichkeiten der Datenverarbeitung, die die linguistischen Untersuchungen mit einer elektronischen Rechenmaschine anbieten, die Konstruktion sehr vollständiger formalisierter Grammatiken voraus.

Im Verlauf der letzten fünfzehn Jahre hat eine Reihe von wichtigen Untersuchungen gezeigt, die mit der Idee, auf solider empirischer Basis formalisierte Beschreibungen zu erreichen, ausgeführt wurden, daß die verschiedenen kombinatorischen Systeme, die wir beschrieben haben, zahlreiche Nachteile aufweisen, wenn man versucht, die syntaktischen Erscheinungen auf relevante Weise zu beschreiben.

Diese Nachteile gehen vor allem darauf zurück, daß die Systeme, die wir untersucht haben, nicht genügend spezialisiert sind; sie verschwinden teilweise, wenn man die Beschreibungstechnik verwendet, die unter dem Namen Transformationelle Analyse bekannt ist (Chomsky, 1957, 1962, 1965; Harris, 1952, 1957, 1964).

Die Grundidee dieser Analyse besteht darin, daß jeder Satz einer natürlichen Sprache in Begriffen einfacher Sätze (in der Literatur oft Kernsätze (Kernel-sentences) genannt) und mit Operationen, die diese einfachen Sätze verbinden, den Transformationen, beschrieben werden kann. Die Kernsätze ihrerseits sind zerlegbar in Ausdrücke einfacherer Elemente, in Worte oder besser Wurzeln und Endungen.

Tatsächlich sind die Atome dieser Beschreibungen noch abstraktere Elemente, die so definiert sind, daß man kompakte und regelmäßige Beschreibungen erhält, und zwar mit einem Minimum solcher Atome.

Es ist bemerkenswert, daß diese Art wissenschaftlicher Betätigung nichts anderes ist als das traditionelle Vorgehen bei der Beschreibung einer physikalischen Erscheinung. Eine ähnliche Methode wurde universell von den rationalistischen Grammatikern des 17. und 18. Jahrhunderts angewendet. Aber sie wurde zweihundert Jahre lang nicht anerkannt. In dieser Zeit wurde sie heftig mit recht zweifelhaften Argumenten kritisiert.

Ein Beispiel einer Transformation, wie sie sehr deutlich in der Grammatik von Port-Royal beschrieben wurde, ist das folgende. Der Satz:

1) Der unsichtbare Gott hat die sichtbare Welt geschaffen

wird wie folgt analysiert:

2) Gott, der unsichtbar ist, hat die Welt geschaffen, die sichtbar ist.

3) (i) Gott hat die Welt geschaffen.
(ii) Gott ist unsichtbar.
(iii) Die Welt ist sichtbar.

3) ist eine Menge, bestehend aus drei Kernsätzen.

2) wird von dem Matrixsatz oder Hauptsatz (3i) gebildet, in den die beiden Nebensätze (3ii) und (3iii) eingefügt wurden. Die Einsetzoperation stellt eine Transformation dar.

1) erhält man aus 2), indem man eine Tilgungsoperation durchführt.

Die Überlegenheit eines solchen Beschreibungstyps wird offensichtlich, wenn man sie zum Beispiel mit einer Beschreibung in Ausdrücken einer CF-Grammatik vergleicht, einer Beschreibung, wie sie üblicherweise in der Linguistik vorgenommen wird.

2. CF-GRAMMATIKEN UND TRANSFORMATIONEN

Betrachten wir die folgenden Regeln, die in der Form von Gleichungen geschrieben sind und in denen die Bedeutung der Hilfszeichen offensichtlich ist (das Zeichen + ist als 'oder' zu verstehen):

(A)

S	=	NP VP	
NP	=	Art N_{com} + N_{pr}	
VP	=	V NP + ist Adj	
Art	=	der	lexikalische Regeln
V	=	hat geschaffen	lexikalische Regeln
N_{com}	=	Welt	lexikalische Regeln
N_{pr}	=	Gott	lexikalische Regeln
Adj	=	sichtbar + unsichtbar	lexikalische Regeln

N_{com} = Appelativum (nomen commune)

N_{pr} = Eigenname (nomen proprium)

Die CF-Grammatik (A) erzeugt die acht Sätze, die in der Formel:

(Gott + die Welt) (hat geschaffen (Gott + die Welt) ist sichtbar + unsichtbar)

zusammengefaßt sind.

Die Klammern sind nicht zur Angabe der Struktur gedacht, sie dienen einfach zur Darstellung eines nicht assoziativen Produktes. Um die Sätze 1) und 2) zu erhalten, muß man (A) um Regeln erweitern, die die Namen durch Attribute ergänzen:

(B)	(B1)	NP = Art N_{com} Adj + N_{pr} Adj Ergänzung durch Adjektiv
	(B2)	NP = Art N_{com} der VP + N_{pr} der VP Ergänzung durch Relativsatz

Die Grammatik (A, B) enthält rekursive Symbole und erzeugt unendlich viele Sätze mit Relativsätzen, die ineinander eingebettet sind. Die Einbettung wird ermöglicht durch Relativsätze der Art "der V NP". Diese Beschreibung offenbart eine linguistische Auffassung der Attribute, die sich von der traditionellen Auffassung unterscheidet. Die Regeln (B) führen die Attribute direkt und für jeden der Typen (B1) und (B2) einzeln ein.

Das transformationelle Vorgehen dagegen zeigt, daß die Adjektive in (1) und (2), abgesehen von einer Tilgungsregel, denselben Status haben.

Wir betrachten hier eine transformationelle Grammatik, die L(A, B) erzeugt und die sich zusammensetzt aus:

1. der CF-Grammatik (A), die die Kernsätze erzeugt;

2. den Transformationen (C), die über Strukturen definiert sind, die entweder Kernsätze sind oder die ihrerseits durch Transformationen entstanden sind.

a) zweistellige Transformationen, die auf Paaren von Sätzen operieren: Die Einsetzung der Relativsätze ist ein Beispiel dafür; diese Regel kann auf folgende Weise formuliert werden:

(C1): XN_1Y, Art $N_2VP \rightarrow$ XN der NPY mit $N_1 = N_2 = N$; X und Y sind die Kontexte von N_1 im Hauptsatz.

b) einstellige Transformationen, die auf einem Satz operieren: Das Auslöschen von "der ist" ist ein Beispiel dafür und kann dargestellt werden als:

(C2) XN der ist Adj Y $\rightarrow$ XN Adj Y.

Ein Einwand, den man sofort gegen diese Art der Analyse erheben kann, besteht darin, daß die Regeln, die wir eingeführt haben, sehr kompliziert und sehr schwer zu beschreiben sind und daß sie nichts anderes leisten als die Regeln (B). Zudem ist die Grammatik (A, C) sehr heterogen, während die Grammatik (A, B) homogen ist.

3. ERWEITERUNG DER GRAMMATIKEN

Der Einwand, den wir soeben erwähnt haben, ist recht oberflächlich. Denn wenn wir unsere Beschreibung auf andere Daten als die aus L(A, B) stammenden anwenden sollen, die Restriktionen zwischen gewissen Wortarten enthalten: Kongruenzerscheinungen in Genus, Numerus und Person, Selektionsbeschränkung zwischen Subjekt und Verb, dann müssen wir auch die Grammatiken (A, B) und (A, C) abändern.

Die Abänderungen sind außerordentlich umständlich für die CF-Grammatiken, aber können sehr elegant für transformationelle Grammatiken durchgeführt werden. Allein, um Genus und Numerus zu behandeln, muß (A) derart modifiziert werden, daß die Kongruenzen: Artikel-Nomen, Subjekt-Verbum, Nomen-attributives Adjektiv, Nomen-prädikatives Adjektiv beschrieben werden können. (A) wird zu (A'), wobei die Bedeutung der Indizes, die zur Erweiterung des Hilfsalphabetes benutzt werden, offensichtlich ist:

$$(A'1):\quad S = NP_{sing}\ VP_{sing} + NP_{plur}\ VP_{plur}$$

Diese Regel gilt nur für Sätze ohne die Kopula "sein". Für Sätze mit der Kopula "sein" ist auch die Genus-Kongruenz zu berücksichtigen; daher die Regeln:

$$\begin{aligned}(A'2):\quad S = \ & NP_{masc\ sing}\ ist\ Adj_{masc\ sing}\\ & + NP_{fem\ sing} + VP_{fem\ sing}\\ & + NP_{masc\ plur}\ sind\ Adj_{masc\ plur}\\ & + NP_{fem\ plur}\ VP_{fem\ plur}\end{aligned}$$

Die Nominalphrasen, die in (A'1) und (A'2) erscheinen, sind von derselben Art, was nur erklärt werden kann, wenn die Nominalphrasen von (A'1) mit Bezug auf das Genus verdoppelt werden. Die Verdoppelung der Nominalphrasen wäre linguistisch sehr wenig elegant, da das Genus nichts mit der Kongruenz zwischen Subjekt und Verbum zu tun hat. Außerdem sind Genus und Numerus im allgemeinen unabhängige Parameter. Daher sind die folgenden Regeln vorzuziehen:

$$\begin{aligned}(A'3):\quad & NP_{sing} = NP_{masc\ sing} + NP_{fem\ sing}\\ & NP_{plur} = NP_{masc\ plur} + NP_{fem\ plur}.\end{aligned}$$

Eine Lösung, die die durch Genus indizierten Verbalphrasen einführt, ist noch aufwendiger als die, die wir soeben entwickelt haben. Wir haben zusätzlich die Regeln:

$$NP_{masc\ sing} = \text{die } N_{com\ fem\ sing} + N_{pr\ fem\ sing}$$

$$NP_{masc\ plur} = \text{die } N_{com\ fem\ plur} + N_{pr\ fem\ plur}$$

$$NP_{fem\ sing} = V_{sing}\ (NP_{sing} + NP_{plur})$$

$$NP_{fem\ plur} = V_{plur}\ (NP_{sing} + NP_{plur})$$

$$VP_{sing} = \text{der } N_{com\ masc\ sing} + N_{pr\ masc\ sing}$$

$$VP_{plur} = \text{die } N_{com\ masc\ plur} + N_{pr\ masc\ plur}$$

und die lexikalischen Regeln:

V_{sing} = hat geschaffen; V_{plur} = haben geschaffen

$N_{com\ fem}$ = Welt + ...; $N_{com\ fem\ plur}$ = Welten + ...

$N_{pr\ masc\ sing}$ = Gott + ...; $N_{pr\ masc\ plur}$ = Götter + ...

$Adj_{masc\ sing}$ = sichtbare + unsichtbare

$Adj_{fem\ sing}$ = sichtbare + unsichtbare

$Adj_{masc\ plur}$ = sichtbaren + unsichtbaren

$Adj_{fem\ plur}$ = $Adj_{fem\ sing}$ n.

Diese Regeln erheben nicht den Anspruch, die zahlreichen morphologischen Unregelmäßigkeiten zu berücksichtigen. Die Regeln (B) werden zu:

$$NP_{masc\ sing} = \text{der } Adj_{masc\ sing}\ N_{com\ masc\ sing} + Adj_{masc\ sing}\ N_{pr\ masc\ sing}$$

(B')

$$NP_{masc\ sing} = (\text{der } N_{com\ masc\ sing} + N_{pr\ masc\ sing})\ \text{der } (VP_{sing} + \text{ist } Adj_{masc\ sing})$$

ebenso wie die sechs anderen, die den sechs anderen Verbindungen von Genus und Numerus entsprechen.

Es ist leicht zu sehen, daß die Einführung von Unterklassen, die belebt und unbelebt, konkret und abstrakt gegenüberstellen, sehr schnell die Anzahl der Regeln von (A', B') vermehrt.

In der Form (C), die wir den transformationellen Regeln gegeben haben, ist es ebenfalls möglich, die Anzahl der Regeln schnell anwachsen zu lassen. Vorausgesetzt, daß formale Beschränkungen a priori für die Regeln fehlen, ist es uns möglich, sie auf sehr natürliche Art und Weise abzuändern, und wenn sie L(A', B') beschreiben, vergrößert sich ihre Anzahl überhaupt nicht.

Wir werden (A) in (A') auf folgende Art abändern: Wir betrachten die Indizes, die den Hilfszeichen beigefügt sind, als Marker, auf die sich die Regeln beziehen können: Zum Beispiel ordnen wir jedem N drei binäre Indizes zu, die den drei Oppositionen entsprechen: Appelativum/Eigenname; masc/fem; sing/plur. Eine Regel kann N alleine erwähnen, etwa N x x x oder den zweiten Index von N, zum Beispiel N x masc x, oder zugleich den ersten und dritten Index von N: N com x plur. Ein Nomen kann erst im Wörterbuch aufgesucht werden, wenn alle seine Indizes bestimmt sind.

Wir erhalten die Regeln:

S = NP VP

NP = Art x x N x x x;

die beiden Indizes des Artikels und die beiden letzten Indizes des Nomens sind jeweils Genus und Numerus, der erste Index des Nomens ist die Wortart.

VP = V x x NP + V x x sein Adj x x

Die beiden Indizes des Verbums sind jeweils Person und Numerus, das ist ein Index, der die Verben klassifiziert, das Adjektiv ist indiziert mit Genus und Numerus. Diese Indizes werden näher bestimmt durch die Regeln:

Wortart = Appelativ + Eigenname
Genus = Maskulinum + Femininum
Numerus = Singular + Plural
Person = 1 + 2 + 3

Wir haben dann die kontext-sensitiven Regeln:

Art x x Npr x sing = E Npr x sing

(kein Artikel in gewissen Fällen vor einem Eigennamen im Singular; in Wirklichkeit ist die Regel weitaus komplizierter).

Art x x N x genus numerus = Art genus numerus N x genus numerus

Diese Regel kopiert die Genus- und Numerusspezifizierungen, die dem Nomen beigefügt sind. Sie ist unabhängig von der Wortart und erlaubt, Artikel vor Eigennamen zu setzen.

Wollte man alle korrekten Formen erzeugen, so müßte man die Eigennamen nach weiteren Teilklassen aufschlüsseln.

N x x numerus V x x =

N x genus numerus V sein x x Adj x x =

N x genus numerus V x x sein Adj genus numerus

Wenn das Verb durch "sein" indiziert ist, stimmt das Adjektiv mit dem Subjekt überein.

Wir haben außerdem folgende lexikalischen Regeln:

V3 sing sein	=	ist
V3 plur sein	=	sind
Art masc sing	=	der
Art fem sing	=	die
Art x plur	=	die
Npr masc sing	=	Gott

Sie kommen zu den anderen lexikalischen Regeln, die in der Beschreibung von A' erwähnt wurden, hinzu.

Die kontext-sensitiven Regeln, die wir soeben gegeben haben, sind von einer besonderen Art und entsprechen nicht den Definitionen, die wir im Kapitel XII gegeben haben. Denn sie ersetzen nicht ein Symbol, sondern sie spezifizieren Symbole, indem sie gegebene Informationen benutzen, die den N beigegeben sind. Auf Grund dieser Konventionen braucht die Regel (C1) nicht abgeändert zu werden, wobei das Symbol N in (C1) auf keinen der drei Indizes Bezug nimmt.

Wenn man (C2) auf folgende Art abwandelt:

(C'2): X N der V x x sein Adj Y → X N Adj Y,

so erfaßt die Regel alle Fälle.

Die Indizierung vereinfacht unsere transformationelle Grammatik aus zwei Gründen:

- Wir benutzen kontext-sensitive Regeln, die sich auf Indizes beziehen, was über den Rahmen der CF-Grammatiken hinausgeht.
- Die Transformationen operieren unabhängig von diesen Indizes.

Dies erhöht die Gültigkeit der Regeln und trägt der Tatsache Rechnung, daß Wortart, Genus, Numerus und Person voneinander unabhängige Parameter sind, was in den CF-Regeln nicht deutlich wird.

Hingegen sind die feineren Klassifikationen die Ursache für ein beträchtliches Wuchern der Anzahl der CF-Regeln und zwingen, die CF-Grammatiken jeweils vollständig abzuändern, wenn ein neuer Parameter in die Beschreibung eingeführt wird.

In der transformationellen Grammatik ziehen alle Verfeinerungen nur die kontext-sensitiven Regeln des Bestandteils (A'') in Mitleidenschaft, ohne die transformationellen Regeln zu verändern. Der einzige Vorteil, den die Anwendung der CF-Grammatiken für die linguistische Beschreibung bietet, ist die Leichtigkeit, mit der sie erlauben, Programme für eine syntaktische Analyse mittels einer elektronischen Rechenmaschine herzustellen, aber die eingeschränkte Form der Regeln hat zur Folge, daß die linguistischen Analysen in Ausdrücken von CF-Bäumen ohne theoretisches Interesse sind, und das praktische Interesse würde nur klar, wenn es möglich wäre, solche Beschreibungen für eine natürliche Sprache zu verwirklichen, und das ist längst nicht der Fall.

Selbst wenn diese Beschreibungen tatsächlich verwirklicht wären, gibt es allen Anlaß, anzunehmen, daß die Ergebnisse der Analyse eine solche Form hätten, daß sie unbrauchbar wären, denn zahlreiche interessante Informationen sind in vielen Fällen sehr schwierig in einem CF-Baum darzustellen.

Ein solches Beispiel einer Darstellungsschwierigkeit ist im folgenden Satz gegeben:

(a) Hans erhält von Peter die Erlaubnis, abzureisen.

Ein CF-Baum kann natürlich die folgenden Informationen geben:

Hans ist Subjekt von *erhält*.
Peter ist präpositionale Ergänzung zu *erhält*.
Die Erlaubnis, abzureisen ist direkte Ergänzung von *erhält*.
Abreise ist Ergänzung des Nomens *Erlaubnis*.

Aber in der Art, in der dieser Satz verstanden wird, gibt es andere Beziehungen, die viel einfacher darzustellen sind:

Hans ist das Subjekt von *abfahren*, was durch die Tatsache, daß die beiden folgenden Sätze korrekt sind, gezeigt wird:

Ich erhalte von Peter die Erlaubnis, mich wegzubegeben.
Er erhält von Peter die Erlaubnis, sich wegzubegeben.

Aber:
* Er erhält von Peter die Erlaubnis, mich wegzubegeben.

Eine andere Information, die in (1) enthalten ist, ist:

Peter gibt die Erlaubnis, *abzureisen*;

was durch die Tatsache bestätigt wird, daß "Hans erhält von Peter eine Erlaubnis abzureisen", nicht akzeptiert wird, während

Hans hat eine Erlaubnis, abzureisen

akzeptabel ist.

Die beiden letzten Beziehungen können nicht auf natürliche Weise durch eine CF-Grammatik ausgedrückt werden; natürlich wäre zu sagen:

(a) "enthält" den Satz:

(b) "Peter erlaubt Hans, abzureisen",

und daß ein gewisser Nominalisierungsprozeß und Restrukturierungsvorgang (a) von (b) abzuleiten erlaubt.

Die transformationellen Regeln erlauben, Operationen dieser Art zu beschreiben, obwohl der Satz (a) Probleme aufwirft, die noch nicht zufriedenstellend gelöst worden sind.

4. PROBLEME, DIE MIT DEN TRANSFORMATIONEN VERBUNDEN SIND

Die Grundidee der transformationellen Analyse besteht darin, daß die Beschreibung von Sätzen zwei Ebenen von linguistischen "Atomen" benutzt. Eine erste Ebene wird von Morphemen gebildet (Wurzeln, Endungen), deren Zusammensetzung von CF-Regeln oder kontext-sensitiven Regeln bewirkt wird.

Auf dieser ersten Ebene werden elementare Sätze (oder Strukturen) konstruiert. Die zweite Ebene benutzt als Atome diese elementaren Sätze, die abgeändert und untereinander verknüpft werden, um komplexe Phrasen mittels transformationeller Regeln zu bilden. Während die elementaren Sätze endlich lang sind, kann die zweite Ebene die komplexen Sätze zugleich abändern und zusammensetzen. Da die Transformationen rekursiv definiert sind, ist die Länge der Sätze, die sie erzeugen, nicht beschränkt. Auf der anderen Seite haben wir uns erlaubt, ziemlich grundsätzliche Abänderungen der Grammatik (A, C) vorzunehmen, die eine gewisse Ökonomie der Regeln bewirken. Dagegen waren die Abänderungen von (A, B) auferlegt durch die Bedingung, daß wir nur CF-Regeln benutzen konnten. Diese Freiheit, die im Umgang mit Transformationen gestattet ist, ist in der Tat das zentrale Problem für die Grammatik. Die empirischen Untersuchungen über verschiedene natürliche Sprachen arbeiten die syntaktischen Mechanismen heraus, und die Erfahrung zeigt, daß, je mehr transformationelle Daten man besitzt, desto weniger Spielraum man in der Formulierung der Regeln hat. Andererseits legt einem die Sorge, die Regeln klar und einfach anzuordnen, natürlich formale Beschränkungen auf.

Wir beschreiben kurz die jüngsten Auffassungen vom Begriff der Transformation.

(1) Die ursprüngliche Ansicht von Harris, wie sie Chomsky in seinen "Syntactic Structures" wieder aufgegriffen hat, ist ziemlich gut darge-

stellt durch die Anwendung der Regeln (C) in unserem Beispiel, aber Genus und Numerus würden dort als unabhängige Morpheme behandelt werden.

(2) Die neue Ansicht von Chomsky unterscheidet sich davon. Wenn wir sie in Ausdrücken eines erzeugenden Automaten beschreiben, haben wir eine Grammatik, die eine Tiefenstruktur besitzt, die Strukturen mittels CF-Regeln erzeugt, und diese Regeln werden in der Folge näher bestimmt.

Das heißt, daß die Stellen der Genusindizes, die wir beschrieben haben, besetzt werden mittels kontext-sensitiver Regeln. Diese Tiefenstrukturen werden in der Folge in Oberflächenstrukturen transformiert, die Bäume sind. Die Unterscheidung einstellig, zweistellig, die wir gemacht haben, verliert in diesem Schema ihren Sinn. Denn die Tiefenstruktur enthält alle Elementarsätze, die zur Konstruktion eines komplexen Satzes benutzt werden können.

Eine solche Grammatik, die mit L(A, B) beschrieben würde, wäre zusammengesetzt aus einer Grammatik (A'') und einer Regel, die in die Stelle nach dem Nomen Nominalergänzungen setzt, die ganze Sätze sind.

NP = Art x x N x x # S #

(Die # sind Grenzsymbole, die das Ende der Elementarsätze bezeichnen.) Die Tiefenstruktur, die (1) und (2) entspricht, wäre:

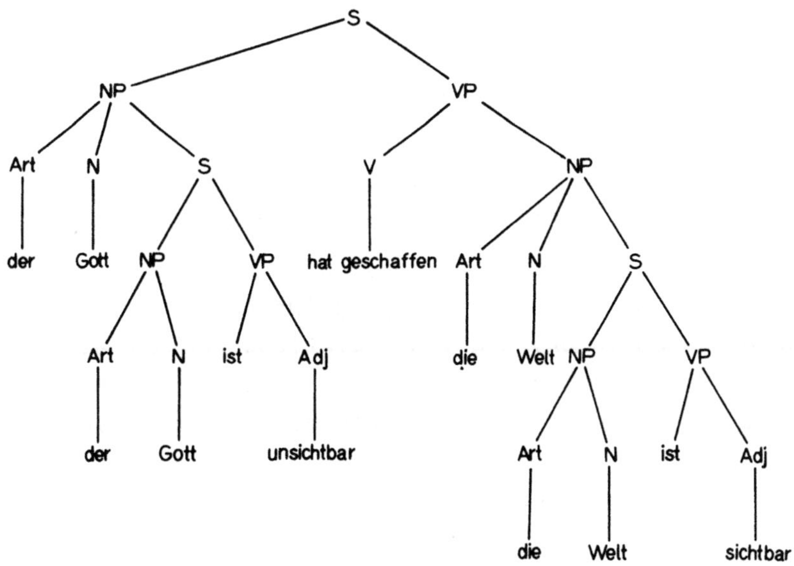

Auf dieser Ebene bestehen Probleme: Die lexikalischen Elemente müssen in diesem Beispiel näher bestimmt werden, so daß die Subjekte der Sätze, die später Relativsätze werden, mit den jeweiligen Vorgängen identisch sind. Diese Operation der näheren Bestimmung ist auf unterschiedliche Weise durchführbar.

Der Übergang von der Struktur (SB) zur Oberflächenstruktur (SS1) von (1) geschieht mittels Transformationen:

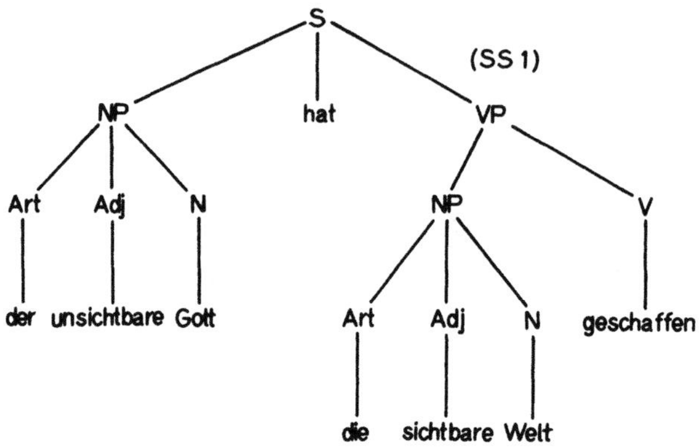

- Eine erste Regel operiert auf (SB): Sie löscht die Marken # aus und ersetzt die verdoppelten N durch Relativpronomen. Das Resultat der Anwendung dieser Regel auf (SB1) wäre (SS2), die Oberflächenstruktur von (2).

- Die Regel (C2) operiert in der Folge auf (SS2), indem sie "der ist" auslöscht und den Baum umstrukturiert, wobei das Ergebnis der Transformation (SS1) ist.

Gewisse Probleme, die mit dem Begriff der Transformation selbst verbunden sind, sind noch nicht gut gelöst; diese Probleme werden offensichtlich, wenn man eine Transformation detailliert bestimmt als eine Funktion, die auf CF-Bäumen definiert ist und deren Wertebereich eine Menge von Bäumen ist. Beim augenblicklichen Stand der Dinge ist der Begriff der Transformation noch viel zu komplex, als daß man hoffen könnte, ihn einer detaillierten mathematischen Analyse zu unterwerfen.

(3) Die Konzeption von Harris (1964) hat einen viel algebraischeren Charakter: Eine erste Menge von Erzeugern (Morphemen, die den verschiedenen Wortarten entsprechen) und von Operationen endlicher Art erlauben, die Kernsätze zu erzeugen. Die Kernsätze bilden eine zweite Menge von Erzeugern, die mittels ein- und zweistelliger Operationen die komplexen Sätze erzeugen.

Betrachten wir die elementaren Sätze (3) und die Transformationen:

(C1): T_{rel} (P_1, P_2): Einbettung von P_2 in P_1, P_2 wird ein Relativsatz.

(C2): T_{del} (P): Tilgung von "der ist".

T_{rel} T_{del} und (3) können erzeugen:

T_{rel} (3i, 3ii) = Gott, der unsichtbar ist, hat die Welt geschaffen.

T_{rel} (3i, 3iii) = Gott hat die Welt geschaffen, die sichtbar ist.

T_{rel} (T_{rel} (3i, 3ii), 3iii) = T_{rel} (T_{rel} (3i, 3iii), 3ii) =

Gott, der unsichtbar ist, hat die Welt geschaffen, die sichtbar ist.

T_{del} T_{del} T_{rel} (T_{rel} (3i, 3ii), 3iii) =

T_{del} T_{del} T_{rel} (T_{rel} (3i, 3iii), 3ii) =

Der unsichtbare Gott hat die sichtbare Welt geschaffen.

Dieser letzte Satz kann noch beschrieben werden als:

T_{del} T_{rel} (T_{del} T_{rel} (3i, 3ii), 3iii) =

T_{del} T_{rel} (T_{del} T_{rel} (3i, 3iii), 3ii).

Diese Beispiele zeigen, auf welche Art von Problemen man stößt, wenn man eine Transformationsalgebra konstruiert. Der Satz (1) zum Beispiel erlaubt vier verschiedene Beschreibungen. Nun ist es interessant, den Begriff von verschiedenen Beschreibungen festzulegen:

Wenn ein Satz mehrdeutig ist, so ordnet man ihm ebensoviele Beschreibungen zu, wie er Bedeutungen hat. In der obigen Menge gilt es, die vier Beschreibungen von (1) äquivalent zu machen oder die Angelegenheit so zu wenden, daß eine einzige Beschreibung durch das Vorgehen erzeugt wird.

Man kann durch empirische Betrachtungen zeigen, daß natürliche Anordnungen von Transformationen bestehen, zum Beispiel, daß gewisse Produkte von einstelligen Transformationen (passiv, reflexiv) ausgeführt werden müssen, bevor die binären Transformationen angewendet werden, daß gewisse lokal beschränkte einstellige Operationen (Morphophonologie) am Ende des Konstruktionsvorganges angewendet werden. Wenn die Transformation T_{del} von dieser letzten Art ist, dann führen uns diese Betrachtungen dazu, alle "T_{del}" an die Spitze der Produkte zu stellen. Man kann diese Tatsache auch noch so darstellen, daß man eine gewisse

Kommutativität der Produkte von T_{del} und T_{rel} fordert.

Gleichfalls bestehen Assoziativitätsprobleme für diese Produkte; die Produkte von T_{rel} sind assoziativ, aber andere sind es nicht. Harris hat andere formale Eigenschaften der Transformationen betrachtet: den Kleene'schen Aspekt der Transformationsketten, Definition von Inversen in gewissen Fällen.

Man muß feststellen, daß die Definitionsprobleme des Begriffes der Transformation, die in bezug auf die Chomsky'sche Auffassung erwähnt wurden, ebenfalls Probleme sind, wenn man versucht, die Transformationen hier zu definieren. Das im Augenblick noch empirische Problem der Charakterisierung der erlaubten Konfigurationen der Transformationen ist ebenfalls wichtig, wenn man sich auf den Standpunkt von Chomsky stellt.

Wir haben versucht, durch einige Definitionen das Problem der formalisierten Syntax in natürlichen Sprachen darzustellen. Dieses Problem ist vor allem empirisch. Dank zahlreicher Beobachtungen von syntaktischen Erscheinungen in natürlichen Sprachen, insbesondere der Unterscheidung in Wortfolgen, die zulässig sind, und solche, die es nicht sind, haben sich gewisse formale Mechanismen herausgebildet. Diese Mechanismen konnten in einigen Fällen von den Daten abstrahiert und unabhängig von ihnen untersucht werden. Aber für den Linguisten ist es ganz klar, daß diese Mechanismen weit davon entfernt sind, befriedigend zu sein, und daß zahlreiche schwierige empirische Untersuchungen nötig sein werden, bevor eine erschöpfende Übersicht über die in Betracht kommenden Mechanismen besteht. Es ist nicht einmal sicher, daß Verfahren wie CF-Grammatiken oder kontext-sensitive Grammatiken eine linguistische oder psychologische Wirklichkeit besitzen. Tatsächlich kommen im Verlauf von Untersuchungen sehr oft Situationen wie die folgende vor:

- Kontext-sensitive Regeln ($\mathfrak{C}$) erlauben, in einem gewissen Stadium der linguistischen Untersuchung eine Anzahl von Phänomenen (α) zu beschreiben;

- Erscheinungen (β) zwingen den Linguisten, in einem späteren Stadium transformationelle Regeln ($\mathfrak{T}$) anzunehmen;

- die Regeln ($\mathfrak{T}$) erlauben, die Erscheinungen (α) auf eine natürliche Art Art zu beschreiben. In dieser Situation ist der Linguist geneigt, die Regeln ($\mathfrak{C}$) aufzugeben und eine einheitliche Beschreibung in Ausdrücken der Regeln ($\mathfrak{T}$) anzunehmen.

Unter diesen Bedingungen, die nur die normalen Bedingungen für eine junge Wissenschaft sind, ist es nicht leicht, zu sehen, von welcher Art die abstrakten Untersuchungen von Modellen natürlicher Sprachen sein werden.

Aber es ist nicht zu leugnen, daß die systematischen Versuche einer Anpassung der abstrakten Modelle an die natürlichen Sprachen außerordentlich lehrreich sind, selbst wenn die Ergebnisse negativ sind. Der Linguist muß dazu veranlaßt werden, die abstrakten und die empirischen Untersuchungen zugleich durchzuführen.

Literatur zu „Transformationelle Grammatiken"

Chomsky, N.: Three models for the description of language. IRE Trans. Inform. Theory IT 2, 113-114 (1956).

- Syntactic structures. 's Gravenhage: Mouton and Co. 1957.
- On certain formal properties of grammars. Information and Control 2, 137-167 (1959).
- A transformational approach to syntax. In: Proceedings of the 1958 Conference on Problems of Linguistic Analysis in English (A.A. Hill, ed.). Austin (Texas) 1962.
- Aspects of the theory of syntax. Cambridge, Mass.: M.I.T. Press 1965.

Harris, Z.S.: From morpheme to utterance. Language 22, 161-183 (1946).

- Methods in structural linguistics. Chicago, Ill.: Chicago University Press 1951.
- Discourse analysis. Language 28, 1, 1-30 (1952).
- Cooccurrence and transformations in linguistic structure. Language 33, 283-340 (1957).
- Elementary transformations. T.D.A.P., 54, University of Pennsylvania (1964).
- Mathematical structures of language. New York: J. Wiley 1968.

Klima, E.S.: Current development in generative grammar. Prague Colloquium on Algebraic Linguistics and Machine Translation-Kibernetica Čislo 2, Ročnik 1/1965 (1965).

Bibliographie

Ausgehend von den Arbeiten der Schule der amerikanischen Strukturalisten, insbesondere den Arbeiten von Z.S. Harris, hat N. Chomsky eine Typologie der formalen Grammatiken definiert und sie einer mathematischen Analyse unterworfen.

Zur gleichen Zeit erhielt die Theorie der regulären Ereignisse, die von S.C. Kleene entwickelt wurde, neue Impulse durch Arbeiten von J. Myhill, N. Chomsky und G.A. Miller und in der Folge durch Arbeiten von M.O. Rabin und D. Scott.

Der durch M.P. Schützenberger eingeführte Begriff der formalen Potenzreihe sowie die Begriffe der Linearität und der Meta-Linearität ebneten den Weg für bedeutende Entwicklungen in der Theorie der Automaten und der formalen Grammatiken.

Wir geben hier eine Liste der charakteristischen Werke, von denen einige sehr umfangreiche Literaturangaben besitzen.

Bar-Hillel, Y.: Language and information; selected essays on their theory and application. Jerusalem: Academic Press, Addison-Wesley 1964. 388 S., 155 Referenzen. (Eine Sammlung von Aufsätzen, die insbesondere die folgenden enthält.)

- Perles, M., Shamir, E.: On formal properties of simple phrase structure grammars. Z. Phonetik, Sprachwiss. Kommunikat. 14, 143-172 (1961). (Unentscheidbare Eigenschaften von CF-Grammatiken, Unterklassen.)

- Shamir, E.: Finite-State Languages: formal representations and adequacy problems. Bull. Res. Council Israel F 8, Nr. 3 (1960). (Die Äquivalenz; Grammatik - Automat, Probleme der Darstellung natürlicher Sprachen.)

Chomsky, N.: Three models for the description of language. IRE Trans. Inform. Theory IT 2, 113-114 (1956). (Typologie von Grammatiken, linguistische Probleme.)

- On certain formal properties of grammars. Information and Control 2, 137-167 (1959) (a). (Mathematische Eigenschaften der verschiedenen Klassen formaler Sprachen.)

- Formal properties of grammars. Handbook of Mathematical Psychology (ed. by D. Luce, E. Bush, E. Galanter). John Wiley & Sons, Inc. 1963. (Enthält eine Zusammenfassung vieler Eigenschaften der Automaten und formalen Grammatiken sowie eine ausführliche Bibliographie.)

- Miller, G.A.: Finite state languages. Information and Control 1, 91-112 (1958). (Boole'sche Eigenschaften von K-Sprachen.)

Chomsky, N., Schützenberger, M.P.: The algebraic theory of context-free languages. In: Computer programming and formal systems (ed. by Braffort and Hirschberg). North Holland Publ. Co. 1963. (Algebraische Eigenschaften von CF-Sprachen, formalen Potenzreihen, Dyck-Sprachen und eine ausführliche Bibliographie.)

Davis, M.: Computability and unsolvability. New York: McGraw-Hill 1958. (Dieses wichtige Buch enthält fundamentale Beschreibungen von Turingmaschinen und kombinatorischen Systemen, wie auch ihre Anwendungen in der mathematischen Logik.)

Ginsburg, S.: The mathematical theory of context-free languages. New York: McGraw-Hill 1966. (Standardwerk über CF-Sprachen.)

Gross, M.: Linguistique mathématique et langages de programmation. Rev. Française Traitement Information 231-253 (1963-64). (Über den Gebrauch von Sprachen und Automaten.)

- Applications géométriques des langages formels. ICC Bull. 5-3 (1966). (Die Anwendung von CF-Sprachen und von algebraischen Sprachen in der kombinatorischen Geometrie.)

Harris, Z.S.: From morpheme to utterance. Language 22, 161-183 (1946).

- Methods in structural linguistics. Chicago: Chicago University Press 1951. (Axiomatisierung der linguistischen Regeln natürlicher Sprachen.)

Harrison, M.A.: Introduction to switching and automata theory. New York: McGraw-Hill 1965.

Kleene, S.C.: Representation of events in nerve nets and finite automata. In: Automata Studies. Princeton 1956. (Definition regulärer Ereignisse und deren strukturelle Charakterisierung.)

Krohn, K., Rhodes, J.: Algebraic theory of machines. In: Mathematical theory of automata (ed. by J. Fox). Polytechnic Institute of Brooklyn Press, 341-384, 1963. (Zerlegungssätze der Automatentheorie.)

Kuroda, S.-Y.: Classes of languages and linear-bounded automata. Information and Control 7, 2 (1964).

Landweber, P.S.: Three theorems on phrase structure grammars of type 1. Information and Control 6, 2 (1963).

(Diese beiden Artikel beweisen die Äquivalenz von CS-Grammatiken und linear beschränkten Automaten.)

McNaughton, R., Yamada, H.: Regular expressions and state graphs for automata. IRE Trans. Electron. Computers EC-9, Nr. 1, März (1960). (Die Beziehung zwischen darstellenden Ausdrücken und Graphen endlicher Automaten.)

Matthews, G.H.: Discontinuity and assymmetry in phrase structure grammars. Information and Control 6, 2 (1963). (Unterklassen von Grammatiken, Push-down Automaten.)

Myhill, J.: Finite automata and representation of events. In: Fundamental concepts of the theory of systems (J. Myhill, A. Nerode, S. Tennenbaum). WADC Tech. Report: 57-624, ASTIA document Nr. AD 155741. (Definition des Monoids eines endlichen Automaten, Standard-K-Sprachen, K-Sprachen und Graphen.)

- Linear bounded automata. WADD Technical note 60-165. Wright Air Develop. Div. 1960. (Definition und Eigenschaften linear beschränkter Automaten.)

Nerode, A.: Linear automaton transformations. Proc. Amer. Math. Soc. 9, 541-544 (1958). (Algebraische Charakterisierung durch Äquivalenzklassen.)

Nivat, M.: Elément de la théorie générale des codes. Séminaire O.T.A.N. sur la théorie des automates, Caïanello ed., 1966. (Eigenschaften von Kodes.)

Parikh, R.: Language-generating devices. RLE Quart. Prog. Rept., Nr. 60, Cambridge, Mass.: MIT, Januar 1961, S. 199-212. (Inhärente Mehrdeutigkeit von CF-Sprachen.)

Post, E.: A variant of a recursively unsolvable problem. Bull. Amer. Math. Soc. (1946). (Post'sches Korrespondenzproblem.)

Rabin, M.O., Scott, D.: Finite automata and their decision problems. IBM J. Res. Develop. 3, 115-125 (1959). (Boole'sche Eigenschaften von K-Sprachen.)

Rodgers, H.: Theory of recursive functions and effective computability. New York: McGraw-Hill 1967. (Rekursive Funktionen und berechenbare Funktionen.)

Scheinberg, S.: Note on the Boolean properties of context-free languages. Information and Control 3, 372-375 (1960) (b).

Schützenberger, M.P.: Un problème de la théorie des automates. Séminaire Dubreil-Pisot, Paris, Dezember 1959. (Definition und Gebrauch formaler Potenzreihen bei der Untersuchung von Automaten.)

- Some remarks on Chomsky's context-free languages. RLE Quart. Prog. Rept. Nr. 63, Cambridge, Mass.: MIT, Oktober 1961, S. 155-170. (Definition linearer CF-Sprachen.)

- Certain families of elementary automata and their decision problems. Proc. Sympos. on Math. Theory Automata, Vol. XII, MRI Symposia Series, 1962. (Definition von Familien von CF-Sprachen und deren Untersuchung mit algebraischen Methoden.)

- On context-free languages and push-down automata. Information and Control 6, 3 (1963). (Definition von Push-down Automaten, Untersuchung der Dyck-Sprachen.)

- A remark on finite transducers. Information and Control 4, 185-196 (1961).

- On finite monoids having only trivial subgroups. Information and Control 8, 190-194 (1965).

Literaturhinweise zur deutschen Ausgabe

Böhling, Karl Heinz, Indermark, Klaus: Endliche Automaten I. Mannheim: BI (Hochschulskript H 703) 1969.

Brauer, Wilfried, Indermark Klaus: Algorithmen, rekursive Funktionen und formale Sprachen. Mannheim: BI (Hochschulskript 817) 1968.

Hotz, G., Walter, H.: Automatentheorie und Formale Sprachen. Mannheim: BI 1968.

Maurer, H.: Theoretische Grundlagen der Programmiersprachen. Mannheim: BI 1969.

Starke, P.H.: Abstrakte Automaten. Berlin: VEB, Deutscher Verlag der Wissenschaften 1969.

Namen- und Sachverzeichnis

Hochschultext

Innerhalb der *Hochschultexte* werden auf dem Gebiet der Mathematik wichtige Vorlesungsausarbeitungen und Lehrbücher publiziert. Ebenfalls Aufnahme in die *Hochschultexte* finden Übersetzungen bewährter Lehrbücher; wir glauben, auf diese Weise dem Studierenden der Anfangs- und mittleren Semester Bücher zugänglich machen zu können, die in Form und Inhalt im wahrsten Sinn des Wortes brauchbare Arbeitsmittel sind. *Hochschultexte* ist auf dem Gebiet der Mathematik Vorstufe und Ergänzung der Lehrbuchreihe *Graduate Texts in Mathematics*, einer Reihe, die (ausschließlich in englischer Sprache) es sich zum Ziel gesetzt hat, in knappen Leitfäden den Studierenden unmittelbar an den heutigen Stand der Wissenschaft heranzuführen.

H. Werner, Praktische Mathematik I. 1970. DM 14,– (Ursprünglich erschienen als „Mathematica Scripta, Band 1")

M. Gross und A. Lentin, Mathematische Linguistik. 1971. DM 28,–

J. C. Oxtoby, Maß und Kategorie. 1971. DM 16,–

G. Owen, Spieltheorie. In Vorbereitung.

S. MacLane, Kategorien. In Vorbereitung.

Graduate Texts in Mathematics

Vol. 1 Takeuti/Zaring: Introduction to Axiomatic Set Theory. VII, 250 pages. Soft cover US $ 9.50, DM 35,–; hard cover US $ 13.50

Vol. 2 Oxtoby: Measure and Category. VIII, 95 pages. Soft cover US $ 7.50, DM 28,–; hard cover US $ 10.50

Vol. 3 Schaefer: Topological Vector Spaces. XI, 294 pages. Soft cover US $ 9.50, DM 35,–; hard cover US $ 13.50

Vol. 4 Hilton/Stammbach: A Course in Homological Algebra. In preparation

Vol. 5 MacLane: Categories. For the Working Mathematician. In preparation

Mathematische Gesetze der Logik I

Vorlesungen über Aussagenlogik

Von H. Arnold Schmidt

Mit 24 Abbildungen. XXIV, 555 Seiten. 1960
(Die Grundlehren der mathematischen Wissenschaften, Band 69)
Gebunden DM 79,--; US $ 21.80

Im Mittelpunkt der Ausführungen dieses Buches steht die tiefe Überzeugung des Verfassers, daß in den Formulierungen der mathematischen Logik die Gesetze des menschlichen Denkens wiedergegeben werden. Mit voller Absicht wurde darum dieses Buch nicht nur für Mathematiker geschrieben, sondern es soll jedem, auch dem, der nicht bereit ist, alle mathematischen Beweise nachzuvollziehen, einen Einblick in die Struktur und Denkweise der mathematischen Logik geben. In diesem Band I, einen geplanten Band II konnte der Verfasser nicht mehr vollenden, werden unter Ausschaltung semantischer Probleme die verschiedenen Spielarten und Ausformungen der Aussagenlogik behandelt. Beim Studium des Werks wird der Leser unmerklich von dieser Analogie von menschlichem Denken und mathematischer Logik affiziert; darin liegt auch der Grund, daß das Lesen eines solchen Buches Freude macht und in außerordentlichem Maß das Verständnis für mathematische und außermathematische mit der Logik verknüpfte Gedankengänge erweitert.

Springer-Verlag
Berlin - Heidelberg - New York

Batch number: 10684222

Printed by Printforce, the Netherlands